偏 Hopf 作用与 Galois 理论

郭双建　张晓辉/著

科学出版社

北　京

内 容 简 介

本书主要介绍了基于 Hopf 代数及量子群的偏 Hopf 作用的研究进展，包含了对偏 Hopf 群(余)作用、偏群扭曲 Smash 积及 Morita 关系、偏群缠绕结构与偏群 Galois 扩张等理论的探讨与分析. 本书给出了某些重要偏作用的系统构造形式，刻画了一些重要代数结构的普遍性质和等价条件等. 本书内容由浅入深，循序渐进，既有理论推导，又有实例应用，反映了近年来在偏 Hopf 作用领域的最新研究成果.

本书可供数学和数学物理等专业的高校师生及科研人员阅读参考.

图书在版编目(CIP)数据

偏 Hopf 作用与 Galois 理论/郭双建，张晓辉著. —北京：科学出版社，2019.6
ISBN 978-7-03-061689-0

Ⅰ. ①偏… Ⅱ. ①郭… ②张… Ⅲ. ①hopf 代数-研究 ②伽罗瓦理论-研究 Ⅳ. ①O152 ②O153.4

中国版本图书馆 CIP 数据核字(2019) 第 117569 号

责任编辑：郭勇斌 邓新平 / 责任校对：彭珍珍
责任印制：张 伟 / 封面设计：无极书装

科学出版社 出版
北京东黄城根北街 16 号
邮政编码：100717
http://www.sciencep.com
北京九州迅驰传媒文化有限公司 印刷
科学出版社发行 各地新华书店经销
*
2019 年 6 月第 一 版 开本：720 × 1000 1/16
2019 年 6 月第一次印刷 印张：10 3/4
字数：188 000
定价：68.00 元
(如有印装质量问题，我社负责调换)

前　　言

群的偏作用 (简称偏群作用) 是由国际著名数学家 Exel 于 1994 年研究 Hilbert 空间上的算子代数时引入的, 代数的偏作用则于 2007 年由学者 Dokuchaev 等在推广交换环上偏群 Galois 扩张的概念时引入的. 偏作用在研究 Hilbert 空间部分等距生成的 C^* 代数时是一个强有力的工具, 其与 K-理论、理想结构、代数的偏表示密切相关, 尤其是利用偏群作用和偏表示易于研究 C^* 代数丛 (也称 Fell 丛) 的相关性质. 偏作用的发展经历了交叉积和偏表示两个研究阶段, 最终成为环论中一个独立的分支, 不仅在环论研究中至关重要, 而且在几何猜想、拓扑、动力系统和泛函分析等方面都具有广泛应用.

20 世纪 40 年代初, 拓扑学家 Hopf 在研究拓扑群中的上链时引入了 Hopf 代数的定义. 自 1965 年代数学家 Milnor 与 Moore 关于 Hopf 代数的开拓性文章发表以后, 这一概念引起了数学家的广泛关注. 尤其是近 20 年来, 随着俄罗斯数学物理学家 Drinfel'd 有关量子群概念的引入, 以及 Kaplansky 某些猜想的部分解决, Hopf 代数的结构日臻完善, 其理论获得迅速发展, 逐渐成为独立的数学分支. Hopf 代数不仅在拓扑学研究中至关重要, 而且在表示论、微分流形、李代数、组合数学、拓扑量子场理论及算子代数等方面具有广泛应用.

作为偏群作用的推广, 2008 年, 比利时代数学家 Caenepeel 与 Janssen 借助偏缠绕结构的性质引入了 Hopf 代数的偏作用 (简称偏 Hopf 作用). 自其产生伊始, 由于与算子代数的天然紧密联系, 该结构迅速成为代数领域的研究热点之一. 因此这一概念的提出为 Hopf 代数研究注入新的生机和活力. 近年来, 在偏 Hopf 作用方面已经涌现出了许多重要结果. 比如, Lomp 在 2008 年得到偏 Smash 积的对偶定理; Alves 等在 2010 年给出偏 Hopf 作用的包络定理, 并构造了偏 Smash 积和包络作用有关 Smash 积的 Morita 关系, 并给出了 Hopf 代数偏表示的定义, 应当指出的是, 偏表示是以不对称的方式出现的, 事实上, 其提供了一种控制线性映射保持乘法的方式. 这也是偏群作用的一些性质在偏 Hopf 作用上的首次推广, 其奠定了偏 Hopf 作用的研究基础. 2011 年, Alves 等又刻画了偏 Hopf 余作用的整体化定理, 并给出一些偏 Hopf 余作用的具体例证. 2015 年, Alves 等详细讨论了 Hopf 代数偏表示的性质, 并讨论了 Hopf 代数偏表示与偏 Hopf 代数作用的关系, 得到的结果比以前的研究更丰富、更全面: 他们引入了偏 H-模的概念, 证明了偏表示范畴同构于某一代数的模范畴, 并首次建立了偏 Hopf 作用和源于代数与群胚代数背景的弱 Hopf 代数之间的关系. Castro 等引入了弱 Hopf 代数的偏作用, 并研究了弱 Hopf 代数偏作用的 Smash 积, 以及包络定理、Morita 等价. 值得一提的是, 他们这种定义的构造推广的是偏群胚作用. 由此可见, 偏 Hopf 作用相关性质的研究及应用是一个非常有意义的学术领域.

作为偏群作用的推广, 局部紧群在 C^*-代数上（连续）扭曲偏群作用的概念及对应的交叉积由 Exel 引入. 扭曲偏群作用这一概念的提出, 促进了对投射偏群表示、偏 Schur 乘子, 以及偏群作用在取值为域上的扭曲关系等方面的研究, 有助于阐述基于偏群作用的一般上同调理论. 2013 年, Alves 等将扭曲偏群作用、偏 Hopf 作用及扭曲 Hopf 作用等代数结构有机统一起来, 建立了扭曲偏 Hopf 作用概念, 由此引入了偏交叉积, 并讨论了偏交叉积的可裂扩张. 作为新生的对象, 扭曲偏 Hopf 作用的研究刚刚起步, 有着更大的探讨空间. 因此丰富和发展扭曲的偏 Hopf 余作用理论是非常必要且有意义的.

从 2010 年开始, 本书作者在这一领域陆续开展了一系列学习和研究工作. 从偏 Hopf 作用的理论出发, 结合对 Hopf 群余代数的最新研究结果, 以范畴论和同调方法等为工具, 得到了一种创新的方法, 并由此给出了 Hopf 群余代数的偏 Hopf 群作用的概念, 构造了偏群扭曲 Smash 积与 Morita 关系, 并讨论了偏群缠绕结构与偏群 Galois 扩张的关系, 基于 Doi-Hopf 群模结构建立了偏 Hopf 群作用理论, 并刻画了偏 Doi-Hopf 群模范畴上忘却函子的可分性. 这些讨论获得了一些可喜的研究成果, 统一了某些已知的经典结论, 丰富了偏 Hopf 作用的理论基础及应用前景, 并进一步为刻画某些重要 Hopf 代数结构的等价条件和普遍性质提供了新的数学途径.

本书的目的是介绍偏 Hopf 作用在国际前沿的研究: 各种 Hopf 代数和量子群结构的偏作用理论. 读者可以从中领略这一理论具有高度概括、涉及面广、逻辑结构严谨的特点. 在写作方面, 本书尽量做到自成体系, 但本书的取材具有很深的代数学及数学物理背景, 为此我们假定读者已经熟悉 Hopf 代数与范畴论的基本知识.

在本书付梓之际, 两位作者首先感谢博士生导师王栓宏教授和硕士生导师王顶国教授在研究生阶段对作者的谆谆教导; 第一作者还要感谢博士后合作导师卢涤明教授多次指导性的交流与给予的各种帮助; 还要感谢学术同行王圣祥副教授, 他与作者进行了多次深入的讨论, 对本书的成文大有裨益.

本书得到了如下基金的资助: 国家自然科学基金地区基金项目 (11761017)、国家自然科学基金青年基金项目 (11801304) 和贵州省教育厅青年科技人才成长项目 (黔教合 KY 字 [2018]155). 作者在此表示衷心的感谢.

尽管作者一直追求尽善尽美, 但因水平所限, 书中难免有疏漏之处, 恳请同行专家和广大读者提出宝贵的批评意见和建议.

作　者

2019 年 3 月

目　　录

第 1 章　预 备 知 识

本章我们简单地回顾有关偏 Hopf 作用的一些基本概念.

定义 1.1　设 C 为域 k 上的余代数, A 为 k 上的代数, 设存在 k-线性映射 $\psi: C\otimes A\to A\otimes C$, 满足下列条件:

(1) 对任意的 $a,b\in A$ 和 $c\in C$,

$$(ab)_\varphi\otimes c^\varphi=a_\varphi b_{\varphi'}\otimes c^{\varphi\varphi'};$$

(2) 对任意的 $a\in A$ 和 $d\in C$,

$$a_\varphi 1_{A_\varphi}\otimes d^\varphi{}_1{}^\varphi\otimes d^\varphi{}_2=a_{\psi\psi}\otimes d_1{}^\psi\otimes d_2{}^\psi;$$

(3) 对任意的 $c\in C, a\in A$,

$$\varepsilon(c^\varphi)a_\varphi=\varepsilon(c)a.$$

则二元组 (A,C,ψ) 称为右–右偏缠绕结构, 记为 $(A,C)_\psi$. 映射 ψ 称为偏缠绕映射. 对任意的 $c\in C$ 和 $a\in A$, 我们记 $\psi(c\otimes a)=a_\psi\otimes c^\psi$.

定义 1.2　给定一个右–右偏缠绕结构 $(A,C)_\psi$, 则可以得到一个右 $(A,C)_\psi$-模范畴 $\mathcal{M}_A^C(\psi)$, 称向量空间 M 为 $\mathcal{M}_A^C(\psi)$ 中的对象, 如果存在结合 k-线性映射 $\phi: M\otimes A\to M$ 和 k-线性映射 $\rho^M: M\to M\otimes C$(称为在 M 上的偏 C-余作用) 满足下列条件:

(C1) (M,ϕ) 是右 A-模;

(C2) 对任意的 $m\in M$,

$$m_{[0][0]}\otimes m_{[0][1]}\otimes m_{[1]}=m_{[0]}\cdot 1_{A_{\varphi\varphi}}\otimes m_{[1]1}{}^\varphi\otimes m_{[1]2}{}^\varphi;$$

(C3) 对任意的 $m\in M$ 和 $a\in A$,

$$\rho^M(m\cdot a)=m_{[0]}\cdot a_\psi\otimes m_{[1]}{}^\psi;$$

(C4) 对任意的 $m\in M$, $\varepsilon(m_{[1]})m_{[0]}=m$.

我们采用下列符号: 对任意的 $m \in M$, $\rho^M(m) = m_{[0]} \otimes m_{[1]}$. 在 $\mathcal{M}_A^C(\psi)$ 中两个偏缠绕模 M 和 N 之间的同态 $f : M \to N$ 既是右 A-线性映射又是右 C-余线性映射, 即满足: $f(m)_{[0]} \otimes f(m)_{[1]} = f(m_{[0]}) \otimes m_{[1]}$.

定义 1.3　设 $\mathcal{C}, \mathcal{D}$ 为两个范畴, $F : \mathcal{C} \to \mathcal{D}$ 为共变函子. 注意到两个共变函子

$$\mathrm{Hom}_{\mathcal{C}}(\bullet, \bullet) : \mathcal{C}^{op} \times \mathcal{C} \to \underline{\mathrm{Sets}}, \qquad \mathrm{Hom}_{\mathcal{D}}(F(\bullet), F(\bullet)) : \mathcal{C}^{op} \times \mathcal{C} \to \underline{\mathrm{Sets}}$$

和一个自然变换

$$\mathcal{F} : \mathrm{Hom}_{\mathcal{C}}(\bullet, \bullet) \to \mathrm{Hom}_{\mathcal{D}}(F(\bullet), F(\bullet))$$

称 F 是可分的, 如果 $\mathcal{F}$ 是可分裂的.

假设 $F : \mathcal{C} \to \mathcal{D}$ 存在右伴随函子 $G : \mathcal{D} \to \mathcal{C}$, 设 $\eta : 1_{\mathcal{C}} \to GF$, $\delta : FG \to 1_{\mathcal{D}}$ 为 (F, G) 的单位与余单位.

定理 1.1　设 $G : \mathcal{D} \to \mathcal{C}$ 为 $F : \mathcal{C} \to \mathcal{D}$ 的右伴随函子, 则 F 是可分的当且仅当 η 可分裂的, 即存在自然变换 $\nu : GF \to 1_{\mathcal{C}}$ 使得 $\nu \circ \eta$ 为 $\mathcal{C}$ 上的恒等自然变换.

定义 1.4　群余代数是一簇向量空间 $C = \{C_\alpha\}_{\alpha \in \pi}$, 其上被赋予一簇线性映射 $\Delta = \{\Delta_{\alpha,\beta} : C_{\alpha\beta} \to C_\alpha \otimes C_\beta\}_{\alpha,\beta \in \pi}$(余乘法) 和一个线性映射 $\varepsilon : C_1 \to k$(余单位) 满足: 对任意的 $\alpha, \beta, \gamma \in \pi$,

$$\begin{cases} (\Delta_{\alpha,\beta} \otimes id_{C\gamma}) \circ \Delta_{\alpha\beta,\gamma} = (id_{C_\alpha} \otimes \Delta_{\beta,\gamma}) \circ \Delta_{\alpha,\beta\gamma}, \\ (id_{C_\alpha} \otimes \varepsilon) \circ \Delta_{\alpha,1} = id_{C_\alpha} = (\varepsilon \otimes id_{C_\alpha}) \circ \Delta_{1,\alpha}. \end{cases}$$

对任意的 $\alpha, \beta \in \pi$, $c \in C_{\alpha\beta}$, 采用下面记号:

$$\Delta_{\alpha,\beta}(c) = c_{(1,\alpha)} \otimes c_{(2,\beta)}.$$

利用上述记号, 群余代数的余代数和余乘法为

$$\begin{cases} c_{(1,\alpha\beta)(1,\alpha)} \otimes c_{(1,\alpha\beta)(2,\beta)} \otimes c_{(2,\gamma)} = c_{(1,\alpha)} \otimes c_{(2,\beta\gamma)(1,\beta)} \otimes c_{(2,\beta\gamma)(2,\gamma)}, \quad c \in C_{\alpha\beta\gamma} \\ \varepsilon(c_{(1,1)})c_{(2,\alpha)} = c = c_{(1,\alpha)}\varepsilon(c_{(2,1)}), c \in C_\alpha. \end{cases}$$

定义 1.5　Hopf 群余代数是一簇代数 $H = \{H_\alpha\}_{\alpha \in \pi}$, 且被赋予一簇代数同态 $\Delta = \{\Delta_{\alpha,\beta} : H_{\alpha\beta} \longrightarrow H_\alpha \otimes H_\beta\}_{\alpha,\beta \in \pi}$, 代数同态 $\varepsilon : H_1 \longrightarrow k$ 及一簇 k-线性映射 $S = \{S_\alpha : H_\alpha \longrightarrow H_{\alpha^{-1}}\}_{\alpha \in \pi}$(对极), 使得 (H, Δ, ε) 为群余代数及

$$m_\alpha(S_{\alpha^{-1}} \otimes id_{H_\alpha})\Delta_{\alpha^{-1},\alpha} = \varepsilon 1_\alpha = m_\alpha(id_{H_\alpha} \otimes S_{\alpha^{-1}})\Delta_{\alpha,\alpha^{-1}},$$

其中 $m_\alpha : H_\alpha \otimes H_\alpha \longrightarrow H_\alpha$, $1_\alpha \in H_\alpha$ 分别为 H_α 的乘法和单位元.

定义 1.6 T-余代数是 Hopf 群余代数 $H=(\{H_\alpha\},\Delta,\varepsilon)$ 且被赋予一簇代数同构 $\varphi=\{\varphi_\beta: H_\alpha\to H_{\beta\alpha\beta^{-1}}\}_{\alpha,\beta\in\pi}$ 满足下列条件: 对任意的 $\alpha,\beta,\gamma\in\pi$,

$$\begin{cases}(\varphi_\beta\otimes\varphi_\beta)\Delta_{\alpha,\gamma}=\Delta_{\beta\alpha\beta^{-1},\beta\gamma\beta^{-1}}\varphi_\beta, \quad \varepsilon\varphi_\beta=\varepsilon,\\ \varphi_{\alpha\beta}=\varphi_\alpha\varphi_\beta.\end{cases}$$

定义 1.7 设 H 为 Hopf 群余代数, 称一簇 k-线性映射 $\lambda=(\lambda_\alpha)_{\alpha\in\pi}\in\prod_{\alpha\in\pi}H_\alpha^*$ 为左 (右)π-积分, 如果它满足下列条件: 对任意的 $\alpha,\beta\in\pi$ 和 $f\in H_\alpha^*$ $(g\in H_\beta^*)$,

$$f\lambda_\beta=f(1_\alpha)\lambda_{\alpha\beta}, \qquad (\lambda_\alpha g=g(1_\beta)\lambda_{\alpha\beta}).$$

如果对某一 $\alpha\in\pi$, $\lambda_\alpha\neq 0$, 则称 π-积分 $\lambda=(\lambda_\alpha)_{\alpha\in\pi}$ 为非零的.

定义 1.8 Hopf 群余代数 H 称为余-Frobenius的, 如果 H 带有非零的 (右)π-积分空间 $\int_l^\pi\left(\int_r^\pi\right)$.

设 A 为 k-代数. 一个A-余环是指 A-双模范畴中的一个余代数对象, 换言之, 即三元数组 $(\mathcal{C},\Delta,\epsilon)$, 其中 $\mathcal{C}$ 为 A-双模, $\Delta:\mathcal{C}\to\mathcal{C}\otimes_A\mathcal{C}$, $\epsilon:\mathcal{C}\to A$ 为 A-双模同态且满足余结合及余单位性.

对于给定的 k-代数 A, 一个 A 上的左 (右)双代数胚是指有序组 $(\mathcal{H},A,s_l,t_l,\underline{\Delta}_l,\underline{\epsilon}_l)$ (或 $(\mathcal{H},A,s_r,t_r,\underline{\Delta}_r,\underline{\epsilon}_r)$), 满足条件:

(1) $\mathcal{H}$ 为 k-代数.

(2) 映射 $s_l(s_r)$ 为从 A 到 $\mathcal{H}$ 的代数同态, 映射 $t_l(t_r)$ 为从 A 到 $\mathcal{H}$ 的反代数同态. 对任意的 $a,b\in A$, 均有 $s_l(a)t_l(b)=t_l(b)s_l(a)$ (或 $s_r(a)t_r(b)=t_r(b)s_r(a)$). 进一步地, 映射 s_l,t_l (或 s_r,t_r) 使得 $\mathcal{H}$ 具有如下 A-双模结构: $a\triangleright h\triangleleft b=s_l(a)t_l(b)h$ (或 $a\triangleright h\triangleleft b=hs_r(b)t_r(a)$).

(3) 三元组 $(\mathcal{H},\underline{\Delta}_l,\underline{\epsilon}_l)$ (或 $(\mathcal{H},\underline{\Delta}_r,\underline{\epsilon}_r)$) 为 A-余环, 其中 A-双模结构由 s_l 与 t_l (或 s_r 与 t_r) 给出.

(4) $\underline{\Delta}_l$(或 $\underline{\Delta}_r$) 的象集做成如下的 Takeuchi 子代数:

$$\mathcal{H}\times_A\mathcal{H}=\left\{\sum_i h_i\otimes k_i\in\mathcal{H}\otimes_A\mathcal{H}\,\middle|\,\sum_i h_it_l(a)\otimes k_i=\sum_i h_i\otimes k_is_l(a)\ \forall a\in A\right\},$$

或者

$$\mathcal{H}_A\times\mathcal{H}=\left\{\sum_i h_i\otimes k_i\in\mathcal{H}\otimes_A\mathcal{H}\,\middle|\,\sum_i s_r(a)h_i\otimes k_i=\sum_i h_i\otimes t_r(a)k_i\ \forall a\in A\right\},$$

且为代数同态.

(5) 对任意的 $h, k \in \mathcal{H}$, 有

$$\underline{\epsilon}_l(hk) = \underline{\epsilon}_l(hs_l(\underline{\epsilon}_l(k))) = \underline{\epsilon}_l(ht_l(\underline{\epsilon}_l(k))),$$

或者

$$\underline{\epsilon}_r(hk) = \underline{\epsilon}_r(s_r(\underline{\epsilon}_r(h))k) = \underline{\epsilon}_r(t_r(\underline{\epsilon}_r(h))k).$$

给定具有反代数同构结构的 A 与 $\tilde{A}$ (即 $A \cong \tilde{A}^{op}$), $\mathcal{H}$ 为代数, 且其具有左 A-双代数胚结构 $(\mathcal{H}, A, s_l, t_l, \underline{\Delta}_l, \underline{\epsilon}_l)$, 同时还具有右 $\tilde{A}$-双代数胚结构 $(\mathcal{H}, \tilde{A}, s_r, t_r, \underline{\Delta}_r, \underline{\epsilon}_r)$, 此时称 $\mathcal{H}$ 为一个Hopf 代数胚, 若其伴有反代数同态 (即对极)$\mathcal{S} : \mathcal{H} \to \mathcal{H}$, 满足:

(1) $s_l \circ \underline{\epsilon}_l \circ t_r = t_r$, $t_l \circ \underline{\epsilon}_l \circ s_r = s_r$, $s_r \circ \underline{\epsilon}_r \circ t_l = t_l$, $t_r \circ \underline{\epsilon}_r \circ s_l = s_l$;

(2) $(\underline{\Delta}_l \otimes_{\tilde{A}} I) \circ \underline{\Delta}_r = (I \otimes_A \underline{\Delta}_r) \circ \underline{\Delta}_l$,　$(I \otimes_{\tilde{A}} \underline{\Delta}_l) \circ \underline{\Delta}_r = (\underline{\Delta}_r \otimes_A I) \circ \underline{\Delta}_l$;

(3) $\mathcal{S}(t_l(a)ht_r(b')) = s_r(b')\mathcal{S}(h)s_l(a)$, 其中 $a \in A$, $b' \in \tilde{A}$, $h \in \mathcal{H}$;

(4) $\mu_{\mathcal{H}} \circ (\mathcal{S} \otimes I) \circ \underline{\Delta}_l = s_r \circ \underline{\epsilon}_r$, $\mu_{\mathcal{H}} \circ (I \otimes \mathcal{S}) \circ \underline{\Delta}_r = s_l \circ \underline{\epsilon}_l$.

设 H 为可换 Hopf 代数, A 为可换 H-余模代数. 则 $A \otimes H$ 在下述结构下, 成为一个 A-Hopf 代数胚 (称之为可裂Hopf代数胚): $t_r(a) = s_l(a) = s(a) = a \otimes 1_H$, $s_r(a) = t_l(a) = a^{[0]} \otimes a^{[1]}$, $\Delta_r(a \otimes h) = \Delta_l(a \otimes h) = a \otimes h_{(1)} \otimes_A 1 \otimes h_{(2)}$, $\epsilon_r(a \otimes h) = \epsilon_l(a \otimes h) = a\epsilon_H(h)$, $\mathcal{S}(a \otimes h) = a^{[0]} \otimes a^{[1]} S_H(h)$.

设 A 为 k-代数, C 为 k-余代数. A, C 之间的对偶对为如下 k-线性映射:

$$\langle -, - \rangle : A \otimes C \to k$$

满足对任意的 $a \in A$, $c \in C$, 有

$$\langle ab, c \rangle = \langle a, c_{(1)} \rangle \langle b, c_{(2)} \rangle, \quad \langle 1_A, c \rangle = \epsilon_C(c),$$

知对偶对可诱导如下线性映射:

$$\phi : A \to C^*, \quad \phi(a)(c) = \langle a, c \rangle$$

$$\psi : C \to A^*, \quad \phi(c)(a) = \langle a, c \rangle$$

事实上, 线性映射 $\langle -, - \rangle$ 为对偶对当且仅当其对应的 ϕ 为代数同态. 进而对偶对可诱导如下函子:

$$\Phi : \mathcal{M}^C \to {}_A\mathcal{M}$$

其将 C-余模 M 映为 A-模 M, 其上的 A-作用为

$$a \cdot m = m^{[0]} \left\langle a, m^{[1]} \right\rangle.$$

于是易知对于 A, C 间的对偶对 $\langle -, - \rangle$, 下列叙述等价:

(1) ϕ 为单射;

(2) ψ 的象集在 A^* 中稠密 (作为有限拓扑);

(3) $\langle -, - \rangle$ 为左非退化的, 即对任意的 $c \in C$, 若 $\langle a, c \rangle = 0$, 则必有 $a = 0$.

称 $\langle -, - \rangle$ 为**非退化的**或**有理对**, 若其同时左非退化和右非退化 (换言之, 即 ϕ 为单射且象集为稠密集). 进一步地, Φ 可诱导 C-余模范畴与有理 A-模范畴之间的同构 [1].

双代数 (Hopf 代数)H 与 K 之间的对偶对是指其分别作为代数与余代数时的对偶对. 事实上, 线性映射 $\langle -, - \rangle : H \otimes K \to k$ 为 Hopf 代数对偶对当且仅当 $\phi : H \to K^*$ 与 $\psi : K \to H^*$ 可诱导双代数同态: $\phi : H \to K^\circ$ 与 $\psi : K \to H^\circ$, 其中 B° 为 B 的有限对偶. 更进一步地, Hopf 代数间的对偶对满足条件:

$$\langle h, S_K(x) \rangle = \langle S_H(h), x \rangle, \forall h \in H, x \in K.$$

若双代数对偶对满足非退化性, 则 Φ 为张量函子, 进而保持代数结构.

设 H 为 Hopf 代数, 一个左 (或右)偏 H-模是指二元组 (M, π), 其中 M 为 k-空间, π 为从 H 到代数 $\mathrm{End}_k(M)$(或 $\mathrm{End}_k(M)^{op}$) 的偏表示. 两个偏 H-模 (M, π) 与 (N, ϕ) 之间的态射是指线性映射 $f : M \to N$ 满足: 对任意的 $h \in H$, 有 $f \circ \pi(h) = \phi(h) \circ f$. 左 (或右) 偏 H-模范畴记为 ${}_H\mathcal{M}^{par}$ (或 $\mathcal{M}_H^{par}$).

设 (M, π) 为左偏 H-模. 对任意的 $h \in H$, 在 $\mathrm{End}_k(M)$ 中我们采取记号 $h \bullet \_ = \pi(h)$.

文献 [2] 指出, 偏模范畴等价于 Hopf 代数胚 H_{par} 的模范畴, 其中 H_{par} 可视为 H 的某个商代数, 特别地, 存在偏表示: $[\_] : H \to H_{par}$. 对任意的 $x \in H_{par}$, $m \in M$, 记 H_{par} 在偏 H-模 M 上的作用为 $x \triangleright m$. 易知此时对任意的 $h \in H$, $x = [h] \in H_{par}$, 有 $[h] \triangleright m = h \bullet m$.

由于 Hopf 代数胚本身的结构, 可知偏 H-模范畴为闭张量的, 并且其到 A-双模范畴的张量忘却函子保持内 Hom 集. 此时 Hopf 代数胚 H_{par} 的基底代数 A 可视为由 $\epsilon_h = [h_{(1)}][S(h_{(2)})]$ 生成的 H_{par} 的子代数 [2]. 进一步地, 由张量结构的性质, 可知左 H-模代数范畴 ${}_H\mathsf{ParAct}$ 与 ${}_H\mathcal{M}^{par}$ 中的代数对象做成的范畴 $\mathsf{Alg}({}_H\mathcal{M}^{par})$ 一致.

命题 1.1　设 $M, N, P \in {}_H\mathcal{M}^{par}$, 则

(1) $\mathrm{Hom}_A(M, N)$ 为 ${}_H\mathcal{M}^{par}$ 中的对象, 作用为

$$(x \triangleright F)(m) = x_{(1)} \triangleright_N F(\mathcal{S}(x_{(2)}) \triangleright_M m)$$

其中 $F \in \mathrm{Hom}_A(M, N)$, $x \in H_{par}$;

(2) k-线性映射

$$_{H_{par}}\mathrm{Hom}(M \otimes_A N, P) \to {}_{H_{par}}\mathrm{Hom}(M, \mathrm{Hom}_A(N, P)),\ F \mapsto \widehat{F},$$

(作用定义为 $\widehat{F}(m)(n) = F(m \otimes_A n)$, 其中 $m \in M$, $n \in N$) 为同构, 并且在 M 与 P 上均满足自然性;

(3) $\mathrm{End}_A(M)$ 为左偏 H-模代数.

命题 1.2　设对象 $M \in {}_H\mathcal{M}^{par}$, 其对偶空间 $M^* = \mathrm{Hom}_k(M, k)$ 亦为左右偏 H-模.

证明　设 $\phi \in M^*$, $h \in H$, 定义函数 $h \bullet_l \phi$ 与 $\phi \bullet_r h$ 如下:

$$(h \bullet_l \phi)(m) = ([h] \triangleright \phi)(m) = \phi([S(h)] \triangleright_M m), \quad (\phi \bullet_r h)(m) = (\phi \triangleleft [h])(m) = \phi([h] \triangleright_M m).$$

易知上述即为 M^* 的左右偏 H-模作用.　□

定义 1.9　设 H 为域 κ 上的 Hopf 代数, A 为伴有单位元 $\mathbf{1}_A$ 的单位代数. 设 $\alpha : H \otimes A \to A$ 与 $\omega : H \otimes H \to A$ 均为 κ-线性映射, 满足对任意的 $a \in A$, $h, l \in H$ 均有 $\alpha(h \otimes a) := h \cdot a$, $\omega(h \otimes l) := \omega(h, l)$. 称二元组 (α, ω) 为 H 在 A 上的**扭曲偏作用**, 若对任意的 $a, b \in A$, $h, l \in H$, 下列条件满足:

$$1_H \cdot a = a, \tag{1.1}$$

$$h \cdot (ab) = \sum (h_{(1)} \cdot a)(h_{(2)} \cdot b), \tag{1.2}$$

$$\sum (h_{(1)} \cdot (l_{(1)} \cdot a))\omega(h_{(2)}, l_{(2)}) = \sum \omega(h_{(1)}, l_{(1)})(h_{(2)} l_{(2)} \cdot a), \tag{1.3}$$

$$\omega(h, l) = \sum \omega(h_{(1)}, l_{(1)})(h_{(2)} l_{(2)} \cdot \mathbf{1}_A). \tag{1.4}$$

此时亦称 $(A, \cdot, \omega)$ 为**扭曲偏 H-模代数**.

命题 1.3　设 (α, ω) 为扭曲偏作用, 则有

$$\omega(h, l) = \sum (h_{(1)} \cdot (l_{(1)} \cdot \mathbf{1}_A))\omega(h_{(2)}, l_{(2)}) = \sum (h_{(1)} \cdot \mathbf{1}_A)\omega(h_{(2)}, l). \tag{1.5}$$

称映射 ω 为平凡的, 若其满足:

$$h \cdot (l \cdot \mathbf{1}_A) \quad = \omega(h, l) = \sum (h_{(1)} \cdot \mathbf{1}_A)(h_{(2)} l \cdot \mathbf{1}_A) \tag{1.6}$$

其中 $h, l \in H$. 此时扭曲偏作用 (α, ω) 即为通常意义下的偏作用. 又若等式 (1.6) 成立, 知此时式 (1.4) 显然成立. 事实上, 对任意的 $a \in A$, 我们有

$$\begin{aligned} h \cdot (l \cdot a) &\overset{(1.2)}{=} \sum (h_{(1)} \cdot (l_{(1)} \cdot a))(h_{(2)} \cdot (l_{(2)} \cdot \mathbf{1}_A)) \overset{(1.6)}{=} \sum (h_{(1)} \cdot (l_{(1)} \cdot a)) \omega(h_{(2)}, l_{(2)}) \\ &\overset{(1.3)}{=} \sum \omega(h_{(1)}, l_{(1)})(h_{(2)} l_{(2)} \cdot a) \overset{(1.6)}{=} \sum (h_{(1)} \cdot \mathbf{1}_A)(h_{(2)} l_{(1)} \cdot \mathbf{1}_A)(h_{(3)} l_{(2)} \cdot a) \\ &\overset{(1.2)}{=} (h_{(1)} \cdot \mathbf{1}_A)(h_{(2)} l \cdot a). \end{aligned}$$

若对任意的 $h \in H$, 有 $h \cdot \mathbf{1}_A = \varepsilon(h) \mathbf{1}_A$, 则知式 (1.4) 为余单位性质的自然推论, 此时即可知 H 在 A 上的扭曲作用.

例 1.1 设 G 为群, A 为 κ-代数. G 在 A 上的幂等扭曲偏作用为如下三元组:

$$\left(\{D_g\}_{g \in G}, \{\alpha_g\}_{g \in G}, \{w_{g,h}\}_{(g,h) \in G \times G}\right),$$

其中 $g \in G$, D_g 为 A 中由中心幂等元 1_g 生成的理想, $\alpha_g : D_{g^{-1}} \to D_g$ 为代数同构, 且对任意的 $(g, h) \in G \times G$, $w_{g,h}$ 为 $D_g D_{gh}$ 中的元素, 并且下列条件成立:

$$1_e = \mathbf{1}_A \quad \text{且} \quad \alpha_e = I_A, \tag{1.7}$$

$$\alpha_g(\alpha_h(a 1_{h^{-1}}) 1_{g^{-1}}) w_{g,h} = w_{g,h} \alpha_{gh}(a 1_{(gh)^{-1}}), \tag{1.8}$$

其中 $a \in A$, $g, h \in G$, e 为 G 的单位元.

设 $\alpha : \kappa G \otimes A \to A$ 与 $\omega : \kappa G \otimes \kappa G \to A$ 为 κ-线性映射, 分别满足 $\alpha(g \otimes a) = \alpha_g(a 1_{g^{-1}})$, $\omega(g, h) = w_{g,h}$. 则知 (α, ω) 为 κG 在 A 上的扭曲偏作用. 事实上, 等式 (1.2) 与等式 (1.4) 显然成立. 等式 (1.1) 与等式 (1.3) 可分别由等式 (1.7) 与等式 (1.8) 得到.

反之, 若已知有 κG 在 A 上的扭曲偏作用 (α, ω), 令 $\alpha(g \otimes a) = g \cdot a$, $\omega_{g,h} = \omega(g, h)$, 由式 (1.2) 可知 $1_g := g \cdot \mathbf{1}_A$ 为 A 的幂等元, 且由等式 (1.4) 可知对任意的 $g, h \in G$, 有 $\omega_{g,h} \in (1_g A) \cap (A 1_{gh})$. 进一步地由式 (1.1) 知, $1_e = \mathbf{1}_A$, 于是 $\omega_{g,g^{-1}} \in 1_g A$.

又若 1_g 为 A 的中心元, 且对任意的 $g \in G$, $\omega_{g,g^{-1}}$ 在 $1_g A$ 中可逆, 则 $1_g A$ 为单位代数, 且有对任意的 $g, h \in G$, $a \in A$, 知 $\omega_{g,h} \in (1_g A)(1_{gh} A)$,

$$g \cdot 1_{g^{-1}} = g \cdot (g^{-1} \cdot \mathbf{1}_A) \overset{(1.3)}{=} \omega_{g,g^{-1}} \mathbf{1}_A \omega_{g,g^{-1}}^{-1} = 1_g$$

与

$$g \cdot (1_{g^{-1}} a) \stackrel{(1.2)}{=} (g \cdot 1_{g^{-1}})(g \cdot a) = \mathbf{1}_g(g.a) = (g \cdot \mathbf{1}_A)(g \cdot a) \stackrel{(1.2)}{=} g \cdot a,$$

均成立.

于是知 α 代数同态 $\alpha_g : 1_{g^{-1}}A \to 1_g A$, 其满足对任意的 $g \in G, a \in A$, 有 $\alpha_g(1_{g^{-1}}a) = g \cdot (1_{g^{-1}}a) = g \cdot a$. 同时由等式 (1.3) 知 $\alpha_g \circ \alpha_{g^{-1}}(1_g a) = \omega_{g,g^{-1}}(1_g a)\omega_{g,g^{-1}}^{-1}$, 即 $\alpha_g \circ \alpha_{g^{-1}}$ 为 $1_g A$ 的内自同态. 特别地, 对任意的 $g \in G$, $\alpha_{g^{-1}}$ 为单射, 且 α_g 为满射. 此时, α_g 为同构, 且知 $1_g A = g \cdot A$. 进而等式 (1.7) 与等式 (1.8) 可分别由式 (1.1) 与式 (1.3) 诱导得到. 故

$$(\{g \cdot A\}_{g \in G}, \{g \cdot \_\}_{g \in G}, \{\omega(g,h)\}_{(g,h) \in G \times G})$$

为 G 在 A 上的扭曲偏作用. □

例 1.2(导出扭曲偏作用)　设 B 为单位代数, $\beta : H \otimes B \to B$ 为伴有扭曲 $u : H \otimes H \to B$ 的测量作用 (定义为 $\beta(h,b) = h \triangleright b$), 即其对任意的 $h, k \in H$, $a, b \in B$, 满足:

$$h \triangleright (ab) = \sum (h_1 \triangleright a)(h_2 \triangleright b), \tag{1.9}$$

$$h \triangleright 1_B = \varepsilon(h) 1_B, \tag{1.10}$$

$$\sum (h_{(1)} \triangleright (k_{(1)} \triangleright a)) u(h_{(2)}, k_{(2)}) = \sum u(h_{(1)}, k_{(1)})(h_{(2)} k_{(2)} \triangleright a). \tag{1.11}$$

又设对任意的 $a \in A$,

$$1_H \triangleright a = a. \tag{1.12}$$

注意此时无须 u 卷积可逆或满足 2-余循环性质.

设 $\mathbf{1}_A$ 为 B 中非平凡中心幂等元, A 为由 $\mathbf{1}_A$ 生成的理想. 设 $a \in A, h \in H$, 定义 $\cdot : H \otimes A \to A$ 为

$$h \cdot a = \mathbf{1}_A (h \triangleright a). \tag{1.13}$$

则知等式 (1.1) 可由等式 (1.12) 得到, 并且由 $\mathbf{1}_A b = b \mathbf{1}_A$(其中 $b \in B$) 可知等式 (1.2) 成立.

定义映射 $\omega : H \otimes H \to A$. 由等式 (1.11) 可知,

$$\begin{aligned}\sum(h_{(1)}\cdot(k_{(1)}\cdot a))u(h_{(2)},k_{(2)})&=\sum \mathbf{1}_A(h_{(1)}\triangleright \mathbf{1}_A(k_{(1)}\triangleright a))u(h_{(2)},k_{(2)})\\&=\sum(h_{(1)}\cdot\mathbf{1}_A)(h_{(2)}\triangleright(k_{(1)}\triangleright a))u(h_{(3)},k_{(2)})\\&=\sum(h_{(1)}\cdot\mathbf{1}_A)u(h_{(2)},k_{(1)})(h_{(3)}k_{(2)}\triangleright a)\\&=\sum(h_{(1)}\cdot\mathbf{1}_A)u(h_{(2)},k_{(1)})(h_{(3)}k_{(2)}\cdot a),\end{aligned}$$

取 $a=\mathbf{1}_A$, 由等式 (1.3) 及等式 (1.4), 有

$$\sum(h_{(1)}\cdot(k_{(1)}\cdot\mathbf{1}_A))u(h_{(2)},k_{(2)})=\sum(h_{(1)}\cdot\mathbf{1}_A)u(h_{(2)},k_{(1)})(h_{(3)}k_{(2)}\cdot\mathbf{1}_A),\quad(1.14)$$

此时令 ω 满足:

$$\omega(h,k)=\sum(h_{(1)}\cdot\mathbf{1}_A)u(h_{(2)},k_{(1)})(h_{(3)}k_{(2)}\cdot\mathbf{1}_A).\quad(1.15)$$

故, 由于上述 ω 的定义, 可得等式 (1.3) 与等式 (1.4) 成立, 此时 $(A,\cdot,\omega)$ 为扭曲偏 H-模代数.

特别地, 若 B 为 H-模代数, 即 u 满足 $u(h,k)=\varepsilon(h)\varepsilon(k)1_B$, 结合等式 (1.14) 可知 ω 满足等式 (1.6). 此时 A 即通常意义下的偏 H-模代数 [3]. □

设 H 为 Hopf 代数, A 为单位代数. 若存在线性映射 $\alpha: H\otimes A\to A$, $h\otimes a\mapsto h\cdot a$, 及 $\omega: H\otimes H\to A$, 则可赋予 $A\otimes H$ 如下乘法:

$$(a\otimes h)(b\otimes l)=\sum a(h_{(1)}\cdot b)\omega(h_{(2)},l_{(1)})\otimes h_{(3)}l_{(2)},$$

其中 $a,b\in A$, $h,l\in H$. 令 $A\#_{(\alpha,\omega)}H=(A\otimes H)(\mathbf{1}_A\otimes 1_H)$. 易知其对应于由元素 $a\#h:=\sum a(h_{(1)}\cdot\mathbf{1}_A)\otimes h_{(2)}$(其中 $a\in A$, $h\in H$) 生成的 $A\otimes H$ 的 κ-子模.

一般而言, 上述定义下的 $A\otimes H$ 非结合, 非单位. 下面将给出 $A\otimes H$(或 $A\#_{(\alpha,\omega)}H$) 为结合代数且 $A\#_{(\alpha,\omega)}H$ 伴有单位元 $\mathbf{1}_A\#1_H=\mathbf{1}_A\otimes 1_H$ 的充要条件.

命题 1.4　设 H 为 Hopf 代数, A 为单位代数, $\omega: H\otimes H\to A$ 与 $\alpha: H\otimes A\to A$, $h\otimes a\mapsto h\cdot a$ 为线性映射, 满足等式 (1.1)、等式 (1.2) 及等式 (1.4).

(1) $\mathbf{1}_A\#1_H$ 为 $A\#_{(\alpha,\omega)}H$ 的单位当且仅当对任意的 $h\in H$, 有

$$\omega(h,1_H)=\omega(1_H,h)=h\cdot\mathbf{1}_A.\quad(1.16)$$

(2) 若对任意的 $h\in H$, 均有 $\omega(h,1_H)=h\cdot\mathbf{1}_A$, 则易知 $A\otimes H$ 满足结合性当且仅当等式 (1.3) 成立, 且对任意的 $h,l,m\in H$, 有

$$\sum(h_{(1)}\cdot\omega(l_{(1)},m_{(1)}))\omega(h_{(2)},l_{(2)}m_{(2)})=\sum\omega(h_{(1)},l_{(1)})\omega(h_{(2)}l_{(2)},m).\quad(1.17)$$

设有 H 在 A 上的扭曲偏作用 (α,ω), 若条件 (1.16) 与条件 (1.17) 均成立, 则称上述 κ-代数 $A\#_{(\alpha,\omega)}H$ 为扭曲偏作用的交叉积(简记为偏交叉积)[4].

引理 1.1 $A\#_{(\alpha,\omega)}H$ 满足条件

(1) $a\#h=\sum a(h_{(1)}\cdot \mathbf{1}_A)\#h_{(2)}$.

(2) $(a\#h)(b\#k)=\sum a(h_{(1)}\cdot b)\omega(h_{(2)},k_{(1)})\#h_{(3)}k_{(2)}$.

定义 1.10 称六元组 $(H,m,u,\Delta,\varepsilon,S)$ 为域 $\Bbbk$ 上伴有对极 S 的弱Hopf代数, 若其满足:

(1) $(H,\ m,\ u)$ 为 $\Bbbk$-代数,

(2) $(H,\ \Delta,\ \varepsilon)$ 为 $\Bbbk$-余代数,

(3) 对任意的 $h,k\in H$, 有 $\Delta(kh)=\Delta(k)\Delta(h)$,

(4) $\varepsilon(kh_1)\varepsilon(h_2g)=\varepsilon(khg)=\varepsilon(kh_2)\varepsilon(h_1g)$,

(5) $(1_H\otimes\Delta(1_H))(\Delta(1_H)\otimes 1_H)=\Delta^2(1_H)=(\Delta(1_H)\otimes 1_H)(1_H\otimes\Delta(1_H))$,

(6) $h_1S(h_2)=\varepsilon_L(h)$,

(7) $S(h_1)h_2=\varepsilon_R(h)$,

(8) $S(h)=S(h_1)h_2S(h_3)$,

其中 $\varepsilon_L: H\to H$ 与 $\varepsilon_R: H\to H$ 定义如下: $\varepsilon_L(h)=\varepsilon(1_1h)1_2$; $\varepsilon_R(h)=1_1\varepsilon(h1_2)$, 记之为 $H_L=\varepsilon_L(H)$, $H_R=\varepsilon_R(H)$. 易知 H_L 与 H_R 均为有限维的.

若 H 仅满足前 5 个性质, 则称之为弱双代数. 以 Sweedler 符号来表示其余乘, 即对任意的 $h\in H$, 有 $\Delta(h)=h_1\otimes h_2$.

弱 Hopf 代数的相关理论可见文献 [5]~[7].

第 2 章　偏缠绕模范畴与可分函子

本章引入两个偏缠绕模范畴间的导出函子, 并证明导出函子有右伴随函子. 进一步引入偏正规化积分的概念, 刻画正规化积分存在的标准, 拓宽了 T. Brzeziński 等结果 [8] 的适用范围.

2.1　导 出 函 子

定理 2.1　给定两个偏缠绕结构 (A, C, ψ) 和 (A', C', ψ'), 假设存在线性映射 $\alpha: A \to A'$ 和 $\gamma: C \to C'$ 分别为代数和余代数同态, 并且满足: 对任意的 $c \in C$, $a \in A$,

$$\alpha(a_\psi) \otimes \gamma(c^\psi) = \alpha(a)_{\psi'} \otimes \gamma(c)^{\psi'}, \tag{2.1}$$

则定义函子 $F: \mathcal{M}(\psi)_A^C \to \mathcal{M}(\psi')_{A'}^{C'}$ 如下:

$$F(M) = M \otimes_A A',$$

这里 A' 的左 A-模是由 α 诱导出的, $F(M)$ 上的偏缠绕结构为: 对任意的 $a', b' \in A'$, $m \in M$,

$$(m \otimes_A a') \cdot b' = m \otimes_A a'b',$$
$$\rho_{F(M)}(m \otimes_A a') = m_{[0]} \otimes_A a'_{\psi'} \otimes \gamma(m_{[1]})^{\psi'},$$

称函子 F 为导出函子.

证明　为了证明 $M \otimes_A A'$ 为 $\mathcal{M}(\psi')_{A'}^{C'}$ 中的对象, 只需证 $M \otimes_A A'$ 满足条件 (C2)～(C4). 即注意到 $M \otimes_A A'$ 显然满足条件 (C4). 下证 $M \otimes_A A'$ 满足 (C2) 和 (C3). 取 $m \in M$, $a', b' \in A'$, 则有

$$\begin{aligned}\rho_{F(M)}((m \otimes_A a') \cdot b') &= m_{[0]} \otimes_A (a'b')_{\psi'} \otimes \gamma(m_{[1]})^{\psi'} \\ &= m_{[0]} \otimes_A a'_{\psi'} b'_{\varphi'} \otimes \gamma(m_{[1]})^{\psi'\varphi'} \\ &= (m_{[0]} \otimes_A a'_{[0]}) \cdot b'_{\varphi'} \otimes (\gamma(m_{[1]}) \cdot a'_{[1]})^{\varphi'},\end{aligned}$$

即 (C3) 成立. 对于 (C2), 对任意 $m \in M$, $a' \in A'$, 便有

$$
\begin{aligned}
&\rho^2_{F(M)}(m\otimes_A a')\\
=&m_{[0][0]}\otimes_A a'_{\psi'\varphi'}\otimes\gamma(m_{[0][1]})^{\varphi'}\otimes\gamma(m_{[1]})^{\psi'}\\
=&m_{[0]}\cdot 1_{A_{\psi\varphi}}\otimes_A a'_{\psi'\varphi'}\otimes\gamma(m^{\varphi}_{[1]1})^{\varphi'}\otimes\gamma(m^{\psi}_{[1]2})^{\psi'}\\
=&m_{[0]}\otimes_A \alpha(1_{A_{\psi\varphi}})a'_{\psi'\varphi'}\otimes\gamma(m^{\varphi}_{[1]1})^{\varphi'}\otimes\gamma(m^{\psi}_{[1]2})^{\psi'}\\
=&m_{[0]}\otimes_A 1_{A_{\psi'\varphi'}}a'_{\psi'\varphi'}\otimes\gamma(m_{[1]1})^{\varphi'\varphi'}\otimes\gamma(m_{[1]2})^{\psi'\psi'}\\
=&m_{[0]}\otimes_A a'_{\psi'\varphi'}\otimes\gamma(m_{[1]1})^{\varphi'}\otimes\gamma(m_{[1]2})^{\psi'}\\
=&m_{[0]}\otimes_A a'_{\psi'}1_{A'_{\varphi'\psi'}}\otimes(\gamma(m_{[1]})^{\psi'})_1{}^{\psi'}\otimes(\gamma(m_{[1]})^{\psi'})_2{}^{\varphi'}\\
=&(m_{[0]}\otimes_A a'_{\psi'})\cdot 1_{A'_{\varphi'\psi'}}\otimes(\gamma(m_{[1]})^{\psi'})_1{}^{\psi'}\otimes(\gamma(m_{[1]})^{\psi'})_2{}^{\varphi'}.
\end{aligned}
$$

□

定理 2.2　正如定理 2.1 假设, 则导出函子 F 有右伴随函子: $G:\mathcal{M}(\psi')^{C'}_{A'}\to\mathcal{M}(\psi)^C_A$ 定义如下: 对任意 $M'\in\mathcal{M}(\psi')^{C'}_{A'}$,

$$G(M')=\underline{M'\square_{C'}C}=\{m'\cdot\alpha(1_{A_\psi})\otimes c^{\psi}\},$$

这里 $m'\otimes c\in M'\otimes C$ 满足下列条件:

$$m'_{[0]}\cdot\alpha(1_{A_{\varphi\psi}})\otimes m'_{[1]}{}^{\psi}\otimes c^{\varphi}=m'\cdot\alpha(1_{A_{\varphi\psi}})\otimes\gamma(c_1)^{\psi}\otimes c_2{}^{\varphi}.\tag{2.2}$$

$G(M')$ 上的结构映射为: 对任意的 $a\in A, m'\in M', c\in C$,

$$\begin{cases}\rho_{G(M')}(m'\cdot\alpha(1_{A_\psi})\otimes c^{\psi})=m'\cdot\alpha(1_{A_{\varphi\psi}})\otimes c_1{}^{\psi}\otimes c_2{}^{\varphi},\\ (m'\cdot\alpha(1_{A_\psi})\otimes c^{\psi})\cdot a=m'\cdot\alpha(a_\psi)\otimes c^{\psi}.\end{cases}$$

证明　首先证明 $G(M')$ 为 $\mathcal{M}(\psi)^C_A$ 中的对象. 容易验证 $G(M')$ 为右 C-余模. 为了证明 M 为右 A-模, 需要证明 $m'\cdot\alpha(a_\psi)\otimes c^{\psi}\in\underline{M'\square_{C'}C}$, $\forall a\in A$. 事实上,

$$
\begin{aligned}
&(m'\cdot\alpha(a_\psi))_{[0]}\cdot\alpha(1_{A_{\varphi\psi}})\otimes(m'\cdot\alpha(a_\psi))_{[1]}{}^{\psi}\otimes c^{\psi\varphi}\\
=&m'_{[0]}\cdot\alpha(a_\psi)_\psi\alpha(1_{A_{\varphi\psi}})\otimes m'_{[1]}{}^{\psi\psi}\otimes c^{\psi\varphi}\\
=&m'_{[0]}\cdot\alpha(a_{\varphi\psi})\alpha(1_{A_{\varphi\psi}})\otimes m'_{[1]}{}^{\psi\psi}\otimes c^{\varphi\varphi}\\
=&m'_{[0]}\cdot\alpha(1_{A_{\varphi\psi}})\alpha(a_{\varphi\psi})\otimes m'_{[1]}{}^{\psi\psi}\otimes c^{\varphi\varphi}\\
=&m'\cdot\alpha(1_{A_{\varphi\psi}})\alpha(a_{\varphi\psi})\otimes\gamma(c_1)^{\psi\psi}\otimes c_2{}^{\varphi\varphi}\\
=&m'\cdot\alpha(a_{\varphi\psi})\alpha(1_{A_{\varphi\psi}})\otimes\gamma(c_1)^{\psi\psi}\otimes c_2{}^{\varphi\varphi}\\
=&m'\cdot\alpha(a_\psi)\alpha(1_{A_{\varphi\psi}})\otimes\gamma((c^{\psi})_1)^{\psi}\otimes(c^{\psi})_2{}^{\varphi}.
\end{aligned}
$$

接着证明 G 为 F 的右伴随. 取 $M \in \mathcal{M}(\psi)_A^C$, 定义 $\eta_M : M \to GF(M) = (M \otimes_A A')\Box_{C'} C$ 如下: 对任意的 $m \in M$,

$$\eta_M(m) = m_{[0]} \otimes_A \alpha(1_{A_\psi}) \otimes m_{[1]}{}^{\psi}.$$

对任意的 $a \in A$, 便有

$$\begin{aligned}
\eta_M(m \cdot a) &= (m \cdot a)_{[0]} \otimes_A \alpha(1_{A_\psi}) \otimes (m \cdot a)_{[1]}{}^{\psi} \\
&= m_{[0]} \cdot a_\varphi \otimes_A \alpha(1_{A_\psi}) \otimes m_{[1]}{}^{\varphi\psi} \\
&= m_{[0]} \otimes_A \alpha(a_\varphi)\alpha(1_{A_\psi}) \otimes m_{[1]}{}^{\varphi\psi} \\
&= m_{[0]} \otimes_A \alpha(1_{A_\psi})\alpha(a_\varphi) \otimes m_{[1]}{}^{\varphi\psi} \\
&= (m_{[0]} \otimes_A \alpha(1_{A_\psi}) \otimes m_{[1]}^{\psi}) \cdot a, \\
(\eta_M \otimes id_C) \circ \rho_M(m) &= m_{[0][0]} \otimes_A \alpha(1_{A_\psi}) \otimes m_{[0][1]}{}^{\psi} \otimes m_{[1]} \\
&= m_{[0]} \cdot 1'_{A_{\psi'}} \otimes_A \alpha(1_{A_\psi}) \otimes m_{[1]1}{}^{\psi'\psi} \otimes m_{[1]2} \\
&= m_{[0]} \otimes_A \alpha(1'_{A_{\psi'}} 1_{A\psi}) \otimes m_{[1]1}{}^{\psi'\psi} \otimes m_{[1]2} \\
&= m_{[0]} \otimes_A \alpha(1_{A_\psi}) \otimes m_{[1]1}{}^{\psi'\psi} \otimes m_{[1]2} \\
&= \rho_{GF(M)} \circ \eta_M(m).
\end{aligned}$$

即证明了 $\eta_M \in \mathcal{M}(\psi)_A^C$.

取 $M' \in \mathcal{M}(\psi')_{A'}^{C'}$, 定义 $\delta_{M'} : FG(M') \to M'$, 这里

$$\delta_{M'}((m' \cdot \alpha(1_{A_\psi}) \otimes c^{\psi}) \otimes_A a') = \varepsilon_C(c) m' \cdot a'.$$

注意到 $\delta_{M'}$ 是 A'-线性的. 下面验证 δ_N 是 C'-余线性的. 事实上,

$$\begin{aligned}
&(\delta_{M'} \otimes id_{C'}) \circ (\rho_{FG(M')})(m' \cdot \alpha(1_{A_\psi}) \otimes c^{\psi}) \otimes_A a') \\
&= \delta_{M'}((m' \cdot \alpha(1_{A_{\varphi\psi}}) \otimes c_1{}^{\psi}) \otimes_A a'_{\psi'}) \otimes \gamma(c_2{}^{\varphi\psi'}) \\
&= m' \cdot \alpha(1_{A_\psi}) a'_{\psi'} \otimes \gamma(c^{\psi})^{\psi'},
\end{aligned}$$

把 $id_{M'} \otimes id_C \otimes \varepsilon_C$ 作用到等式 (2.2) 两边, 可得

$$\begin{aligned}
&m' \cdot \alpha(1_{A_\psi}) \otimes \gamma(c^{\psi}) \\
&= \varepsilon(c) m'_{[0]} \cdot \alpha(1_{A_\psi}) \otimes m'_{[1]}{}^{\psi} \\
&= \varepsilon(c) m'_{[0]} \cdot \alpha(1_{A_\psi}) \otimes m'_{[1]}{}^{\psi},
\end{aligned}$$

利用上面等式可以推出

$$
\begin{aligned}
& m' \cdot \alpha(1_{A_\psi}) a'_{\psi'} \otimes \gamma(c^\psi)\ ^{\psi'} \\
=& \varepsilon(c) m'_{[0]} \cdot \beta(1_{A_\psi}) a'_{\psi'} \otimes m'_{[1]}\ ^{\psi\psi'} \\
=& \varepsilon(c) m'_{[0]} \cdot 1_{A'_{\psi'}} a'_{\varphi'} \otimes m'_{[1]}\ ^{\psi'\varphi'} \\
=& \varepsilon(c) m'_{[0]} \cdot a'_{\psi'} \otimes m'_{[1]}\ ^{\psi'} \\
=& \rho_{M'} \circ \delta_{M'}((m' \cdot \alpha(1_{A_\psi}) \otimes c^\psi) \otimes_A a'),
\end{aligned}
$$

常规计算可以证明 η, δ 均是自然变换, 并且满足如下关系

$$
G(\delta_{M'}) \circ \eta_{G(M')} = I, \quad \delta_{F(M)} \circ F(\eta_M) = I
$$

对所有的 $M \in \mathcal{M}(\psi)_A^C$, $M' \in \mathcal{M}(\psi')_{A'}^{C'}$. □

注记 2.1 　考虑偏缠绕结构 (A, k) 及同态 id_A 和 $\varepsilon_C : C \to k$. 则范畴 $\mathcal{M}(\psi)_A$ 是 A-模构成的范畴, 导出函子 F 就是忘却函子. 由定理 2.1 可知, $G(M') = \underline{M' \otimes C} = \{m' \cdot 1_{A_\psi} \otimes c^\psi\}$ 其上的偏缠绕模结构定义如下:

$$
\begin{aligned}
\rho_{G(M')}(m' \cdot 1_{A_\psi} \otimes c^\psi) &= m' \cdot 1_{A_{\varphi\psi}} \otimes c_1\ ^\psi \otimes c_2\ ^\varphi, \\
(m' \cdot 1_{A_\psi} \otimes c^\psi) \cdot a &= m' \cdot a_\psi \otimes c^\psi.
\end{aligned}
$$

其中 $a \in A$, $M' \in \mathcal{M}(\psi)_A$。

2.2 偏缠绕模范畴的可分函子

定义 2.1 　设 (A, C, ψ) 为偏缠绕结构. 称线性映射

$$
\theta : C \otimes C \to A
$$

为偏正规化积分, 如果 θ 满足下列条件: 对任意的 $a \in A$, $c, d \in C$,

$$
d_1\ ^{\psi\psi'} \otimes 1_{A_{\psi\psi}} \theta(d_2\ ^\psi \otimes c)_{\psi'} = c_2\ ^\psi \otimes 1_{A_{\psi\psi\psi}} \theta(d_\psi \otimes c_1\ ^\psi), \tag{2.3}
$$

等式 (2.1) 等价于下列交换图 (图 2.1).

$$
\theta(c_1 \otimes c_2) = 1_A \varepsilon(c), \tag{2.4}
$$

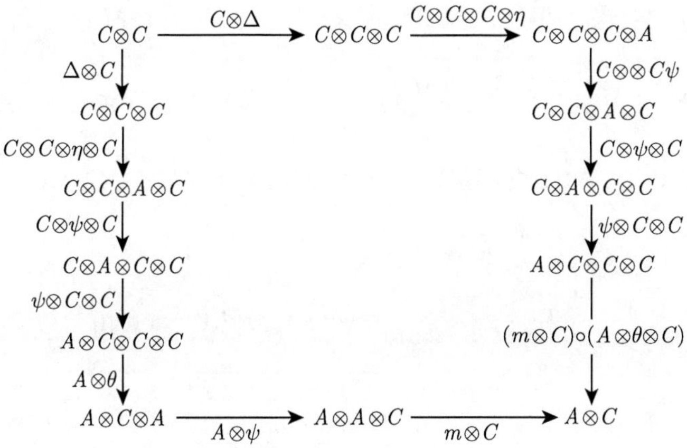

图 2.1

等式 (2.2) 等价于下列交换图 (图 2.2).

$$a_{\psi\psi}\theta(d^{\psi}\otimes c^{\psi})=\theta(d\otimes c)a, \tag{2.5}$$

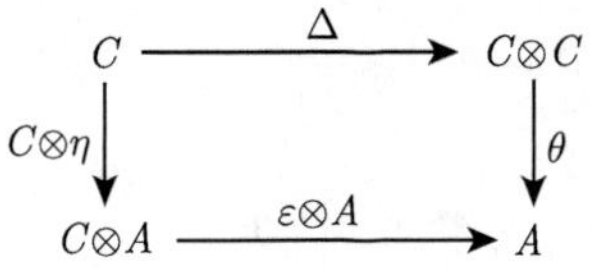

图 2.2

等式 (2.3) 等价于下列交换图 (图 2.3).

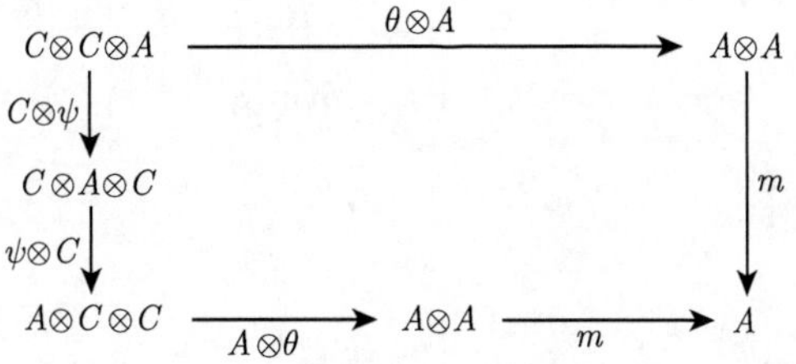

图 2.3

定理 2.3　对任意的偏缠绕结构 (A,C,ψ), 则下列命题等价,

(1) η 为可分的自然单同态;

(2) 忘却函子 F 是可分的;

(3) 存在偏正规化积分 $\theta: C\otimes C\to A$.

证明　根据 Rafael 定理可得 (1) $\Longleftrightarrow$ (2) .

(3) ⇒ (1) 对任意的偏缠绕模 M, 定义: 对任意的 $m \in M, c \in C$,

$$\nu^M : \underline{M \otimes C} \to M,\ \nu^M(m \cdot 1_{A_\psi} \otimes c^\psi) = m_{[0]} \cdot \theta(m_{[1]} \otimes c).$$

下面验证 $\nu^M \in \mathcal{M}(\psi)_A^C$. 事实上, 对任意的 $m \in M, c \in C, a \in A$,

$$\begin{aligned}
\nu^M((m \cdot 1_{A_\psi} \otimes c^\psi) \cdot a) &= \nu^M(m \cdot a_\psi \otimes c^\psi) \\
&= (m \cdot a_\psi)_{[0]} \theta((m \cdot a_\psi)_{[1]} \otimes c) \\
&= m_{[0]} \cdot a_{\psi\psi} \theta(m_{[1]}{}^{\psi} \otimes c^\psi) \\
&= m_{[0]} \cdot \theta(m_{[1]} \otimes c) a \\
&= \nu^M(m \cdot 1_{A_\psi} \otimes c^\psi) \cdot a,
\end{aligned}$$

即 ν^M 是 A-线性. 为了证明 ν 是 C-余模同态, 需要验证下面等式

$$\rho_M \circ \nu^M = (\nu^M \otimes id_C) \circ \rho_{G(M)}.$$

事实上, 对任意的 $m \in M, c \in C$, 一方面,

$$\begin{aligned}
\rho^M \circ \nu^M(m \cdot 1_{A_\psi} \otimes c^\psi) &= \rho^M(m_{[0]} \cdot \theta(m_{[1]} \otimes c)) \\
&= (m_{[0]} \cdot \theta(m_{[1]} \otimes c))_{[0]} \otimes (m_{[0]} \cdot \theta(m_{[1]} \otimes c))_{[1]} \\
&= m_{[0][0]} \cdot \theta(m_{[1]} \otimes c)_\psi \otimes m_{[0][1]}{}^{\psi} \\
&= m_{[0]} \cdot 1_{A_{\psi\psi}} \theta(m_{[1]2}{}^{\psi} \otimes c)_{\psi'} \otimes m_{[1]1}{}^{\psi\psi'} \\
&= m_{[0]} \cdot 1_{A_{\psi\psi\psi}} \theta(m_{[1]}{}^{\psi} \otimes c_1{}^{\psi}) \otimes c_2{}^{\psi},
\end{aligned}$$

另一方面,

$$\begin{aligned}
&(\nu^M \otimes C)(\rho^{G(M)})(m \cdot 1_{A_\psi} \otimes c^\psi) \\
=& (\nu^M \otimes C)(m \cdot 1_{A_{\psi\psi}} \otimes c_1{}^{\psi} \otimes c_2{}^{\psi}) \\
=& (\nu^M \otimes C)(m \cdot 1_{A_{\psi\psi}} 1_{A_{\psi'}} \otimes c_1{}^{\psi\psi'} \otimes c_2{}^{\psi}) \\
=& (m \cdot 1_{A_{\psi\psi}})_{[0]} \cdot \theta((m \cdot 1_{A_{\psi\psi}})_{[1]} \otimes c_1{}^{\psi}) \otimes c_2{}^{\psi} \\
=& m_{[0]} \cdot 1_{A_{\psi\psi\psi}} \theta(m_{[1]}{}^{\psi} \otimes c_1{}^{\psi}) \otimes c_2{}^{\psi},
\end{aligned}$$

再利用等式 (2.3) 可得到预期的结果. 对任意 $m \in M$, 因为

$$\begin{aligned}\nu^M\circ\eta_M(m)&=\nu^M(m_{[0]}\otimes m_{[1]})\\&=m_{[0][0]}\theta(m_{[0][1]}\otimes m_{[1]})\\&=m_{[0]}\cdot 1_{A_{\psi\psi}}\theta(m_{[1]1}{}^{\psi}\otimes m_{[1]2}{}^{\psi})\\&=m_{[0]}\cdot\theta(m_{[1]1}\otimes m_{[1]2})\\&=m_{[0]}\varepsilon(m_{[1]})=m.\end{aligned}$$

所以 ν 分裂 η.

(1) ⇒ (3) 考虑偏缠绕模 $G(A)=\underline{A\otimes C}$, 利用 ν 为单位 η 的收缩, 可得同态

$$\nu^{G(A)}:\underline{A\otimes C\otimes C}\to\overline{A\otimes C},$$

其中 $\underline{A\otimes C\otimes C}=<a1_{A_{\psi\psi}}\otimes c^{\psi}\otimes d^{\psi},a\in A,c,d\in C>$ 利用 $\nu\circ\eta=I$, 有

$$\nu^{G(A)}(a1_{A_{\psi\psi}}\otimes c_1{}^{\psi}\otimes c_2{}^{\psi})=a\otimes c,$$

构造 θ 如下:

$$\theta:C\otimes C\to A,$$

$$\theta(c\otimes d)=(id_A\otimes\varepsilon_C)\circ\nu^{G(A)}(1_{A_{\psi\psi}}\otimes c^{\psi}\otimes d^{\psi}).$$

对任意 $c\in C$, 因为

$$\begin{aligned}\theta(c_1\otimes c_2)&=(id_A\otimes\varepsilon_C)\circ\nu^{G(A)}(1_{A_{\psi\psi}}\otimes c_1{}^{\psi}\otimes c_2{}^{\psi})\\&=(id_A\otimes\varepsilon_C)(1_{A_\psi}\otimes c^{\psi})=1_A\varepsilon_C(c),\end{aligned}$$

所以等式 (2.4) 成立. 由 ν 的自然性和 A-线性, 可得等式 (2.5) 成立.

最后, 我们致力于证明等式 (2.3) 成立. 考虑偏缠绕模 $M\otimes A$, 其上的 A-作用和 C-余作用定义如下: 对任意的 $m\in M,a,b\in A$,

$$\begin{cases}(m\otimes a)\cdot b=m\otimes ab,\\ \rho^{M\otimes A}(m\otimes a)=m_{[0]}\otimes a_{\psi}\otimes m_{[1]}{}^{\psi}.\end{cases}$$

考虑偏缠绕模 $C\otimes A$, 映射

$$\psi:C\otimes A\to\underline{A\otimes C},\ \psi(c\otimes a)=\psi(c\otimes a)=a_{\psi}\otimes c^{\psi}$$

诱导出偏缠绕模 $C\otimes A$ 与 $\overline{A\otimes C}$ 间的同态.由 ν 的自然性, 可得如下交换图 (图 2.4).

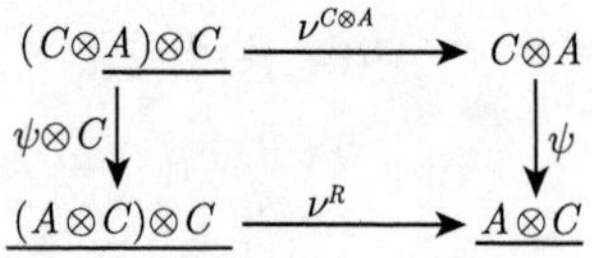

图 2.4

等价地, 对任意的 $a \in A, c, d \in C$, 有

$$\psi\nu^{C\otimes A}(c\otimes a1_{A_\psi}\otimes d^\psi)\nu^R(a_\psi 1_{A_{\psi\psi'}}\otimes c^{\psi\psi'}\otimes d^\psi). \tag{2.6}$$

再考虑 C-余模 $C\otimes C$, 其上的余作用为 $id_C\otimes\Delta$, 则

$$\chi=\Delta\otimes id_A : C\otimes A\to C\otimes C\otimes A,\ \chi(c\otimes a)=c_1\otimes c_2\otimes a,$$

诱导出偏缠绕模 $C\otimes A\to C\otimes C\otimes A$ 间的同态. 由 ν 的自然性, 有下面的交换 (图 2.5).

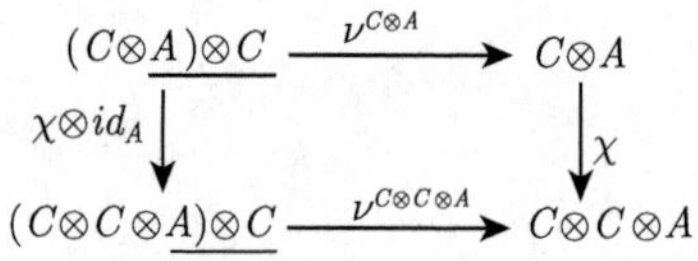

图 2.5

即: 对任意的 $c, d\in C$, $a\in A$,

$$(\chi\otimes id_A)\nu^{C\otimes A}(c\otimes a1_{A_\psi}\otimes d^\psi)=\nu^{C\otimes C\otimes A}(c_1\otimes c_2\otimes a1_{A_\psi}\otimes d^\psi). \tag{2.7}$$

最后, 对任意的 $c\in C$, 线性映射

$$f_c : C\otimes A\to C\otimes C\otimes A,\quad d\otimes a\mapsto c\otimes d\otimes a$$

诱导出偏缠绕模 $C\otimes A$ 与 $C\otimes C\otimes A$ 间的同态. 由 ν 的自然性, 便有: 对任意的 $c, e, d\in C$, $a\in A$,

$$c\otimes\nu^{C\otimes A}(e\otimes a1_{A_\psi}\otimes d^\psi)=\nu^{C\otimes C\otimes A}(c\otimes e\otimes a1_{A_\psi}\otimes d^\psi). \tag{2.8}$$

对任意的 $c, d\in C$, $a\in A$, 由等式 (2.7) 和等式 (2.8),

$$\chi\circ\nu^{C\otimes A}(c\otimes a1_{A_\psi}\otimes d^\psi)=c_1\otimes\nu^{C\otimes A}(c_2\otimes a1_{A_\psi}\otimes d^\psi), \tag{2.9}$$

由 $\nu^{G(A)}$ 为 C-余线性映射, 可得: 对任意的 $c,d\in C$,

$$\rho^{G(A)}\circ\nu^{G(A)}(a1_{A_{\psi\psi}}\otimes d^{\psi}\otimes c^{\psi})=\nu^{G(A)}(a1_{A_{\psi\psi\psi}}\otimes d^{\psi}\otimes c_1{}^{\psi})\otimes c_2{}^{\psi},$$

对任意的 $c,d\in C$, 一方面,

$$\begin{aligned}
&c_2{}^{\psi}\otimes 1_{A_{\psi\psi\psi}}\theta(d^{\ \psi}\otimes c_1{}^{\psi})\\
=&c_2{}^{\psi}\otimes 1_{A_{\psi\psi\psi}}(A\otimes\varepsilon)\nu^{G(A)}(1_{A_{\psi'\psi'}}\otimes d^{\ \psi\psi'}\otimes c_1{}^{\psi\psi'})\\
=&c_2{}^{\psi}\otimes(A\otimes\varepsilon)\nu^{G(A)}(1_{A_{\psi\psi\psi}}1_{A_{\psi'\psi'}}\otimes d^{\ \psi\psi'}\otimes c_1{}^{\psi\psi'})\\
=&c_2{}^{\psi}\otimes(A\otimes\varepsilon)\nu^{G(A)}(1_{A_{\psi\psi\psi}}\otimes d^{\ \psi}\otimes c_1{}^{\psi})\\
=&\tau_{A,C}(A\otimes\varepsilon\otimes C)(\nu^{G(A)}(1_{A_{\psi\psi\psi}}\otimes d^{\ \psi}\otimes c_1{}^{\psi})\otimes c_2{}^{\psi})\\
=&\tau_{A,C}(A\otimes\varepsilon\otimes C)(\rho^{G(A)}\nu^{G(A)}(1_{A_{\psi\psi}}\otimes d^{\psi}\otimes c^{\psi}))\\
=&\tau_{A,C}(\nu^{G(A)}(1_{A_{\psi\psi}}\otimes d^{\psi}\otimes c^{\psi})).
\end{aligned}$$

另一方面,

$$\begin{aligned}
&d_{(1)}{}^{\psi\psi'}\otimes 1_{A_{\psi\psi}}\theta(d_2)^{\ \psi}\otimes c)_{\psi'}\\
=&d_{(1)}{}^{\psi\psi'}\otimes 1_{A_{\psi\psi}}\theta(d_2{}^{\psi}\otimes c)_{\psi'}\\
=&d_1{}^{\psi}\otimes(1_{A_{\psi}}\theta(d_2{}^{\psi}\otimes c))_{\psi}\\
=&d_1{}^{\psi}\otimes(1_{A_{\psi}}(A\otimes\varepsilon)\nu^{G(A)}(1_{A_{\psi\psi'}}\otimes d_2{}^{\psi\psi'}\otimes c^{\psi}))_{\psi}\\
=&d_1{}^{\psi}\otimes(A\otimes\varepsilon)\nu^{G(A)}(1_{A_{\psi}}1_{A_{\psi\psi'}}\otimes d_2{}^{\psi\psi'}\otimes c^{\psi}))_{\psi}\\
=&d_1{}^{\psi}\otimes(A\otimes\varepsilon)\nu^{G(A)}(1_{A_{\psi\psi}}\otimes d_2{}^{\psi}\otimes c^{\psi}))_{\psi}\\
=&d_1{}^{\psi}\otimes(A\otimes\varepsilon)\nu^{G(A)}(1_{A_{\psi\psi}}\otimes d_2{}^{\psi}\otimes c^{\psi}))_{\psi}\\
=&d_1{}^{\psi}\otimes((A\otimes\varepsilon)\psi\nu^{C\otimes A}(d_2\otimes 1_{A_{\psi}}\otimes c^{\psi}))_{\psi}
\end{aligned}$$

令 $\nu^{C\otimes A}(d\otimes 1_{A_{\psi}}\otimes c^{\psi})=\sum_i e_i\otimes f_i$, 其中 $e_i\in C, f_i\in A$, 则

$$\begin{aligned}
&=\sum_i(e_{i1})^{\psi}\otimes((A\otimes\varepsilon)\psi(e_{i2}\otimes f_i))_{\psi}\\
&=\sum_i(e_{i1})^{\psi}\otimes((A\otimes\varepsilon)(f_{i\psi}\otimes(e_{i2})^{\psi}))_{\psi}\\
&=\sum_i e_i^{\psi}\otimes f_{i\psi}\\
&=\tau_{A,C}\psi(\nu^{C\otimes A}(d\otimes 1_{A_{\psi}}\otimes c^{\psi}))\\
&=\tau_{A,C}\nu^{G(A)}(1_{A_{\psi\psi}}\otimes d^{\psi}\otimes c^{\psi}).
\end{aligned}$$

所以再由等式 (2.6) 就可得到等式 (2.3). □

由定理 2.3, 我们得到偏缠绕模的 Maschke 型定理如下.

定理 2.4 设 (A, C, ψ) 为偏缠绕结构, $M, N \in \mathcal{M}(\psi)_A^C$. 假设存在偏正规化积分 $\theta : C \otimes C \to A$, 则 $f : M \to N$ 作为 A-模有一个部分 (收缩) 时, 必有在 $\mathcal{M}(\psi)_A^C$ 中有一个部分 (收缩).

证明 令 $M, N \in \mathcal{M}(\psi)_A^C$, 假设 $f : M \to N \in \mathcal{M}(\psi)_A^C$ 作为 A-模同态有一个部分 $g : N \to M$. 定义 $\widetilde{g} : N \to M, \widetilde{g}(n) = g(n_{[0]})_{[0]} \cdot \theta(g(n_{[0]})_{[1]} \otimes n_{[1]})$. 由偏正规积分 θ 容易得到 $\widetilde{g}$ 是 A-模同态和右 C-余模同态. 现在我们证明 $\widetilde{g}$ 在 $\mathcal{M}(\psi)_A^C$ 中是 f 的一部分, 则

$$\begin{aligned}
f\widetilde{g}(n) &= f(g(n_{[0]})_{[0]} \cdot \theta(g(n_{[0]})_{[1]} \otimes n_{[1]}) \\
&= f(g(n_{[0]})_{[0]}) \cdot \theta(g(n_{[0]})_{[1]} \otimes n_{[1]}) \\
&= (fg(n_{[0]})_{[0]} \cdot \theta((fg(n_{[0]}))_{[1]} \otimes n_{[1]}) \\
&= (n_{[0][0]} \cdot \theta(n_{[0][1]} \otimes n_{[1]}) \\
&= n_{[0]} \cdot 1_{A_{\varphi\varphi}} \theta(n_{[1]1}{}^{\varphi} \otimes n_{[1]2}{}^{\varphi}) \\
&= n_{[0]} \cdot \theta(n_{[1]1} \otimes n_{[1]2}) 1_A = n.
\end{aligned}$$

□

第 3 章　偏 Hopf 群作用的 Morita 关系与偏群Galois 扩张

3.1　偏群扭曲 Smash 积

定义 3.1　设 H 为 Hopf π-余代数, $A=\bigoplus_{\alpha\in\pi}A_\alpha$ 为 π-分次代数. 称 A 为*偏左 H-模 π-分次代数*, 如果存在一簇 k-线性映射 $\rightharpoonup=\{\rightharpoonup: H_\alpha\otimes A_\alpha\to A_\alpha\}_{\alpha\in\pi}$ 满足下列条件:

(1) 对任意的 $h\in H_{\alpha\beta}, a\in A_\alpha$, $b\in A_\beta$, 有

$$h\rightharpoonup(ab)=(h_{(1,\alpha)})\rightharpoonup a)(h_{(2,\beta)}\rightharpoonup b);$$

(2) 对任意的 $\alpha\in\pi, 1_\alpha\in H_\alpha, a\in A_\alpha$, 有 $1_\alpha\rightharpoonup a=a$;

(3) 对任意的 $h,g\in H_\alpha, a\in A_\alpha, 1_A\in A_1$, 有

$$h\rightharpoonup(g\rightharpoonup a)=(h_{(1,1)}\rightharpoonup 1_A)(h_{(2,\alpha)}g\rightharpoonup a).$$

类似地, 我们给出偏右 H-模 π-分次代数的概念.

定义 3.2　设 H 为 Hopf π-余代数, $A=\bigoplus_{\alpha\in\pi}A_\alpha$ 为 π-分次代数. 称 A 为*偏右 H-模 π-分次代数*, 如果存在一簇 k-线性映射 $\rightharpoonup=\{\rightharpoonup: H_\alpha\otimes A_\alpha\to A_\alpha\}_{\alpha\in\pi}$ 满足下列条件:

(1) 对任意的 $h\in H_{\alpha\beta}, a\in A_\alpha, b\in A_\beta$, 有

$$(ab)\leftharpoonup h=(a\leftharpoonup h_{(1,\alpha)})(b\leftharpoonup h_{(2,\beta)});$$

(2) 对任意的 $\alpha\in\pi, 1_\alpha\in H_\alpha, a\in A_\alpha$, 有 $a\leftharpoonup 1_\alpha=a$;

(3) 对任意的 $h,g\in H_\alpha, a\in A_\alpha, 1_A\in A_1$, 有

$$(a\leftharpoonup g)\leftharpoonup h=(1_A\leftharpoonup h_{(1,1)})(a\leftharpoonup gh_{(2,\alpha)}).$$

定义 3.3　设 H 为 Hopf π-余代数, $A=\bigoplus_{\alpha\in\pi}A_\alpha$ 为 π-分次代数. 称 A 为*偏 H-双模 π-分次代数*, 如果下列条件成立:

(1) A 为偏 H-双模, 其偏左 H-模结构映射记为 $\rightharpoonup$ 和偏右 H-模结构映射记为 $\leftharpoonup$, 并满足下列条件: 对任意的 $a \in A_\alpha, h, g \in H_\alpha$, $(h \rightharpoonup a) \leftharpoonup g = h \rightharpoonup (a \leftharpoonup g)$.

(2) A 既是偏左 H-模 π-分次代数, 又是偏右 H-模 π-分次代数.

设 H 为 T-余代数, A 为偏 H-双模 π-分次代数. 给定 $\alpha \in \pi$, 对任意的 $h, g \in H_\alpha, a \in A_\beta, b \in A_\gamma$, 在向量空间

$$\underline{A \circledast H_\alpha} = (A \otimes H_\alpha)(1_A \otimes 1_\alpha)$$

上定义偏 π-扭曲 Smash 积, 即该偏 π-扭曲 Smash 积是

$$\underline{A \circledast H_\alpha} = a(\varphi_{\alpha^{-1}}(h_{(1,1)}) \rightharpoonup 1_A \leftharpoonup S_1(h_{(3,1)})) \otimes h_{(2,\alpha)}$$

生成的子代数. 易证符号 $\circledast$ 满足:

$$(\underline{a \circledast h})(\underline{b \circledast g}) = \underline{a(\varphi_{\alpha^{-1}}(h_{(1,\alpha\gamma\alpha^{-1})}) \rightharpoonup b \leftharpoonup S_{\gamma^{-1}}(h_{(3,\gamma^{-1})})) \circledast h_{(2,\alpha)}g}. \tag{3.1}$$

引理 3.1　设 H 为 T-余代数, A 为偏 H-双模 π-分次代数, 则

(1) 对任意的 $h, g \in H_{\alpha\beta}, a \in A_\alpha, b \in A_\beta$,

$$(h \rightharpoonup ab) \leftharpoonup g = ((h_{(1,\alpha)} \rightharpoonup a) \leftharpoonup g_{(1,\alpha)})((h_{(2,\beta)} \rightharpoonup b) \leftharpoonup g_{(2,\beta)});$$

(2) 对任意的 $k, h, g, l \in H_\alpha, a \in A_\alpha$,

$$(k \rightharpoonup ((h \rightharpoonup a)) \leftharpoonup g) \leftharpoonup l = ((k_{(1,1)} \rightharpoonup 1_A) \leftharpoonup l_{(1,1)})((k_{(2,\alpha)}h \rightharpoonup a) \leftharpoonup gl_{(2,\alpha)}).$$

命题 3.1　沿用上面的记号, 则偏 π- 扭曲 Smash 积 $\underline{A \circledast H_\alpha}$ 是带有单位元 $\underline{1_A \circledast 1_\alpha}$ 的结合代数, 其中 1_A 是 A 的单位元.

证明　对任意的 $h, k, g \in H_\alpha, a \in A_\beta, b \in A_\gamma, c \in A_\delta$, 则

$$\begin{aligned}
&(\underline{a \circledast h})(\underline{1_A \circledast 1_\alpha})\\
=&\underline{a(\varphi_{\alpha^{-1}}(h_{(1,1)}) \rightharpoonup 1_A \leftharpoonup S(h_{(3,1)})) \circledast h_{(2,\alpha)}}\\
=&a(\varphi_{\alpha^{-1}}(h_{(1,1)}) \rightharpoonup 1_A \leftharpoonup S(h_{(3,1)}))(\varphi_{\alpha^{-1}}(h_{(2,\alpha)(1,1)}) \rightharpoonup 1_A \leftharpoonup S(h_{(2,\alpha)(3,1)})) \otimes h_{(2,\alpha)(2,\alpha)}\\
=&a(\varphi_{\alpha^{-1}}(h_{(1,1)}) \rightharpoonup 1_A \leftharpoonup S(h_{(5,1)}))(\varphi_{\alpha^{-1}}(h_{(2,1)}) \rightharpoonup 1_A \leftharpoonup S(h_{(4,1)})) \otimes h_{(3,\alpha)}\\
=&a(\varphi_{\alpha^{-1}}(h_{(1,1)}) \rightharpoonup 1_A \leftharpoonup S(h_{(3,1)})) \otimes h_{(2,\alpha)}\\
=&\underline{a \circledast h}\\
=&(\underline{1_A \circledast 1_\alpha})(\underline{a \circledast h}).
\end{aligned}$$

因此, $\underline{1_A \circledast 1_\alpha}$ 是单位元.

$$
\begin{aligned}
&(\underline{a\circledast h})[(\underline{b\circledast k})(\underline{c\circledast g})]\\
=&(\underline{a\circledast h})(\underline{b(\varphi_{\alpha^{-1}}(k_{(1,\alpha\delta\alpha^{-1})})\rightharpoonup c\leftharpoonup S_{\delta^{-1}}(k_{(3,\delta^{-1})}))\circledast k_{(2,\alpha)}g})\\
=&\underline{a[\varphi_{\alpha^{-1}}(h_{(1,\alpha\gamma\delta\alpha^{-1})})\rightharpoonup[b(\varphi_{\alpha^{-1}}(k_{(1,\alpha\delta\alpha^{-1})}))\rightharpoonup c\leftharpoonup}\\
&\underline{S_{\delta^{-1}}(k_{(3,\delta^{-1})})]\leftharpoonup S_{\delta^{-1}\gamma^{-1}}(h_{(3,\delta^{-1}\gamma^{-1})})]\circledast h_{(2,\alpha)}k_{(2,\alpha)}g}\\
=&\underline{[a(\varphi_{\alpha^{-1}}(h_{(1,\alpha\gamma\alpha^{-1})})\rightharpoonup b\leftharpoonup S_{\gamma^{-1}}(h_{(5,\gamma^{-1})})][(\varphi_{\alpha^{-1}}(h_{(2,\alpha\delta\alpha^{-1})})\rightharpoonup}\\
&\underline{[(\varphi_{\alpha^{-1}}(k_{(1,\alpha\delta\alpha^{-1})})\rightharpoonup c\leftharpoonup S_{\delta^{-1}}(k_{(3,\delta^{-1})}))]\leftharpoonup S_{(}h_{(4,\delta^{-1})})\circledast h_{(3,\alpha)}k_{(2,\alpha)}g}\\
=&\underline{[a(\varphi_{\alpha^{-1}}(h_{(1,\alpha\gamma\alpha^{-1})})\rightharpoonup b\leftharpoonup S_{\gamma^{-1}}(h_{(7,\gamma^{-1})})][\varphi_{\alpha^{-1}}(h_{(2,1)})\rightharpoonup 1_A\leftharpoonup S_1(h_{(6,1)})]}\\
&\underline{[\varphi_{\alpha^{-1}}(h_{(3,\alpha\delta\alpha^{-1})})\varphi_{\alpha^{-1}}(k_{(1,\alpha\delta\alpha^{-1})})\rightharpoonup c\leftharpoonup S_{\delta^{-1}}(k_{(3,\delta^{-1})})S_{\delta^{-1}}(h_{(5,\delta^{-1})})]\circledast h_{(4,\alpha)}k_{(2,\alpha)}g}\\
=&\underline{[a(\varphi_{\alpha^{-1}}(h_{(1,\alpha\gamma\alpha^{-1})})\rightharpoonup b\leftharpoonup S_{\gamma^{-1}}(h_{(5,\gamma^{-1})})][(\varphi_{\alpha^{-1}}(h_{(2,\alpha\delta\alpha^{-1})}k_{(1,\alpha\delta\alpha^{-1})})}\\
&\underline{\rightharpoonup c\leftharpoonup S_{\delta^{-1}}(h_{(4,\delta^{-1})}k_{(3,\delta^{-1})})]\circledast h_{(3,\alpha)}k_{(2,\alpha)}g}\\
=&\underline{[a(\varphi_{\alpha^{-1}}(h_{(1,\alpha\gamma\alpha^{-1})})\rightharpoonup b\leftharpoonup S_{\gamma^{-1}}(h_{(3,\gamma^{-1})})][\varphi_{\alpha^{-1}}((h_{(2,\alpha)}k)_{(1,\alpha\delta\alpha^{-1})})}\\
&\underline{\rightharpoonup c\leftharpoonup S_{\delta^{-1}}((h_{(2,\alpha)}k)_{(3,\delta^{-1})})]\circledast(h_{(2,\alpha)}k)_{(2,\alpha)}g}\\
=&\underline{a(\varphi_{\alpha^{-1}}(h_{(1,\alpha\gamma\alpha^{-1})})\rightharpoonup b\leftharpoonup S_{\gamma^{-1}}(h_{(3,\gamma^{-1})}))\circledast h_{(2,\alpha)}k}(\underline{c\circledast g})\\
=&(\underline{a\circledast h})((\underline{b\circledast k})(\underline{c\circledast g})).
\end{aligned}
$$

所以, $\underline{A\circledast H_\alpha}$ 是结合代数. □

例 3.1　设 H 为 T-余代数, A 为偏左 H-模 π-分次代数且偏右 H-模作用是平凡的, 则 A 是偏 H-双模 π-分次代数. 下面的证明揭示了 $\underline{A\circledast H_\alpha}$ 是偏 π-Smash 积 $\underline{A\#H_\alpha}$, 这表明偏 π-Smash 积是偏 π-扭曲 Smash 积的一个特例.

证明　偏右 H-模作用是平凡的, 对任意的 $h,g\in H_\alpha, a\in A_\beta, b\in A_\gamma$, 则

$$(\underline{a\circledast h})(\underline{b\circledast g})=\underline{a(\varphi_{\alpha^{-1}}(h_{(1,1)})\rightharpoonup b)\circledast h_{(2,\alpha)}g}.$$

□

例 3.2　设 H 为有限型 T-余代数, 对任意的 $\alpha\in\pi, f\in H_\alpha^*, h,k\in H_\alpha$,

$$
\begin{aligned}
&(h\rightharpoonup f)(k)=<f,kh>,\\
&(f\leftharpoonup h)(k)=<f,S_\alpha^{-1}(S_{\alpha^{-1}}^{-1}(h))k>,
\end{aligned}
$$

则 $(\bigoplus_{\beta\in\pi}H_\beta^*,\rightharpoonup,\leftharpoonup)$ 为偏 H-双模 π-分次代数.

证明 对任意的 $h,k\in H_{\alpha\beta}, f\in H_\alpha^*, g\in H_\beta^*$, 有

$$\begin{aligned}h\rightharpoonup(fg)(k)&=fg(kh)\\&=f((kh)_{(1,\alpha)})g((kh)_{(2,\beta)})\\&=f(k_{(1,\alpha)}h_{(1,\alpha)})g(k_{(2,\beta)}h_{(2,\beta)})\\&=(h_{(1,\alpha)}\rightharpoonup f)(k_{(1,\alpha)})(h_{(2,\beta)}\rightharpoonup g)(k_{(2,\beta)})\\&=[(h_{(1,\alpha)}\rightharpoonup f)(h_{(2,\beta)}\rightharpoonup g)](k).\end{aligned}$$

对任意的 $\alpha\in\pi, k\in H_\alpha, f\in H_\alpha^*$, 有

$$1_\alpha\rightharpoonup f(k)=f(k1_\alpha)=f(k).$$

对任意的 $h,g,k\in H_\alpha, f\in H_\alpha^*$, 则

$$\begin{aligned}h\rightharpoonup(g\rightharpoonup f)(k)&=f(khg)\\&=f(k)f(h)f(g)\\&=f(k)1_{H_\alpha^*}(h_{(1,1)})f(h_{(2,\alpha)}g)\\&=1_{H_\alpha^*}(k_{(1,1)})1_{H_\alpha^*}(h_{(1,1)})f(k_{(2,\alpha)}h_{(2,\alpha)}g)\\&=(h_{(1,1)}\rightharpoonup 1_{H_\alpha^*})(k_{(1,1)})(h_{(2,\alpha)}g\rightharpoonup f)(k_{(2,\alpha)})\\&=(h_{(1,1)}\rightharpoonup 1_{H_\alpha^*})(h_{(2,\alpha)}g\rightharpoonup f)(k).\end{aligned}$$

类似地可以证明 $\bigoplus_{\beta\in\pi}H_\beta^*$ 是偏右 H-模 π-分次代数, 最后, 可以验证 $\rightharpoonup$ 和 $\leftharpoonup$ 满足相容条件. 因此, $(\bigoplus_{\beta\in\pi}H_\beta^*,\rightharpoonup,\leftharpoonup)$ 是偏 H-双模 π-分次代数. 对任意的 $h,k\in H_\alpha, f\in H_\beta^*, g\in H_\gamma^*, x\in H_{\alpha\beta}$, 则 $\underline{(\bigoplus_{\beta\in\pi}H_\beta^*)\circledast_\sigma H_\alpha}$ 是一簇结合代数, 其单位元为 $\underline{1_{H_\alpha^*}\circledast 1_\alpha}$, 乘法为

$$\begin{aligned}&(\underline{f\circledast h})(\underline{g\circledast k})(x)\\&=\underline{f(\varphi_{\alpha^{-1}}(h_{(1,\alpha\gamma^{-1}\alpha^{-1})})\rightharpoonup g\leftharpoonup S_{\gamma^{-1}}(h_{(3,\gamma^{-1})}))(x)\circledast h_{(2,\alpha)}k}\\&=\underline{<f,x_{(1,\beta)}><(\varphi_{\alpha^{-1}}(h_{(1,\alpha\gamma\alpha^{-1})})\rightharpoonup g\leftharpoonup S_{\gamma^{-1}}(h_{(3,\gamma^{-1})}),x_{(2,\gamma)}>h_{(2,\alpha)}k}\\&=\underline{<f,x_{(1,\beta)}><g,S_{\gamma^{-1}}(h_{(3,\gamma^{-1})}x_{(2,\gamma)}\varphi_{\alpha^{-1}}(h_{(1,\alpha\gamma^{-1}\alpha^{-1})})>h_{(2,\alpha)}k}\\&=\underline{(f<g,S_{\gamma^{-1}}(h_{(3,\gamma^{-1})}\text{-}\varphi_{\alpha^{-1}}(h_{(1,\alpha\gamma^{-1}\alpha^{-1})})>)(x)\circledast h_{(2,\alpha)}k}\\&=\underline{(f(\varphi_{\alpha^{-1}}(h_{(1,\alpha\gamma^{-1}\alpha^{-1})})\rightharpoonup g\leftharpoonup S_\gamma^{-1}(h_{(3,\gamma^{-1})}))\circledast h_{(2,\alpha)}k}(x).\end{aligned}$$

□

定义 3.4　设 $A=\bigoplus_{\alpha\in\pi}A_\alpha$ 为 π-分次代数, 使得每一个 $(A_\alpha,\Delta_\alpha,\varepsilon_\alpha)$ 是余代数, 对任意的 $a\in A_\alpha$ 余乘法为 $\Delta_\alpha(a)=a_{(1,\alpha)}\otimes a_{(2,\alpha)}$ 缩写为 $\Delta(a)=a_1\otimes a_2$, 以及对任意的 $a\in A_\alpha, b\in A_\beta$, 有 $\Delta_{\alpha\beta}(ab)=\Delta_\alpha(a)\Delta_\beta(b)$. 则称 A 为半-Hopf π-分次代数. 进一步, 如果存在一簇 k-线性映射 $S=\{S_\alpha:A_\alpha\to A_{\alpha^{-1}}\}$ 满足: $m_\alpha(S_{\alpha^{-1}}\otimes id_{A_\alpha})\Delta_{\alpha^{-1},\alpha}=\varepsilon 1_\alpha=m_\alpha(id_{A_\alpha}\otimes S_{\alpha^{-1}})\Delta_{\alpha,\alpha^{-1}}$, 则称 A 为 Hopf π-分次代数.

定义 3.5　设 H 为 T-余代数, A 为 Hopf π-分次代数. 称一个二元组 (A,H,σ) 为 π-斜对, 如果存在一簇 k-线性映射 $\sigma=\{\sigma_{\alpha,\beta}:A_\alpha\otimes H_\beta\to k\}_{\alpha,\beta\in\pi}$ 且 $\sigma_{\alpha,\beta}$ 是卷积可逆的, 满足下列条件:

(1) 对任意的 $\alpha,\beta,\gamma\in\pi, a\in A_\alpha, g,h\in H_\beta$,

$$\begin{aligned}\sigma_{\alpha,\beta}(a_{(1,\alpha)},h)\sigma_{\alpha,\beta}(a_{(2,\alpha)},g)&=\sigma_{1,1}(1_A,g_{(1,1)})\sigma_{\alpha,\beta}(a,g_{(2,\beta)}h)\\&=\sigma_{1,1}(1_A,h_{(1,1)})\sigma_{\alpha,\beta}(a,gh_{(2,\beta)}),\end{aligned}$$

(2) 对任意的 $\alpha,\beta,\gamma\in\pi, a\in A_\alpha, b\in A_\beta, h\in H_{\gamma\delta}$,

$$\sigma_{\alpha\beta,\gamma\delta}(ab,h)=\sigma_{\alpha,\gamma}(a,h_{(1,\gamma)}))\sigma_{\beta,\delta}(b,h_{(2,\delta)}),$$

(3) 对任意的 $\alpha,\beta\in\pi, a\in A_\alpha, 1_\beta\in H_\beta$,

$$\sigma_{\alpha,\beta}(a,1_\beta)=\varepsilon_\alpha(a).$$

例 3.3　设 H 为 T-余代数且其对极是可逆的, A 为 Hopf π-分次代数, (A,H,σ) 为 π-斜对. 定义作用如下: 对任意的 $h\in H_\alpha, b\in A_\alpha$,

$$\begin{aligned}h\rightharpoonup b&=b_{(2,\alpha)}\sigma_{\alpha,\alpha}(b_{(1,\alpha)},h),\\ b\leftharpoonup h&=b_{(1,\alpha)}\sigma_{\alpha,\alpha}(b_{(2,\alpha)},S_\alpha^{-1}(S_{\alpha^{-1}}^{-1}(h))),\end{aligned}$$

则

$$\begin{aligned}\underline{a\circledast h}&=a(\varphi_{\alpha^{-1}}(h_{(1,1)})\rightharpoonup 1_A\leftharpoonup S(h_{(3,1)}))\otimes h_{(2,\alpha)}\\&=\sigma_{1,1}(1_A,\varphi_{\alpha^{-1}}(h_{(1,1)}))a\otimes h_{(2,\alpha)}\sigma_{1,1}(1_A,S^{-1}(h_{(3,1)})).\end{aligned}$$

对任意的 $\alpha\in\pi$, 不难证明 $(A,\rightharpoonup,\leftharpoonup)$ 是偏 H-双模 π-分次代数, $\underline{A\circledast H_\alpha}$ 的乘法为: 对任意的 $h,k\in H_\alpha, a\in A_\beta, b\in A_\gamma$,

$$\begin{aligned}
&\underline{(a\circledast h)(b\circledast k)}\\
&=\underline{a(\varphi_{\alpha^{-1}}(h_{(1,\alpha\gamma\alpha^{-1})})\rightharpoonup b\leftharpoonup S_{\gamma^{-1}}(h_{(3,\gamma^{-1})}))\circledast h_{(2,\alpha)}k}\\
&=\underline{a(b_{(2,\gamma)}\sigma_{\gamma,\gamma}(b_{(1,\gamma)},\varphi_{\alpha^{-1}}(h_{(1,\alpha\gamma\alpha^{-1})}))\rightharpoonup S_{\gamma^{-1}}(h_{(3,\gamma^{-1})}))\circledast h_{(2,\alpha)}k}\\
&=\sigma_{\gamma,\gamma}(b_{(1,\gamma)},\varphi_{\alpha^{-1}}(h_{(1,\alpha\gamma\alpha^{-1})}))\underline{ab_{(2,\gamma)}\circledast h_{(2,\alpha)}}k\sigma_{\gamma,\gamma}(b_{(3,\gamma)},S^{-1}_{\gamma^{-1}}(h_{(3,\gamma^{-1})})).
\end{aligned}$$

因此 $\underline{A\circledast_\sigma H_\alpha}$ 为代数.

证明　为了验证 $(A,\rightharpoonup,\leftharpoonup)$ 是偏 H-双模 π-分次代数, 对任意的 $h\in H_{\alpha\beta},a\in A_\alpha,b\in A_\beta$, 只需

$$\begin{aligned}
h\rightharpoonup(ab)&=a_{(2,\alpha)}b_{(2,\beta)}\sigma_{\alpha\beta,\alpha\beta}(a_{(1,\alpha)}b_{(1,\beta)},h)\\
&=a_{(2,\alpha)}b_{(2,\beta)}\sigma_{\alpha,\alpha}(a_{(1,\alpha)},h_{(1,\alpha)})\sigma_{\beta,\beta}(b_{(1,\beta)},h_{(2,\beta)})\\
&=(h_{(1,\alpha)}\rightharpoonup a)(h_{(2,\beta)}\rightharpoonup b).
\end{aligned}$$

对任意的 $\alpha\in\pi,1_\alpha\in H_\alpha,b\in A_\alpha$, 有

$$1_\alpha\rightharpoonup b=b_{(2,\alpha)}\sigma_{\alpha,\alpha}(b_{(1,\alpha)},1_\alpha)=b_{(2,\alpha)}\varepsilon(b_{(1,\alpha)})=b.$$

对任意的 $h,g\in H_\alpha,b\in A_\alpha$, 有

$$\begin{aligned}
h\rightharpoonup(g\rightharpoonup b)&=h\rightharpoonup b_{(2,\alpha)}\sigma_{\alpha,\alpha}(b_{(1,\alpha)},g)\\
&=(h\rightharpoonup b_{(2,\alpha)})\sigma_{\alpha,\alpha}(b_{(1,\alpha)},g)\\
&=b_{(3,\alpha)}\sigma_{\alpha,\alpha}(b_{(2,\alpha)},h)\sigma_{\alpha,\alpha}(b_{(1,\alpha)},g)\\
&=b_{(2,\alpha)}\sigma_{1,1}(1_A,h_{(1,1)})\sigma_{\alpha,\alpha}(b_{(1,\alpha)},h_{(2,\alpha)}g)\\
&=(h_{(1,1)}\rightharpoonup 1_A)(h_{(2,\alpha)}g\rightharpoonup b).
\end{aligned}$$

至于偏右作用可类似地证明.

最后, 验证 $\rightharpoonup$ 和 $\leftharpoonup$ 满足相容条件, 对任意的 $h,g\in H_\alpha,b\in A_\alpha$, 有

$$\begin{aligned}
(h\rightharpoonup b)\leftharpoonup g&=(b_{(2,\alpha)}\sigma_{\alpha,\alpha}(b_{(1,\alpha)},h))\leftharpoonup g\\
&=\sigma_{\alpha,\alpha}(b_{(1,\alpha)},h)b_{(2,\alpha)}\sigma_{\alpha,\alpha}(b_{(3,\alpha)},S^{-1}_\alpha S^{-1}_{\alpha^{-1}}(g))\\
&=b_{(2,\alpha)}\sigma_{\alpha,\alpha}(b_{(1,\alpha)},h)\sigma_{\alpha,\alpha}(b_{(3,\alpha)},S^{-1}_\alpha S^{-1}_{\alpha^{-1}}(g))\\
&=(h\rightharpoonup b_{(1,\alpha)})\sigma_{\alpha,\alpha}(b_{(2,\alpha)},S^{-1}_\alpha S^{-1}_{\alpha^{-1}}(g))\\
&=h\rightharpoonup(b\leftharpoonup g).
\end{aligned}$$

则 $(A, \rightharpoonup, \leftharpoonup)$ 为偏 H-双模 π-分次代数.

因此, $\underline{A \circledast_\sigma H_\alpha}$ 是带有单位元 $\underline{1_A \circledast 1_\alpha}$ 的结合代数, 其乘法为

$$
\begin{aligned}
(\underline{a \circledast h})(\underline{b \circledast k}) = & \sigma_{\gamma,\gamma}(b_{(1,\gamma)}, \varphi_{\alpha^{-1}}(h_{(1,\alpha\gamma\alpha^{-1})})) \\
& \cdot \underline{ab_{(2,\gamma)} \circledast h_{(2,\alpha)}} k \sigma_{\gamma,\gamma}(b_{(3,\gamma)}, S_{\gamma^{-1}}^{-1}(h_{(3,\gamma^{-1})})).
\end{aligned}
$$

□

3.2　偏 Hopf 群作用的 Morita 关系

本节, 我们构造了连接右广义偏 Smash 积 π-分次代数 $\underline{A\#H^*}$ 和 A^{coH} 的 Morita 关系, 其中 H 为余-Frobenius Hopf π-余代数, A 为偏右 π-H-余模代数, 推广了王栓宏 [9] 的工作. 为了开展本节的工作, 需假设: 对任意的 $\alpha \in \pi, f \in H_\alpha^*$, $< f, 1_{[1,\alpha]} > 1_{[0]}$ 在代数 A 的中心中.

定义 3.6　设 $H = (\{H_\alpha, m_\alpha, 1_\alpha\}, \Delta, \varepsilon)$ 为 Hopf π-余代数, A 为代数, 称 A 为**偏右 π-H-余模代数**, 如果存在一簇 k-线性映射 $\rho^A = \{\rho_\alpha^A : A \to A \otimes H_\alpha\}_{\alpha\in\pi}$ 满足下列条件: 对任意的 $\alpha \in \pi$ 和 $a, b \in A$,

$$
(id_A \otimes \varepsilon)\rho_{1_A}^A = id_A, \tag{3.2}
$$

$$
(\rho_\alpha^A \otimes id_{H_\beta}) \circ \rho_\beta^A = (\rho_\alpha^A(1_A) \otimes id_{H_\beta})(id_A \otimes \Delta_{\alpha,\beta}) \circ \rho_{\alpha,\beta}^A, \tag{3.3}
$$

$$
\rho_\alpha^A(ab) = a_{[0,0]}b_{[0,0]} \otimes a_{[1,\alpha]}b_{[1,\alpha]}. \tag{3.4}
$$

对任意的 $a \in A$, 采用记号: $\rho_\alpha^A(a) = a_{[0,0]} \otimes a_{[1,\alpha]}$.

定义 3.7　设 A 为偏右 π-H-余模代数, 称

$$
A^{coH} := \{a \in A \mid \rho_\alpha^A(a) = a\rho_\alpha^A(1_A)\} \tag{3.5}
$$

为 A 的 π-不变空间. 不难验证 A^{coH} 为 π-H-子余模代数.

对于给定余-Frobenius Hopf π-余代数 H, 偏右 π-H-余模代数 A, 我们定义广义的偏 π-Smash 积如下: 对任意的 $h \in H_\alpha$,

$$
\underline{\#}(H, A) = \{f \in (H_\alpha, A) \mid f(h) = 1_{[0,0]}f(h1_{[1,\alpha]})\},
$$

其乘法为: 对任意的 $g \in (H_\alpha, A), f \in (H_\beta, A), x \in H_{\alpha\beta}$, 有

$$
(f\#g)(x) = f(x_{(2,\beta)})_{[0,0]}g(x_{(1,\alpha)}f(x_{(2,\beta)})_{[1,\alpha]}). \tag{3.6}
$$

命题 3.2 沿用上面的符号, 则 $\underline{\#}(H,A)$ 是带有单位元 $1_A\varepsilon$ 的结合代数.

给定偏右 π-H-余模代数 A, 在向量空间

$$\underline{A\#H^*}=(A_\alpha\otimes H^*)(1_A\otimes 1_{H^*})$$

上定义偏 π-Smash 积, 即该偏 π-Smash 积是由

$$\underline{a\#f}=a1_{[0,0]}\otimes f\leftharpoonup 1_{[1,\alpha]}$$

生成的子代数, 对任意的 $h,g\in H_\alpha, f\in H_\alpha^*$, 其中模结构 $\leftharpoonup$ 定义为 $(f\leftharpoonup h)(g)=f(hg)$, 其 π-分次乘法为: 对任意的 $a,b\in A, f\in H_\alpha^*, g\in H_\beta^*$,

$$(\underline{a\#f})(\underline{b\#g})=\underline{ab_{[0,0]}\#(f\leftharpoonup b_{[1,\alpha]})g}. \tag{3.7}$$

命题 3.3 沿用上面的记号, 则 $\underline{A\#H^*}$ 是带有单位元 $\underline{1_A\#1_{H^*}}$ 的结合代数.

证明 对任意的 $a,b,c\in A, f\in H_\alpha^*, g\in H_\beta^*, k\in H_\gamma^*$, 有

$$\begin{aligned}
&[(\underline{a\#f})(\underline{b\#g})](\underline{c\#k})\\
=&[\underline{ab_{[0,0]}\#(f\leftharpoonup b_{[1,\alpha]})g}]\underline{c\#k}\\
=&\underline{ab_{[0,0]}c_{[0,0]}\#([(f\leftharpoonup b_{[1,\alpha]})g]\leftharpoonup c_{[1,\alpha\beta]})k}\\
=&\underline{ab_{[0,0]}1_{[0,0]}c_{[0,0]}\#((f\leftharpoonup b_{[1,\alpha]}1_{[1,\alpha]}c_{[1,\alpha](1,\alpha)})(g\leftharpoonup c_{[1,\alpha\beta](2,\beta)})k}\\
=&\underline{ab_{[0,0]}c_{[0,0][0,0]}\#((f\leftharpoonup b_{[1,\alpha]}c_{[0,0][1,\alpha]})(g\leftharpoonup c_{[1,\beta]})k}\\
=&(\underline{a\#f})[(\underline{b\#g})(\underline{c\#k})],
\end{aligned}$$

易证 $\underline{1_A\#1_{H^*}}$ 是单位元. □

不难验证偏 π-Smash 积 $\underline{A\#H^*}$ 同构于 $\underline{\#}(H,A)$ 的子代数, 则我们得到偏 π-Smash 积 $\underline{A\#H^{\circledast}}$, 其中 $H^{\circledast}$ 是 H^* 的极大有理 π-分次子代数.

设 $x=(x_\alpha)_{\alpha\in\pi}$ 为 H 的一个 π-类群元, 要 A 成为左和右 $\underline{A\#H^{\circledast}}$-模, 对任意的 $a,b\in A, f\in H_\alpha^{\circledast}\subset H^{\circledast}$, 定义左右模作用如下:

$$(\underline{a\#f})\cdot b=ab_{[0,0]}<f,b_{[1,\alpha]}x_\alpha>, \tag{3.8}$$

$$b\cdot(\underline{a\#f})=b_{[0,0]}a_{[0,0]}<f,S_{\alpha^{-1}}^{-1}(b_{[1,\alpha^{-1}]}a_{[1,\alpha^{-1}]})x_\alpha>. \tag{3.9}$$

命题 3.4 设 $x=(x_\alpha)_{\alpha\in\pi}$ 为 π-类群元, 则 A 是 $\underline{A\#H^{\circledast}}$-$A^{coH}$-双模和 A^{coH}-$\underline{A\#H^{\circledast}}$-双模, 其中 $\underline{A\#H^{\circledast}}$ 模结构由等式 (3.8) 和等式 (3.9) 给出及 A^{coH}-模结构是平凡的.

证明　首先, 验证 A 是左 $\underline{A\#H^*}$-模, 对任意的 $a, b.c \in A, f \in H_\alpha^*, g \in H_\beta^*$ 和 $\alpha, \beta \in \pi$, 有

$$
\begin{aligned}
&[(\underline{a\#f})(\underline{b\#g})] \cdot c \\
&= ab_{[0,0]}c_{[0,0]} < (f \leftharpoonup b_{[1,\alpha]})g, c_{[1,\alpha\beta]}x_{\alpha\beta} > \\
&= ab_{[0,0]}1_{[0,0]}c_{[0,0]} < f \leftharpoonup b_{[1,\alpha]}1_{[1,\alpha]}, c_{[1,\alpha\beta](1,\alpha)}x_\alpha >< g, c_{[1,\alpha\beta](2,\beta)}x_\beta > \\
&= ab_{[0,0]}c_{[0,0][0,0]} < f \leftharpoonup b_{[1,\alpha]}1_{[1,\alpha]}, c_{[0,0][1,\alpha]}x_\alpha >< g, c_{[1,\beta]}x_\beta > \\
&= (\underline{a\#f}) \cdot [(\underline{b\#g}) \cdot c].
\end{aligned}
$$

其次, 验证 A 是右 $\underline{A\#H^*}$-模, 对任意的 $a, b.c \in A, f \in H_\alpha^*, g \in H_\beta^*$ 及 $\alpha, \beta \in \pi$, 有

$$
\begin{aligned}
&c \cdot [(\underline{a\#f})(\underline{b\#g})] \\
&= c \cdot [\underline{ab_{[0,0]}\#(f \leftharpoonup b_{[1,\alpha]})g}] \\
&= c_{[0,0]}(a_{[0,0]}b_{[0,0][0,0]}) < (f \leftharpoonup b_{[1,\alpha]})g, S^{-1}_{\beta^{-1}\alpha^{-1}}(c_{[1,\beta^{-1}\alpha^{-1}]}a_{[1,\beta^{-1}\alpha^{-1}]} \\
&\quad b_{[0,0][1,\beta^{-1}\alpha^{-1}]})x_{\alpha\beta} > \\
&= c_{[0,0]}(a_{[0,0]}1_{[0,0]}b_{[0,0]}) < (f \leftharpoonup b_{[1,\beta^{-1}](2,\alpha)})g, S^{-1}_{(\beta^{-1}\alpha^{-1})}(c_{[1,\beta^{-1}\alpha^{-1}]} \\
&\quad a_{[1,\beta^{-1}\alpha^{-1}]}1_{[1,\beta^{-1}\alpha^{-1}]}b_{[1,\beta^{-1}](1,\beta^{-1}\alpha^{-1})})x_{\alpha\beta} > \\
&= c_{[0,0]}(a_{[0,0]}b_{[0,0]}) < (f \leftharpoonup b_{[1,\beta^{-1}](2,\alpha)})g, S^{-1}_{(\beta^{-1}\alpha^{-1})}(c_{[1,\beta^{-1}\alpha^{-1}]}a_{[1,\beta^{-1}\alpha^{-1}]} \\
&\quad b_{[1,\beta^{-1}](1,\beta^{-1}\alpha^{-1})})x_{\alpha\beta} > \\
&= c_{[0,0]}(a_{[0,0]}b_{[0,0]}) < g, S^{-1}_{\beta^{-1}}[c_{[1,\beta^{-1}\alpha^{-1}](1,\beta^{-1})}a_{[1,\beta^{-1}\alpha^{-1}](1,\beta^{-1})} \\
&\quad b_{[1,\beta^{-1}](1,\beta^{-1}\alpha^{-1})(1,\beta^{-1})}]x_\beta >< f, b_{[1,\beta^{-1}](2,\alpha)}S^{-1}_{\alpha^{-1}} \\
&\quad [c_{[1,\beta^{-1}\alpha^{-1}](2,\alpha^{-1})}a_{[1,\beta^{-1}\alpha^{-1}](2,\alpha^{-1})}b_{[1,\beta^{-1}](1,\beta^{-1}\alpha^{-1})(2,\alpha^{-1})}]x_\alpha > \\
&= (1_{[0,0]}c_{[0,0]}a_{[0,0]})b_{[0,0]} < f, S^{-1}_{\alpha^{-1}}[c_{[1,\beta^{-1}\alpha^{-1}](2,\alpha^{-1})}a_{[1,\beta^{-1}\alpha^{-1}](2,\alpha^{-1})}]x_\alpha > \\
&\quad < g, S^{-1}_{\beta^{-1}}[1_{[1,\beta^{-1}]}c_{[1,\beta^{-1}\alpha^{-1}](1,\beta^{-1})}a_{[1,\beta^{-1}\alpha^{-1}](1,\beta^{-1})}b_{[1,\beta^{-1}]}]x_\beta > \\
&= [c \cdot (\underline{a\#f})] \cdot (\underline{b\#g}).
\end{aligned}
$$

最后, 不难验证 A 是 $\underline{A\#H^*}$-A^{coH}-双模和 A^{coH}-$\underline{A\#H^*}$-双模, 只需验证 $(cb) \cdot (\underline{a\#f}) = c \cdot (b \cdot (\underline{a\#f}))$, 事实上, 对任意的 $c \in A^{coH}, b \in A$ 和 $f \in H_\alpha^*$,

$$
\begin{aligned}
(cb) \cdot (\underline{a\#f}) &= (cb)_{[0,0]}a_{[0,0]} < f, S^{-1}_{\alpha^{-1}}((cb)_{[1,\alpha^{-1}]}a_{[1,\alpha^{-1}]}) > \\
&= c \cdot (b \cdot (\underline{a\#f})).
\end{aligned}
$$

□

对任意的 $a, b \in A, f \in H_\alpha^*$, 定义映射如下:

$$\vartheta_x : \underline{A\#H^*} \to End_k(A_{A^{coH}}), \quad \vartheta_x(\underline{a\#f})(b) = (\underline{a\#f}) \cdot b,$$
$$\theta_x : \underline{A\#H^*} \to End_k({}_{A^{coH}}A)^{op}, \quad \theta_x(\underline{a\#f})(b) = b \cdot (\underline{a\#f}).$$

推论 3.1 沿用上面的符号, 则 ϑ_x 和 θ_x 是代数同态.

命题 3.5 沿用上面的符号, 设 $\lambda = (\lambda_\alpha)_{\alpha\in\pi}$ 为非零的左 π-积分, 则我们有 Morita 关系 $(\underline{A\#H^*}, A^{coH}, \tau, \mu)$, 其中映射给定如下: 对任意的 $a, b \in A$,

$$\tau : A \otimes_{A^{coH}} A \to \underline{A\#H^*}, \quad \tau(a\otimes b) = \bigoplus_{\alpha\in\pi} \underline{ab_{[0,0]}\#(\lambda_\alpha \leftharpoonup b_{[1,\alpha]})},$$
$$\mu : A \otimes_{\underline{A\#H^*}} A \to A^{coH}, \quad \mu(a\otimes b) = \bigoplus_{\alpha\in\pi} a_{[0,0]}b_{[0,0]} < \lambda_\alpha, a_{[1,\alpha]}b_{[1,\alpha]} > .$$

证明 (1) 下证 τ 是 $\underline{A\#H^*}$-双模映射和 A^{coH}-线性的. 首先, 我们证明 τ 是左 $\underline{A\#H^*}$-模映射如下: 对任意的 $a, b, c \in A, f \in H_\alpha^*$,

$$\begin{aligned}
&(\underline{c\#f})\tau(a\otimes b)\\
=&\bigoplus_{\beta\in\pi} \underline{ca_{[0,0]}b_{[0,0]}\#[(f \leftharpoonup a_{[1,\alpha]})\lambda_\beta] \leftharpoonup b_{[1,\alpha\beta]}}\\
=&\bigoplus_{\alpha\beta\in\pi} \underline{ca_{[0,0]}b_{[0,0]}\# < f, a_{[1,\alpha]} > (\lambda_{\alpha\beta} \leftharpoonup b_{[1,\alpha\beta]})}\\
=&\tau((\underline{c\#f})\cdot a\otimes b).
\end{aligned}$$

其次, 再验证 τ 是右 $\underline{A\#H^*}$-模映射如下:

$$\begin{aligned}
&\tau(a\otimes b\cdot(\underline{c\#f}))\\
=&\bigoplus_{\alpha\beta\in\pi} \underline{ab_{[0,0]}c_{[0,0]}\#\lambda_{\alpha\beta} \leftharpoonup b_{[1,\alpha](1,\alpha\beta)}c_{[1,\alpha](1,\alpha\beta)}}\\
&\underline{< f \leftharpoonup S_{\beta^{-1}}^{-1}(b_{[1,\alpha](2,\beta^{-1})}c_{[1,\alpha](2,\beta^{-1})}), x_\beta >}\\
=&\bigoplus_{\alpha\beta\in\pi} \underline{ab_{[0,0]}c_{[0,0]}\#[\lambda_\alpha(f \leftharpoonup S_{\beta^{-1}}^{-1}(b_{[1,\alpha](2,\beta^{-1})}c_{[1,\alpha](2,\beta^{-1})}))]}\\
&\underline{\leftharpoonup b_{[1,\alpha](1,\alpha\beta)}c_{[1,\alpha](1,\alpha\beta)}}\\
=&\bigoplus_{\alpha\in\pi} \underline{ab_{[0,0]}c_{[0,0]}\#(\lambda_\alpha \leftharpoonup b_{[1,\alpha]}c_{[1,\alpha]})f}\\
=&\tau(a\otimes b)(\underline{c\#f}).
\end{aligned}$$

最后, 对任意的 $c\in A^{coH}$, 有

$$\begin{aligned}\tau(ac,b)&=\bigoplus_{\alpha\in\pi}\underline{acb_{[0,0]}\#(\lambda_\alpha\leftharpoonup b_{[1,\alpha]})}\\&=\bigoplus_{\alpha\in\pi}\underline{a(cb)_{[0,0]}\#(\lambda_\alpha\leftharpoonup(cb)_{[1,\alpha]})}=\tau(a,cb).\end{aligned}$$

(2) 下证 μ 是 A^{coH}-双模映射和 $\underline{A\#H^*}$-线性的, 易证 μ 是 A^{coH}-双模映射, 只是验证 μ 是 $\underline{A\#H^*}$-线性的, 对任意的 $a,b,c\in A, f\in H_\alpha^*$,

$$\begin{aligned}&\mu(a\cdot(\underline{c\#f})\otimes b)\\=&\bigoplus_{\alpha\beta\in\pi}1_{[0,0]}a_{[0,0]}c_{[0,0]}b_{[0,0]}<\lambda_{\beta\alpha},1_{[1,\beta\alpha]}a_{[1,\beta](1,\beta\alpha)}c_{[1,\beta](1,\beta\alpha)}b_{[1,\beta\alpha]}>\\&<f\leftharpoonup S_{\alpha^{-1}}^{-1}(a_{[1,\beta](2,\alpha^{-1})}c_{[1,\beta](1,\alpha^{-1})}),x_\alpha>\\=&\bigoplus_{\alpha\beta\in\pi}a_{[0,0]}c_{[0,0]}b_{[0,0]}<\lambda_\beta,a_{[1,\beta]}c_{[1,\beta]}b_{[1,\beta\alpha](1,\beta)}<f,b_{[1,\beta\alpha](2,\alpha)}x_\alpha>\\=&\bigoplus_{\alpha\in\pi}a_{[0,0]}c_{[0,0]}b_{[0,0][0,0]}(\lambda_\beta\leftharpoonup a_{[1,\beta]}c_{[1,\beta]}b_{[0,0][1,\beta]})<f,b_{[1,\alpha]}>\\=&\mu(a\otimes(\underline{c\#f})\cdot b).\end{aligned}$$

(3) 不难验证 τ 和 μ 满足相容条件. □

类似地, 令 A 为 $\underline{A\#H^*}$-A^{coH}-双模和类群元为 ζ, 但左 $\underline{A\#H^*}$-模结构为: 对任意的 $f\in H_\alpha^*$,

$$(\underline{a\#f})\cdot b=ab_{[0,0]}<f,b_{[1,\alpha]}\zeta_\alpha^{-1}>.$$

令 A 为 A^{coH}-$\underline{A\#H^*}$-双模, 但右 $\underline{A\#H^*}$-模结构为: 对任意的 $f\in H_\alpha^*$,

$$b\cdot(\underline{A\#H^*})=b_{[0,0]}a_{[0,0]}<f,S_{\alpha^{-1}}^{-1}(b_{[1,\alpha^{-1}]}a_{[1,\alpha^{-1}]})>.$$

我们得到类似于上面的 Morita 关系:

命题 3.6　沿用上面的符号, 设 $\lambda=(\lambda_\alpha)_{\alpha\in\pi}$ 为非零的左 π-积分, 则我们有 Morita 关系 $(\underline{A\#H^*},A^{coH},\tau',\mu')$, 其中映射给定如下: 对任意的 $a,b\in A$,

$$\tau':A\otimes_{A^{coH}}A\to\underline{A\#H^*},\quad \tau'(a\otimes b)=\bigoplus_{\alpha\in\pi}\underline{ab_{[0,0]}\#(S_{\alpha^{-1}}^{-1}(\lambda_{\alpha^{-1}})\leftharpoonup b_{[1,\alpha]})},$$

$$\mu':A\otimes_{\underline{A\#H^*}}A\to A^{coH},\quad \mu'(a\otimes b)=\bigoplus_{\alpha\in\pi}a_{[0,0]}b_{[0,0]}<\lambda_\alpha,a_{[1,\alpha]}b_{[1,\alpha]}>.$$

3.3 偏群 Galois 理论

设 A 为偏右 π-H-余模代数, 定义 $\underline{A\otimes H}$ 为 A-A-双模作用如下: 左 A-模作用为乘法, 右 A-模作用为

$$\underline{A\otimes H_\alpha}=(A\otimes H_\alpha)1_A=\{a1_{[0,0]}\otimes h1_{[1,\alpha]}\}_{\alpha\in\pi}.$$

定义 3.8　设 H 为 Hopf π-余代数, A 为偏右 π-H-余模代数. 称右 A-模 M 为偏相对 π-(H,A)-Hopf 模, 如果存在 k-线性映射 $\rho_\alpha^M: M\to M\otimes H_\alpha$ 满足下列条件: 对任意的 $m\in M$,

$$(id_M\otimes\varepsilon)\rho_1^M=id_M;$$

$$(\rho_\alpha^M\otimes id)\rho_\beta^M(m)=1_{[0,0][0,0]}m_{[0,0]}\otimes 1_{[0,0][1,\alpha]}m_{[1,\alpha\beta](1,\alpha)}\otimes 1_{[1,\beta]}m_{[1,\alpha\beta](2,\beta)};$$

$$\rho_\alpha^M(ma)=m_{[0,0]}\cdot a_{[0,0]}\otimes m_{[1,\alpha]}a_{[1,\alpha]}.$$

${}_A\mathscr{M}^{\pi-H}$ 表示偏相对 π-(H,A)-Hopf 模范畴, 其同态是右 A-模同态和左 π-H-余模同态.

定理 3.1　忘却函子 $F:{}_A\mathscr{M}^{\pi-H}\to\mathscr{M}_A$ 存在右伴随函子 $G:{}_A\mathscr{M}\to{}_A\mathscr{M}^{\pi-H}$.

证明　对任意的 $M\in{}_A\mathscr{M}$, 定义 $G(M)=\{\underline{M\otimes H_\alpha}\}_{\alpha\in\pi}$, 其中 $\underline{M\otimes H_\alpha}=\{M\otimes H_\alpha\mid 1_{[0,0]}\cdot m\otimes 1_{[1,\alpha]}h\}$. $G(M)$ 上的 A-作用和偏 π-H-余作用定义为: 对任意的 $\alpha,\beta\in\pi, a\in A, m\in M$ 及 $h\in H_{\alpha\beta}$,

$$\begin{cases} a\cdot(1_{[0,0]}\cdot m\otimes 1_{[1,\alpha\beta]}h)=a_{[0,0]}\cdot m\otimes a_{[1,\alpha\beta]}h,\\ \rho_\beta(1_{[0,0]}\cdot m\otimes 1_{[1,\alpha\beta]}h)=1_{[0,0][0,0]}\cdot m\otimes 1_{[0,0][1,\alpha]}h_{(1,\alpha)}\otimes 1_{[1,\beta]}h_{(2,\beta)}.\end{cases}$$

对任意的 $\alpha,\beta\in\pi$, $a\in A$ 及 $h\in H_{\alpha\beta}$, 有

$$\begin{aligned}
&\rho_\beta(a\cdot(1_{[0,0]}\cdot m\otimes 1_{[1,\alpha\beta]}h))\\
=&\rho_\beta(a_{[0,0]}\cdot m\otimes a_{[1,\alpha\beta]}h)\\
=&1_{[0,0][0,0]}a_{[0,0]}\cdot m\otimes 1_{[0,0][1,\alpha]}a_{[1,\alpha\beta](1,\alpha)}h_{(1,\alpha)}\otimes 1_{[1,\beta]}a_{[1,\alpha\beta](2,\beta)}h_{(2,\beta)}\\
=&\widetilde{1}_{[0,0]}1_{[0,0]}a_{[0,0]}\cdot m\otimes\widetilde{1}_{[1,\alpha]}1_{[1,\alpha\beta](1,\alpha)}a_{[1,\alpha\beta](1,\alpha)}h_{(1,\alpha)}\otimes 1_{[1,\alpha\beta](2,\beta)}a_{[1,\alpha\beta](2,\beta)}h_{(2,\beta)}\\
=&1_{[0,0]}a_{[0,0]}\cdot m\otimes 1_{[1,\alpha]}a_{[1,\alpha\beta](1,\alpha)}h_{(1,\alpha)}\otimes a_{[1,\alpha\beta](2,\beta)}h_{(2,\beta)}\\
=&a_{[0,0][0,0]}\cdot m\otimes a_{[0,0][1,\alpha]}h_{(1,\alpha)}\otimes a_{[1,\beta]}h_{(2,\beta)}\\
=&a_{[0,0]}\cdot(1_{[0,0][0,0]}\cdot m\otimes 1_{[0,0][1,\alpha]}h_{(1,\alpha)})\otimes a_{[1,\beta]}1_{[1,\beta]}h_{(2,\beta)}\\
=&a\cdot\rho_\beta((1_{[0,0]}\cdot m\otimes 1_{[1,\alpha\beta]}h)).
\end{aligned}$$

考虑 A-线性映射 $\mu : M \to M'$, 令

$$G(\mu) = \{G(\mu)_\beta = \mu \otimes id_{H_\beta} : \underline{M \otimes H_\beta} \to \underline{M' \otimes H_\beta}\}_{\beta\in\pi}.$$

直接计算可证 $G(\mu)$ 是右 A-线性和偏 π-H-余线性. 事实上, 对任意的 $\alpha, \beta \in \pi$, $a \in A$ 及 $h \in H_{\alpha\beta}$, 一方面,

$$\begin{aligned}
&G(\mu)(a \cdot (1_{[0,0]} \cdot m \otimes 1_{[1,\alpha\beta]}h))\\
=&\mu(a_{[0,0]} \cdot m) \otimes a_{[1,\alpha\beta]h}\\
=&a_{[0,0]} \cdot \mu(m) \otimes a_{[1,\alpha\beta]}h\\
=&a \cdot G(\mu)(1_{[0,0]} \cdot m \otimes 1_{[1,\alpha\beta]}h),
\end{aligned}$$

另一方面,

$$\begin{aligned}
&\rho_\beta(G^{(\mu)})(1_{[0,0]} \cdot m \otimes 1_{[1,\alpha\beta]}h)\\
=&1_{[0,0][0,0]} \cdot \mu(m) \otimes 1_{[0,0][1,\alpha]}h_{(1,\alpha)} \otimes 1_{[1,\beta]}h_{(2,\beta)}\\
=&\mu(1_{[0,0][0,0]} \cdot m) \otimes 1_{[0,0][1,\alpha]}h_{(1,\alpha)} \otimes 1_{[1,\beta]}h_{(2,\beta)}\\
=&(G^{(\mu)} \otimes id_{H_\beta})\rho_\beta((1_{[0,0]} \cdot m \otimes 1_{[1,\alpha\beta]}h).
\end{aligned}$$

对任意的 $M \in {}_A\mathscr{M}^{\pi-H}$, 定义 $\eta_M = \{\eta_\alpha^M\}_{\alpha\in\pi} : M \to \{\underline{M \otimes H_\alpha}\}_{\alpha\in\pi}$, 其中 $\eta_\alpha^M : M \to \underline{M \otimes H_\alpha}$ 定义为: 对任意的 $m \in M$,

$$\eta_\alpha^M(m) = 1_{[0,0]} \cdot m_{[0,0]} \otimes 1_{[1,\alpha]}m_{[1,\alpha]}.$$

可验证 $\eta_M \in \mathscr{M}_A^{\pi-H}$. 事实上, 对任意的 $\alpha, \beta \in \pi$, $a \in A$, 一方面,

$$\begin{aligned}
&\eta_M(a \cdot m)\\
=&1_{[0,0]} \cdot (a \cdot m)_{[0,0]} \otimes 1_{[1,\alpha]}(a \cdot m)_{[1,\alpha]}\\
=&1_{[0,0]}a_{[0,0]} \cdot m_{[0,0]} \otimes 1_{[1,\alpha]}a_{[1,\alpha]}m_{[1,\alpha]}\\
=&a_{[0,0]}1_{[0,0]} \cdot m_{[0,0]} \otimes a_{[1,\alpha]}1_{[1,\alpha]}m_{[1,\alpha]}\\
=&a \cdot \eta_M(m).
\end{aligned}$$

另一方面,

$$
\begin{aligned}
&\rho_\beta(\eta^M_{\alpha\beta}(m))\\
=&1_{[0,0][0,0]}1_{[0,0]}\cdot m_{[0,0]}\otimes 1_{[0,0][1,\alpha]}(1_{[1,\alpha\beta]}m_{[1,\alpha\beta]})_{(1,\alpha)}\otimes 1_{[1,\beta]}(1_{[1,\alpha\beta]}m_{[1,\alpha\beta]})_{(2,\beta)}\\
=&\widetilde{1}_{[0,0]}\widehat{1}_{[0,0]}1_{[0,0]}\cdot m_{[0,0]}\otimes\widetilde{1}_{[1,\alpha]}\widehat{1}_{[1,\alpha\beta](1,\alpha)}1_{[1,\alpha\beta](1,\alpha)}m_{[1,\alpha\beta](1,\alpha)}\\
&\otimes\widehat{1}_{[1,\alpha\beta](2,\beta)}1_{[1,\alpha\beta](2,\beta)}m_{[1,\alpha\beta](2,\beta)}\\
=&\overline{1}_{[0,0]}\widetilde{1}_{[0,0]}1_{[0,0]}\cdot m_{[0,0]}\otimes\overline{1}_{[1,\alpha]}\widetilde{1}_{[1,\alpha]}1_{[1,\alpha\beta](1,\alpha)}m_{[1,\alpha\beta](1,\alpha)}\otimes 1_{[1,\alpha\beta](2,\beta)}m_{[1,\alpha\beta)(2,\beta)}\\
=&\overline{1}_{[0,0]}1_{[0,0][0,0]}\cdot m_{[0,0]}\otimes\overline{1}_{[1,\alpha]}1_{[0,0][1,\alpha]}m_{[1,\alpha\beta](1,\alpha)}\otimes 1_{[1,\beta]}m_{[1,\alpha\beta](2,\beta)}\\
=&\overline{1}_{[0,0]}\cdot m_{([0,0][0,0])}\otimes\overline{1}_{[1,\alpha]}m_{[0,0)[1,\alpha]}\otimes m_{[1,\beta]}\\
=&(\eta^M_\alpha\otimes id_{H_\beta})\rho_\beta(m).
\end{aligned}
$$

给定 $N\in{}_A\mathscr{M}$, 定义 $\delta_N:\underline{N\otimes H_1}\to N$, 对任意的 $n\in N$ 和 $h\in H_1$,

$$\delta_N(1_{[0,0]}\cdot n\otimes 1_{[1,1]}h)=\varepsilon(h)n,$$

δ_N 是 A-线性的. 不难验证 η 和 δ 均是自然变换且满足: 对任意的 $M\in{}_A\mathscr{M}^{\pi-H}$ 和 $N\in{}_A\mathscr{M}$,

$$
\begin{aligned}
G(\delta_N)\circ\eta_{G(N)}&=I_{G(N)},\\
\delta_{F(M)}\circ F(\eta_M)&=I_{F(M)}.
\end{aligned}
$$

□

命题 3.7　设 H 为有限型 Hopf π-余代数, A 为代数. 则 A 为偏左 π-H^*-模代数当且仅当 A 为偏右 π-H-余模代数.

事实上, 如果 A 为偏左 π-H^*-模代数, 则 A 成为偏右 π-H-余模代数由 $\rho_\alpha(a)=\sum_{i=1}^n h_{\alpha i}\rightharpoonup a\otimes h^i_\alpha$ 给出, 其中, 对任意的 $\alpha\in\pi$, $\{h_{\alpha i}\}$ 和 $\{h^i_\alpha\}$ 是 H_α 和 H^*_α 的对偶基.

反过来, 对任意的 $\alpha\in\pi$, 如果 A 为偏右 π-H-余模代数, 则 A 成为偏左 π-H^*-模代数由偏作用 $h\rightharpoonup a=<h,a_{[1,\alpha]}>a_{[0,0]}$ 给出.

定义 3.9　设 H 为 Hopf π-余代数, A 为偏右 π-H-余模代数. 令 $B=A^{coH}$, 称 A 为 B 的偏 π-H-Galois扩张, 如果由 $a\otimes_B b\to ab_{[0,0]}\otimes b_{[1,\alpha]}$ 给出的映射 $can=\{can_\alpha:A\otimes_B A\to\underline{A\otimes H_\alpha}\}_{\alpha\in\pi}$ 是双射, 并且它既是左 A-模同态又是右 π-H-余模同态.

定理 3.2　设 H 为 Hopf π-余代数, 存在非零的左 π-积分 $\lambda=(\lambda_\alpha)_{\alpha\in\pi}$. 设 A 为偏右 π-H-余模代数且典范映射 $can=\{can_\alpha:A\otimes_B A\to\underline{A\otimes H_\alpha}\}_{\alpha\in\pi}$ 是满射. 则

(1) 在 A 中存在 $a_1, \cdots, a_n$ 和 $b_1, \cdots, b_n$ 使得 $\phi_i: A \to A^{coH}$, $\phi_i(a) = \lambda_\alpha \rightharpoonup b_i a$ 对任意的 $\alpha \in \pi$ 是 A^{coH}-模同态, 对每一个 $a \in A$, 有 $a = \sum a_i \phi_i(a)$, 因此 $\{a_i\}_{i=1}^n$ 是 A^{coH} 上的投射基, A 是有限生成投射的右 A^{coH}-模.

(2) can 为双射.

证明　考虑由非零左 π-积分 $\lambda = (\lambda_\alpha)_{\alpha\in\pi}$ 诱导出的典范同构映射

$$\begin{aligned}\theta_\alpha: H_\alpha &\to H_\alpha^* \\ h &\mapsto \theta_\alpha(h) = \lambda_\alpha \leftharpoonup h,\end{aligned}$$

其中 $\lambda_\alpha \leftharpoonup h = \lambda_{(1,\alpha)}(h)\lambda_{(2,\alpha)}$. 则 can 是满射, 存在 $g \in H_\alpha$ 使得 $1_{H^*_{\alpha^{-1}}} = \lambda_\alpha \leftharpoonup g$. 利用典范映射 can 的满射性, 存在 A 中的元素 $a_1, \cdots, a_n$ 和 $b_1, \cdots, b_n$, 使得

$$1_{[0,0]} \otimes g1_{[1,\alpha]} = can_\alpha\left(\sum_{i=1}^n a_i \otimes_{A^{coH}} b_i\right).$$

考虑任意的 $a \in A$, 则

$$\begin{aligned}a = 1_{H_\alpha^*} \rightharpoonup a &= (\lambda_\alpha \leftharpoonup g) \rightharpoonup a \\ &= (\lambda_\alpha \leftharpoonup g) \rightharpoonup (1_A a) \\ &= 1_{[0,0]}a_{[0,0]}(\lambda_\alpha \leftharpoonup g)(1_{[1,\alpha]}a_{[1,\alpha]}) \\ &= 1_{[0,0]}a_{[0,0]}\lambda_{(1,\alpha)}(g)\lambda_{(2,\alpha)}(1_{[1,\alpha]}a_{[1,\alpha]}) \\ &= 1_{[0,0]}a_{[0,0]}\lambda_{(1,\alpha)}(g)\lambda_{(2,\alpha)}(1_{[1,\alpha]})\lambda_{(3,\alpha)}(a_{[1,\alpha]}) \\ &= 1_{[0,0]}a_{[0,0]}\lambda_{(1,\alpha)}(g1_{[1,\alpha]})\lambda_{(2,\alpha)}(a_{[1,\alpha]}) \\ &= a_i b_{i[0,0]}a_{[0,0]}\lambda_{(1,\alpha)}(b_{i[1,\alpha]})\lambda_{(2,\alpha)}(a_{[1,\alpha]}) \\ &= a_i(\lambda_\alpha \rightharpoonup b_i a).\end{aligned}$$

(2) 证明过程与 Montgomery[10] 定理 8.3.1 类似. □

最后, 我们将提供典范映射 can 的满射与 Morita 关系中映射 τ 的满射之间的关系.

定理 3.3　设 H 为带有非零左 π-积分 $\lambda = (\lambda_\alpha)_{\alpha\in\pi}$ 的 Hopf π-余代数, A 为偏右 π-H-余模代数. 则下面的结论是等价的:

(1) 对任意的 $\alpha \in \pi$, 典范映射 $can_\alpha: A \otimes_B A \to \underline{A \otimes H_\alpha}$, $can_\alpha(a \otimes b) = ab_{[0,0]} \otimes b_{[1,\alpha]}$ 是满射.

(2) 代数 A 是有限生成投射的右 A^{coH}-模和 $A^{coH}\subset A$ 是偏 π-H-Galois 扩张.

(3) 代数 A 是有限生成投射的右 A^{coH}-模和映射 $\tau: A\otimes_{A^{coH}} A\to \underline{A\#H^*}$ 是满射.

证明　(1)⇒(2) 由定理 3.2 可得.

(2)⇒(3)　设 $\theta_\alpha: H_\alpha\to H_\alpha^*, h\mapsto \theta_\alpha(h)=\lambda_\alpha\leftharpoonup h$ 为左 H-模同构, 设 $can_\alpha(a\otimes b)=ab_{[0,0]}\otimes b_{[1,\alpha]}$ 是典范映射. 则 $\tau(a\otimes b)=(id_A\otimes\theta_\alpha)can_\alpha(a\otimes b)$. 事实上,

$$\begin{aligned}(id_A\otimes\theta_\alpha)can_\alpha(a\otimes b)&=ab_{[0,0]}\otimes\theta_\alpha(b_{[1,\alpha]})\\&=ab_{[0,0]}\otimes\lambda_\alpha\leftharpoonup b_{[1,\alpha]}.\end{aligned}$$

由上面的等式知 τ 是满射当且仅当对 can_α 是满射. 因此, 如果 (2) 成立, 则 can_α 是双射, 因此 τ 是满射.

(3) ⇒(1) 注意到, 对任意的 $\alpha\in\pi$, 等式 $\tau=(id_A\otimes\theta_\alpha)can_\alpha$ 表明映射 τ 的满射性确定了 can_α 的满射性. □

3.4　偏群缠绕结构和偏群 Galois 扩张

本节, 我们证明任意一个偏群 Galois 扩张都能诱导出唯一的一个与偏右余作用兼容的偏群缠绕映射, 这是对王栓宏 [11] 工作的推广.

定义 3.10　设 H 为 π-余代数, A 为代数. 称 π-余代数 H 和代数 A 是偏 π-缠绕的, 如果有一簇 k-线性映射 $\psi=\{\psi_\alpha: H_\alpha\otimes A\to A\otimes H_\alpha\}_{\alpha\in\pi}$ 满足下列条件 ($\phi=\psi$):

$$(ab)_{\psi_\alpha}\otimes h^{\psi_\alpha}=a_{\phi_\alpha}b_{\psi_\alpha}\otimes h^{\phi_\alpha\psi_\alpha}, a,b\in A, h\in H_\alpha, \alpha\in\pi, \tag{3.10}$$

$$a_{\psi_{\alpha\beta}}1_{\phi_\alpha}\otimes({h^{\psi_{\alpha\beta}}}_{(1,\alpha)})^{\phi_\alpha}\otimes {h^{\psi_{\alpha\beta}}}_{(2,\beta)}=a_{\psi_\beta\phi_\alpha}\otimes {h_{(1,\alpha)}}^{\phi_\alpha}\otimes {h_{(2,\beta)}}^{\psi_\beta}, \tag{3.11}$$

$$a_{\psi_1}\varepsilon(h^{\psi_1})=a\varepsilon(h)\qquad\forall\, h\in H_1, a\in A. \tag{3.12}$$

此二元组 (A,H,ψ) 称为右–右偏 π-缠绕结构, 记为 $(A,H)_\psi$. 映射 ψ 称为偏 π-缠绕映射.

对于任意的 $h\in H_\alpha$ 和 $a,b\in A$, 我们记 $\psi_\alpha(h\otimes a)=a_{\psi_\alpha}\otimes h^{\psi_\alpha}$.

给定右–右偏 π-缠绕结构 $(A,H)_\psi$, 则形成右 $(A,H)_\psi$ 模范畴 $\mathscr{M}_A^H(\psi)$, 其对象

是右 A-模 M 并满足下列条件:

$$m_{[0,0][0,0]} \otimes m_{[0,0][1,\alpha]} \otimes m_{[1,\beta]} = m_{[0,0]} \cdot 1_{A_{\psi_\alpha \psi_\beta}} \otimes m^{\psi_\alpha}_{[1,\alpha\beta](1,\alpha)} \otimes m^{\psi_\beta}_{[1,\alpha\beta](2,\beta)}, \tag{3.13}$$

$$\varepsilon(m_{[0,1]}) m_{[0,0]} = m, \tag{3.14}$$

$$\rho^A_\alpha(m \cdot a) = m_{[0,0]} \cdot \psi(m_{[1,\alpha]} \otimes a) := m_{[0,0]}.a_{\psi_\alpha} \otimes {m_{[1,\alpha]}}^{\psi_\alpha}. \tag{3.15}$$

态射是右 π-H-余模同态和右 A-模同态.

定义 3.11　设 H 为 Hopf π-余代数, C 为 π-余代数, 称 π-余代数 C 为偏右 π-H-模 π-余代数, 如果存在 k-线性映射 $\psi^C = \{\psi^C_\alpha : C_\alpha \otimes H_\alpha \to C_\alpha\}_{\alpha\in\pi}$ 满足下列条件:

$$(c \cdot h) \cdot g = c \cdot hg, \qquad c \in C_\alpha, h, g \in H_\alpha,$$

$$(c \cdot h)_{(1,\alpha)} \cdot 1_\alpha \otimes (c \cdot h)_{(2,\beta)} = c_{(1,\alpha)} \cdot h_{(1,\alpha)} \otimes c_{(2,\beta)} \cdot h_{(2,\beta)}, \qquad c \in C_{\alpha\beta}, h, g \in H_{\alpha\beta},$$

$$\varepsilon(c \cdot h) = \varepsilon(c)\varepsilon(h), \qquad c \in C_1, h \in H_1.$$

例 3.4　设 H 为 Hopf π-余代数, (A, ρ^A) 为偏右 π-H-余模代数, (C, ψ^C) 为偏右 π-H-模代数. 则 (C, A, ψ) 是一个偏 π-缠绕结构: $\psi = \{\psi_\alpha : C_\alpha \otimes A \to A \otimes C_\alpha\}_{\alpha\in\pi}$, 其中, 对任意的 $c \in C_\alpha$ 和 $a \in A$, $\psi_\alpha(c \otimes a) = a_{[0,0]} \otimes c \cdot a_{[1,\alpha]}$.

引理 3.2　设 $\rho^{H\otimes A} = \{\rho_\beta : (H_{\alpha\beta} \otimes A) \to (H_\alpha \otimes A) \otimes H_\beta\}_{\alpha,\beta\in\pi}$ 满足等式 (3.13) 和等式 (3.14), 则 $\rho^{H\otimes A}$ 与满足等式 (3.11) 和等式 (3.12) 的映射 $\psi = \{\psi_\alpha : H_\alpha \otimes A \to A \otimes H_\alpha\}_{\alpha\in\pi}$ 是一一对应的.

证明　首先设 $\psi = \{\psi_\alpha : H_\alpha \otimes A \to A \otimes H_\alpha\}_{\alpha\in\pi}$ 满足等式 (3.11) 和等式 (3.12), 对任意的 $h \in H_{\alpha\beta}, a \in A$, 考虑映射 $\rho^{H\otimes A} = \{\rho_\beta : (H_{\alpha\beta} \otimes A) \to (H_\alpha \otimes A) \otimes H_\beta\}_{\alpha,\beta\in\pi}$, 定义为 $\rho_\beta(h \otimes a) = (h_{(1,\alpha)} \otimes a_{\psi_\beta}) \otimes {h_{(2,\beta)}}^{\psi_\beta}$, 直接证明 $H \otimes A = \{H_\alpha \otimes A\}_{\alpha\in\pi}$ 满足等式 (3.13) 和等式 (3.14). 事实上, 对任意的 $h \in H_{\alpha\beta\gamma}, a \in A$,

$$\begin{aligned}
&(\rho_\beta \otimes id_{H_\gamma})\rho_\gamma(h \otimes a) \\
=&(\rho_\beta \otimes id_{H_\gamma})(h_{(1,\alpha\beta)} \otimes a_{\psi_\gamma}) \otimes {h_{(2,\gamma)}}^{\psi_\gamma} \\
=&(h_{(1,\alpha\beta)(1,\alpha)} \otimes a_{\psi_\gamma \phi_\beta}) \otimes {h_{(1,\alpha\beta)(2,\beta)}}^{\phi_\beta} \otimes {h_{(2,\gamma)}}^{\psi_\gamma} \\
=&(h_{(1,\alpha)} \otimes a_{\psi_\gamma \phi_\beta}) \otimes {h_{(2,\beta\gamma)(1,\beta)}}^{\phi_\beta} \otimes {h_{(2,\beta\gamma)(2,\gamma)}}^{\psi_\gamma} \\
=&h_{(1,\alpha)} \otimes a_{\psi_{\beta\gamma}} 1_{\phi_\beta} \otimes ({{h_{(2,\beta\gamma)}}^{\psi_{\beta\gamma}}}_{(1,\beta)})^{\phi_\beta} \otimes {{h_{(2,\beta\gamma)}}^{\psi_{\beta\gamma}}}_{(2,\gamma)}.
\end{aligned}$$

对任意的 $h \in H_\alpha, a \in A$,

$$\begin{aligned}(id_{H_\alpha \otimes A})\rho_1(h \otimes a) &= h_{(1,\alpha)} \otimes a_{\psi_1} \otimes \varepsilon(h_{(2,1)}{}^{\psi_1}) \\ &= h_{(1,\alpha)} \otimes a\varepsilon(h_{(2,1)}) = h \otimes a.\end{aligned}$$

反过来, 假设 $\rho^{H\otimes A} = \{\rho_\beta : (H_{\alpha\beta} \otimes A) \to (H_\alpha \otimes A) \otimes H_\beta\}_{\alpha,\beta\in\pi}$ 满足等式 (3.13) 和等式 (3.14), 对任意的 $h \in H_\alpha, a \in A$, 考虑映射 $\psi_\alpha : H_\alpha \otimes A \to A \otimes H_\alpha$, 定义为 $\psi_\alpha(h \otimes a) := (\varepsilon \otimes id_{A\otimes H_\alpha})\rho_\alpha(h \otimes a)$, 可以验证满足等式 (3.11) 和等式 (3.12). □

引理 3.3 设 $\mu^{A\otimes H} = \{\mu_\alpha : A \otimes H_\alpha \otimes A \to A \otimes H_\alpha\}_{\alpha\in\pi}$ 为一簇 k-线性映射, 对任意的 $\alpha, \beta \in \pi$, 满足下列条件:

$$\mu_\alpha(\mu_\alpha \otimes id_A) = \mu_\alpha(id_{A\otimes H_\alpha} \otimes m_A), \tag{3.16}$$

$$\mu_\alpha(m_A \otimes id_{H_\alpha} \otimes id_A) = (m_A \otimes id_{H_\alpha})(id_A \otimes \mu_\alpha). \tag{3.17}$$

则 $\mu^{A\otimes H}$ 与满足等式 (3.10) 的映射 $\psi = \{\psi_\alpha : H_\alpha \otimes A \to A \otimes H_\alpha\}_{\alpha\in\pi}$ 是一一对应的.

证明 假设存在映射 $\mu^{A\otimes H}$ 满足等式 (3.16) 和等式 (3.17). 考虑映射 ψ_α : $H_\alpha \otimes A \to A \otimes H_\alpha$, 定义如下: $h \otimes a \to \mu_\alpha(1_A \otimes h \otimes a)$, 则有

$$\begin{aligned}&(m_A \otimes id_{H_\alpha})(id_A \otimes \psi_\alpha)(\psi_\alpha \otimes id_A) \\ =&(m_A \otimes id_{H_\alpha})(id_A \otimes \mu_\alpha)(id_A \otimes 1_A \otimes id_{H_\alpha} \otimes id_A)(\psi_\alpha \otimes id_A) \\ =&\mu_\alpha(m_A \otimes id_{H_\alpha} \otimes id_A)(id_A \otimes 1_A \otimes id_{H_\alpha} \otimes id_A)(\psi_\alpha \otimes id_A) \\ =&\mu_\alpha(\psi_\alpha \otimes id_A) \\ =&\mu_\alpha(\mu_\alpha \otimes id_A)(1_A \otimes id_{H_\alpha} \otimes id_A \otimes id_A) \\ =&\mu_\alpha(id_A \otimes id_{H_\alpha} \otimes m_A)(1_A \otimes id_{H_\alpha} \otimes id_A \otimes id_A) \\ =&\mu_\alpha(1_A \otimes id_{H_\alpha} \otimes id_A)(id_{H_\alpha} \otimes m_A) \\ =&\psi_\alpha(id_{H_\alpha} \otimes m_A).\end{aligned}$$

反过来, 假设存在映射 ψ 满足等式 (3.10). 考虑映射 $\mu^{A\otimes H} = \{\mu_\alpha : A \otimes H_\alpha \otimes A \to A \otimes H_\alpha\}_{\alpha\in\pi}$, 对任意的 $a, b \in A$ 和 $h \in H_\alpha$, 定义为 $\mu_\alpha(a \otimes h \otimes b) = ab_{\psi_\alpha} \otimes h^{\psi_\alpha}$, 不难验证等式 (3.16) 和等式 (3.17) 成立. □

命题 3.8 设 $\rho^{H\otimes A} = \{\rho_\beta : (H_{\alpha\beta} \otimes A) \to (H_\alpha \otimes A) \otimes H_\beta\}_{\alpha,\beta\in\pi}$ 为满足等式 (3.13) 和等式 (3.14) 的一簇 k-线性映射, $\mu^{A\otimes H} = \{\mu_\alpha : A \otimes H_\alpha \otimes A \to A \otimes H_\alpha\}_{\alpha\in\pi}$

为满足等式 (3.16) 和等式 (3.17) 的一簇 k-线性映射, 并且满足下列条件: 对任意的 $h\in H_\alpha, a\in A$,

$$\mu_\alpha(1_A\otimes h\otimes a)=(\varepsilon\otimes id_A\otimes id_{H_\alpha})\rho_\alpha(h\otimes a) \tag{3.18}$$

则 $(\rho^{H\otimes A},\mu^{A\otimes H})$ 与偏 π-缠绕结构 (A,H,ψ) 是一一对应的.

令 $T_\alpha:\underline{1\otimes H_\alpha}=1_{[0,0]}\otimes H_\alpha 1_{[1,\alpha]}\to A\otimes A$ 定义为 $T_\alpha(\underline{1\otimes H_\alpha})=can_\alpha^{-1}(\underline{1\otimes H_\alpha})$. 对任意的 $h\in H_\alpha$, 利用符号 $T_\alpha(1_{[0,0]}\otimes h1_{[1,\alpha]})=1_{[0,0]}(h1_{[1,\alpha]})^1\otimes(h1_{[1,\alpha]})^2$.

引理 3.4

$$1_{[0,0]}(h1_{[1,1]})^1(h1_{[1,1]})^2=\varepsilon(h)1_A,\quad \text{对任意的 } h\in H_1,\ \alpha\in\pi, \tag{3.19}$$

$$a_{[0,0]}(a_{[1,\alpha]})^1\otimes(a_{[1,\alpha]})^2=1_A\otimes a,\quad \text{对任意的 } a\in A, \tag{3.20}$$

$$\begin{aligned}&1_{[0,0]}(h1_{[1,\alpha\beta]})^1\otimes(h1_{[1,\alpha\beta]})^2{}_{[0,0]}\otimes(h1_{[1,\alpha\beta]})^2{}_{[1,\beta]}=1_{[0,0]}(h_{(1,\alpha)}1_{[1,\alpha]})^1\otimes\\&(h_{(1,\alpha)}1_{[1,\alpha]})^2\otimes(h_{(2,\beta)}1_{[2,\beta]}),\quad \text{对任意的 } h\in H_{\alpha\beta}.\end{aligned} \tag{3.21}$$

下面我们给出本节最主要的结论:

定理 3.4　设 A 为 $B=A^{coH}$ 的偏 π-H-Galois 扩张, 则存在唯一的偏映射 $\psi=\{\psi_\alpha:H_\alpha\otimes A\to A\otimes H_\alpha\}_{\alpha\in\pi}$ 缠绕 H 与 A 使得 A 在 $\mathscr{M}_A^H(\psi)$ 里, 其结构映射为 m_A 和 ρ_α^A.

证明　对任意的 $h\in H_\alpha$ 和 $a\in A$, 定义

$$\begin{aligned}\psi_\alpha(h\otimes a)&=can_\alpha(id\otimes m_A)(T_\alpha(1_{[0,0]}\otimes h1_{[1,\alpha]})\otimes a)\\&=1_{[0,0]}(h1_{[1,\alpha]})^1((h1_{[1,\alpha]})^2a)_{[0,0]}\otimes((h1_{[1,\alpha]})^2a)_{[1,\alpha]}.\end{aligned}$$

利用映射 T_α 的定义, 有

$$\begin{aligned}&(ab)_{\psi_\alpha}\otimes h^{\psi_\alpha}\\&=1_{[0,0]}(h1_{[1,\alpha]})^1((h1_{[1,\alpha]})^2ab)_{[0,0]}\otimes((h1_{[1,\alpha]})^2ab)_{[1,\alpha]}\\&=1_{[0,0]}(h1_{[1,\alpha]})^1((h1_{[1,\alpha]})^2a)_{[0,0]}1_{[0,0]}(((h1_{[1,\alpha]})^2a)_{[1,\alpha]}1_{[1,\alpha]})^1\\&\quad[(((h1_{[1,\alpha]})^2a)_{[1,\alpha]}1_{[1,\alpha]})^2b]_{[0,0]}\otimes[(((h1_{[1,\alpha]})^2a)_{[1,\alpha]}1_{[1,\alpha]})^2b]_{[1,\alpha]}\\&=1_{[0,0]}(h1_{[1,\alpha]})^1((h1_{[1,\alpha]})^2a)_{[0,0]}b_{\psi_\alpha}\otimes((h1_{[1,\alpha]})^2a)_{[1,\alpha]}{}^{\psi_\alpha}\\&=a_{\phi_\alpha}b_{\psi_\alpha}\otimes h^{\phi_\alpha\psi_\alpha},\end{aligned}$$

则等式 (3.10) 成立. 类似地, 对任意的 $h\in H_1$ 和 $a\in A$,

$$\begin{aligned}a_{\psi_1}\otimes\varepsilon(h^{\psi_1})&=(id\otimes\varepsilon)[1_{[0,0]}(h1_{[1,1]})^1((h1_{[1,1]})^2a)_{[0,0]}\otimes((h1_{[1,1]})^2a)_{[1,1]}]\\&=1_{[0,0]}(h1_{[1,1]})^1(h1_{[1,1]})^2a=a\varepsilon(h),\end{aligned}$$

则等式 (3.12) 成立. 进一步, 我们有

$$\begin{aligned}&a_{\psi_\beta\phi_\alpha}\otimes h_{(1,\alpha)}{}^{\phi_\alpha}\otimes h_{(2,\beta)}{}^{\psi_\beta}\\
=&1_{[0,0]}(h_{(1,\alpha)}1_{[1,\alpha]})^1[(h_{(1,\alpha)}1_{[1,\alpha]})^2 1_{[0,0]}(h_{(2,\beta)}1_{[1,\beta]})^1\\
&[(h_{(2,\beta)}1_{[1,\beta]})^2]a]_{[0,0]}]_{[0,0]}\otimes[(h_{(1,\alpha)}1_{[1,\alpha]})^2 1_{[0,0]}(h_{(2,\beta)}1_{[1,\beta]})^1\\
&[(h_{(2,\beta)}1_{[1,\beta]})^2]a]_{[0,0]}]_{[1,\alpha]}\otimes[(h_{(2,\beta)}1_{[1,\beta]})a]_{[1,\beta]}\\
=&1_{[0,0]}(h_{(1,\alpha)}1_{[1,\alpha]})^1(h_{(1,\alpha)}1_{[1,\alpha]})^2{}_{[0,0]}1_{[0,0][0,0]}\\
&[(h_{(2,\beta)}1_{[1,\beta]})^1[(h_{(2,\beta)}1_{[2,\beta]})^2]a]_{[0,0]}]_{[0,0]}\otimes(h_{(1,\alpha)}1_{[1,\alpha]})^2{}_{[1,\alpha]}1_{[0,0][1,\alpha]}\\
&[(h_{(2,\beta)}1_{[1,\beta]})^1[(h_{(2,\beta)}1_{[2,\beta]})^2]a]_{[0,0]}]_{[1,\alpha]}\otimes[(h_{(2,\beta)}1_{[1,\beta]})a]_{[1,\beta]}\\
=&1_{[0,0]}(h_{(1,\alpha)}1_{[1,\alpha]})^1(h_{(1,\alpha)}1_{[1,\alpha]})^2{}_{[0,0]}1_{[0,0]}[(h_{(2,\beta)}1_{[2,\beta]})^1[(h_{(2,\beta)}1_{[2,\beta]})^2]a]_{[0,0]}]_{[0,0]}\otimes\\
&(h_{(1,\alpha)}1_{[1,\alpha]})^2{}_{[1,\alpha]}1_{[1,\alpha]}[(h_{(2,\beta)}1_{[2,\beta]})^1[(h_{(2,\beta)}1_{[2,\beta]})^2]a]_{[0,0]}]_{[1,\alpha]}\otimes[(h_{(2,\beta)}1_{[2,\beta]})a]_{[1,\beta]}\\
=&1_{[0,0]}(h_{(1,\alpha)}1_{[1,\alpha]})^1[(h_{(1,\alpha)}1_{[1,\alpha]})^2(h_{(2,\beta)}1_{[2,\beta]})^1[(h_{(2,\beta)}1_{[2,\beta]})^2]a]_{[0,0]}]_{[0,0]}\otimes\\
&[(h_{(1,\alpha)}1_{[1,\alpha]})^2(h_{(2,\beta)}1_{[2,\beta]})^1[(h_{(2,\beta)}1_{[2,\beta]})^2]a]_{[0,0]}]_{[1,\alpha]}\otimes[(h_{(2,\beta)}1_{[2,\beta]})a]_{[1,\beta]}\\
=&1_{[0,0]}(h1_{[1,\alpha\beta]})^1[(h1_{[1,\alpha\beta]})^2{}_{[0,0]}(h1_{[1,\alpha\beta]})^2{}_{[1,\beta]}{}^1[(h1_{[1,\alpha\beta]})^2{}_{[1,\beta]}{}^2]a]_{[0,0]}]_{[0,0]}\otimes\\
&[(h1_{[1,\alpha\beta]})^2{}_{[0,0]}(h1_{[1,\alpha\beta]})^2{}_{[1,\beta]}{}^1[(h1_{[1,\alpha\beta]})^2{}_{[1,\beta]}{}^2]a]_{[0,0]}]_{[1,\alpha]}\otimes[((h1_{[1,\alpha\beta]})^2{}_{[1,\beta]})a]_{[1,\beta]}\\
=&1_{[0,0]}(h1_{[1,\alpha\beta]})^1((h1_{[1,\alpha\beta]})^2a)_{[0,0][0,0]}\otimes((h1_{[1,\alpha\beta]})^2a)_{[0,0][1,\alpha]}\otimes((h1_{[1,\alpha\beta]})^2a)_{[1,\beta]}\\
=&1_{[0,0]}(h1_{[1,\alpha\beta]})^1((h1_{[1,\alpha\beta]})^2a)_{[0,0]}1_{[0,0]}\\
&\otimes((h1_{[1,\alpha\beta]})^2a)_{[1,\alpha\beta](1,\alpha)}1_{[1,\alpha]}\otimes((h1_{[1,\alpha\beta]})^2a)_{[1,\alpha\beta](2,\beta)}\\
=&a_{\psi_{\alpha\beta}}1_{\phi_\alpha}\otimes(h^{\psi_{\alpha\beta}}{}_{(1,\alpha)})^{\phi_\alpha}\otimes h^{\psi_{\alpha\beta}}{}_{(2,\beta)}.\end{aligned}$$

则等式 (3.11) 成立.

对任意的 $a,b\in A,\alpha\in\pi$, 有

$$\begin{aligned}&b_{[0,0]}\cdot a_{\psi_\alpha}\otimes b_{[1,\alpha]}{}^{\psi_\alpha}\\
=&b_{[0,0]}b_{[1,\alpha]}{}^1(b_{[1,\alpha]}{}^2a)_{[0,0]}\otimes(b_{[1,\alpha]}{}^2a)_{[1,\alpha]}\\
=&(ba)_{[0,0]}\otimes(ba)_{[1,\alpha]}=\rho_\alpha^A(ba),\end{aligned}$$

则 $A \in \mathscr{M}_A^H(\psi)$, 接着验证偏 π-缠绕映射 ψ 的唯一性. 假设存在偏 π-缠绕映射 $\phi = \{\phi_\alpha : H_\alpha \otimes A \to A \otimes H_\alpha\}_{\alpha\in\pi}$ 使得 $A \in \mathscr{M}_A^H(\phi)$, 对任意的 $h \in H_\alpha$ 和 $a \in A$, 则

$$
\begin{aligned}
&\psi_\alpha(h \otimes a)\\
=&1_{[0,0]}(h1_{[1,\alpha]})^1((h1_{[1,\alpha]})^2a)_{[0,0]} \otimes ((h1_{[1,\alpha]})^2a)_{[1,\alpha]}\\
=&1_{[0,0]}(h1_{[1,\alpha]})^1\rho_\alpha^A((h1_{[1,\alpha]})^2a)\\
=&1_{[0,0]}(h1_{[1,\alpha]})^1((h1_{[1,\alpha]})^2)_{[0,0]}\phi_\alpha(((h1_{[1,\alpha]})^2)_{[1,\alpha]} \otimes a)\\
=&1_{[0,0]}(h_{(1,1)}1_{[1,1]})^1(h_{(1,1)}1_{[1,1]})^2\phi_\alpha(h_{(2,1)}1_{[2,1]}) \otimes a)\\
=&\phi_\alpha(h \otimes a).
\end{aligned}
$$

□

第 4 章　偏 Doi-Hopf 群模上 Rafael 定理的应用

4.1　伴随函子

定义 4.1　设 $H=(\{H_\alpha\}_{\alpha\in\pi}, m_\alpha, 1_\alpha, \Delta, \varepsilon, S)$ 为 Hopf π-余代数, $C=(\{C_\alpha\}_{\alpha\in\pi}, \Delta, \varepsilon)$ 为 π-余代数. 称 C 为*右偏Hopf群模余代数*, 如果存在一簇线性映射 $\phi=\{\phi_\alpha: C_\alpha\otimes H_\alpha\to C_\alpha\}$, 满足如下条件:

(1) (C_α, ϕ_α) 是右 H_α-模, $\forall\alpha\in\pi$,

(2) 对任意 $\alpha,\beta\in\pi, c\in C_{\alpha\beta}, h\in H_{\alpha\beta}$,

$$(c\cdot h)_{(1,\alpha)}\cdot 1_\alpha\otimes(c\cdot h)_{(2,\beta)}=c_{(1,\alpha)}\cdot h_{(1,\alpha)}\otimes c_{(2,\beta)}\cdot h_{(2,\beta)},$$

(3) $\varepsilon(c\cdot h)=\varepsilon(c)\varepsilon(h)$, 对所有的 $c\in C_e, h\in H_e$.

例 4.1　设 H 为 Hopf π-余代数, $x=\{x_\alpha\}_{\alpha\in\pi}$ 为中心幂等元满足 $x_\alpha\otimes x_\beta=\Delta(x_{\alpha\beta})(x_\alpha\otimes 1_\beta)$ 和 $\varepsilon(x_e)=1$. 则我们可以定义在 H 上的偏 π-H-作用:

$$g\cdot h=x_\alpha gh,$$

对任意的 $h,g\in H_\alpha$. 直接验证 H 是右偏 π-H-模余代数.

定义 4.2　设 H 为 Hopf 群余代数, $A=\{A_\alpha, m_\alpha, 1_{A_\alpha}\}_{\alpha\in\pi}$ 为一簇代数。一个*右偏Hopf群余模代数*是一个偏群余模 $(A, \rho^A=\{\rho^A_{\alpha,\beta}\}_{\alpha,\beta\in\pi})$, 满足如下条件:

(1) 对任意的 $\alpha,\beta\in\pi$ 和 $a,b\in A_{\alpha\beta}$, 有

$$\rho^A_{\alpha,\beta}(ab)=a_{(0,\alpha)}b_{(0,\alpha)}\otimes a_{(1,\beta)}b_{(1,\beta)},$$

(2) 对任意的 $\alpha,\beta,\gamma\in\pi$ 和 $a\in A_{\alpha\beta\gamma}$, 有

$$a_{(0,\alpha\beta)(0,\alpha)}\otimes a_{(0,\alpha\beta)(1,\beta)}\otimes a_{(1,\gamma)}=a_{(0,\alpha)}1_{(0,\alpha)}\otimes a_{(1,\beta\gamma)(1,\beta)}1_{(1,\beta)}\otimes a_{(1,\beta\gamma)(2,\gamma)},$$

(3) 对任意的 $\alpha\in\pi$ 和 $a\in A_\alpha$, 有

$$\varepsilon(a_{(1,e)})a_{(0,\alpha)}=a.$$

例 4.2　设 H 为 Hopf π-余代数, $x=\{x_\alpha\}_{\alpha\in\pi}$ 为中心幂等元满足 $x_\alpha\otimes x_\beta=\Delta(x_{\alpha\beta})(x_\alpha\otimes 1_\beta)$ 和 $\varepsilon(x_e)=1$. 则我们可以定义在 $A=k$ 上的偏 π-H-余作用:

$$\rho_{\alpha,\beta}(f)=f\otimes x_\beta\in k\otimes_k H_\beta.$$

直接验证 A 是右偏 π-H-余模代数.

设 H 为 Hopf 群余代数, 一个偏 Doi-Hopf 群数据是一个三元组 (H,A,C), 其中 A 为右偏 Hopf 群余模代数, C 为偏 Hopf 群模余代数。一个偏 Doi-Hopf 群模 M 既是右 A-模, 又是右偏群余模 $(\rho^M=\{\rho^M_{\alpha,\beta}:M_{\alpha\beta}\to M_\alpha\otimes C_\beta\}_{\alpha,\beta\in\pi})$, 满足下列条件:

(1) 对任意的 $\alpha,\beta,\gamma\in\pi$ 和 $m\in M_{\alpha\beta\gamma}$, 有

$$\begin{aligned}&m_{(0,\alpha\beta)(0,\alpha)}\otimes m_{(0,\alpha\beta)(1,\beta)}\otimes m_{(1,\gamma)}\\=&m_{(0,\alpha)}1_{(0,\alpha\beta)(0,\alpha)}\otimes m_{(1,\beta\gamma)(1,\beta)}1_{(0,\alpha\beta)(1,\beta)}\otimes m_{(1,\beta\gamma)(2,\gamma)}1_{(1,\gamma)}.\end{aligned}$$

(2) 对任意的 $\alpha\in\pi$ 和 $m\in M_\alpha$,

$$\varepsilon(m_{(1,e)})m_{(0,\alpha)}=m,$$

(3) 对任意的 $\alpha,\beta\in\pi$ 和 $a\in A_{\alpha\beta},m\in M_{\alpha\beta}$,

$$\rho^A_{\alpha,\beta}(m\cdot a)=m_{(0,\alpha)}\cdot a_{(0,\alpha)}\otimes m_{(1,\beta)}\cdot a_{(1,\beta)}.$$

用 $\mathscr{M}^{\pi-C}_A$ 表示由所有偏 Doi-Hopf 群模构成的范畴.

性质 4.1　固定 $\alpha\in\pi$, 忘却函子 $F^{(\alpha)}:\mathscr{M}^{\pi-C}_A\to\mathscr{M}_{A_\alpha}$ 存在右伴随函子 $G^{(\alpha)}:\mathscr{M}_{A_\alpha}\to\mathscr{M}^{\pi-C}_A$.

证明　取 $M\in\mathscr{M}_{A_\alpha}$, 定义 $G^{(\alpha)}(M)=\{\overline{M\otimes C_{\alpha^{-1}\beta}}\}_{\beta\in\pi}$, 其中 $\overline{M\otimes C_{\alpha^{-1}\beta}}=\{M\otimes C_{\alpha^{-1}\beta}\mid m\cdot 1_{(0,\alpha)}\otimes c\cdot 1_{(1,\alpha^{-1}\beta)}\}$. $G^{(\alpha)}(M)$ 上的 A-作用, 偏群 C-余作用定义为对任意 $\beta,\gamma\in\pi$, $a\in A_\beta$ 及 $m\in M$,

$$\begin{cases}(m\cdot 1_{(0,\alpha)}\otimes c\cdot 1_{(1,\alpha^{-1}\beta)})\cdot a=m\cdot a_{(0,\alpha)}\otimes c\cdot a_{(1,\alpha^{-1}\beta)},\\ \rho^r_{\beta,\gamma}(m\cdot 1_{(0,\alpha)}\otimes c\cdot 1_{(1,\alpha^{-1}\beta\gamma)})=m\cdot 1_{(0,\beta)(0,\alpha)}\otimes c_{(1,\alpha^{-1}\beta)}\\ \qquad\qquad\cdot 1_{(0,\beta)(1,\alpha^{-1}\beta)}\otimes c_{(2,\gamma)}\cdot 1_{(1,\gamma)}.\end{cases}$$

$G^{(\alpha)}(M)$ 为 $\mathscr{M}^{\pi-C}_A$ 的对象. 事实上, 对任意 $\beta,\gamma\in\pi$, $a\in A_{\beta\gamma}$, $c\in C_{\alpha^{-1}\beta\gamma}$, 有

$$
\begin{aligned}
&\rho^r_{\beta,\gamma}((m\cdot 1_{(0,\alpha)}\otimes c\cdot 1_{(1,\alpha^{-1}\beta\gamma)})\cdot a)\\
=&\rho^r_{\beta,\gamma}(m\cdot a_{(0,\alpha)}\otimes c\cdot a_{(1,\alpha^{-1}\beta\gamma)})\\
=&m\cdot a_{(0,\alpha)}1_{(0,\beta)(0,\alpha)}\otimes c_{(1,\alpha^{-1}\beta)}\cdot a_{(1,\alpha^{-1}\beta\gamma)(1,\alpha^{-1}\beta)}1_{(0,\beta)(1,\alpha^{-1}\beta)}\\
&\otimes c_{(2,\gamma)}\cdot a_{(1,\alpha^{-1}\beta\gamma)(2,\gamma)}1_{(1,\gamma)}\\
=&m\cdot a_{(0,\alpha)}1_{(0,\alpha)}\widetilde{1}_{(0,\alpha)}\otimes c_{(1,\alpha^{-1}\beta)}\cdot a_{(1,\alpha^{-1}\beta\gamma)(1,\alpha^{-1}\beta)}1_{(1,\alpha^{-1}\beta\gamma)(1,\alpha^{-1}\beta)}\widetilde{1}_{(1,\alpha^{-1}\beta)}\\
&\otimes c_{(2,\gamma)}\cdot a_{(1,\alpha^{-1}\beta\gamma)(2,\gamma)}1_{(1,\alpha^{-1}\beta\gamma)(2,\gamma)}\\
=&m\cdot a_{(0,\alpha)}1_{(0,\alpha)}\otimes c_{(1,\alpha^{-1}\beta)}\cdot a_{(1,\alpha^{-1}\beta\gamma)(1,\alpha^{-1}\beta)}1_{(1,\alpha^{-1}\beta)}\otimes c_{(2,\gamma)}\cdot a_{(1,\alpha^{-1}\beta\gamma)(2,\gamma)}\\
=&m\cdot a_{(0,\beta)(0,\alpha)}\otimes c_{(1,\alpha^{-1}\beta)}\cdot a_{(0,\beta)(1,\alpha^{-1}\beta)}\otimes c_{(2,\gamma)}\cdot a_{(1,\gamma)}\\
=&(m\cdot 1_{(0,\beta)(0,\alpha)}\otimes c_{(1,\alpha^{-1}\beta)}\cdot 1_{(0,\beta)(1,\alpha^{-1}\beta)})\cdot a_{(0,\beta)}\otimes c_{(2,\gamma)}\cdot 1_{(1,\gamma)}a_{(1,\gamma)}\\
=&\rho^r_{\beta,\gamma}((m\cdot 1_{(0,\alpha)}\otimes c\cdot 1_{(1,\alpha^{-1}\beta\gamma)}))\cdot a.
\end{aligned}
$$

即验证了第三个条件成为偏 Doi-Hopf 群模, 其余条件可以类似验证.

取一个 A_α 线性映射 $\mu: M\to M'$, 令

$$
G^{(\alpha)}(\mu)=\{G^{(\alpha)}(\mu)_\beta=\mu\otimes id_{C_{\alpha^{-1}\beta}}: M\otimes C_{\alpha^{-1}\beta}\to M'\otimes C_{\alpha^{-1}\beta}\}_{\beta\in\pi}
$$

直接计算可以证明 $G^{(\alpha)}(\mu)$ 为 $\mathscr{M}_A^{\pi-C}$ 的态射. 取 $M\in\mathscr{M}_A^{\pi-C}$, 对任意的 $\beta,\gamma\in\pi$, $a\in A_{\beta\gamma}$ 和 $c\in C_{\alpha^{-1}\beta\gamma}$, 有

$$
\begin{aligned}
&G^{(\alpha)}(\mu)((m\cdot 1_{(0,\alpha)}\otimes c\cdot 1_{(1,\alpha^{-1}\beta\gamma)})\cdot a)\\
=&\mu(m\cdot a_{(0,\alpha)})\otimes c\cdot a_{(1,\alpha^{-1}\beta\gamma)}\\
=&\mu(m)\cdot a_{(0,\alpha)}\otimes c\cdot a_{(1,\alpha^{-1}\beta\gamma)}\\
=&G^{(\alpha)}(\mu)(m\cdot 1_{(0,\alpha)}\otimes c\cdot 1_{(1,\alpha^{-1}\beta\gamma)})\cdot a,\\
&\rho_{\alpha,\beta}(G^{(\alpha)}(\mu))((m\cdot 1_{(0,\alpha)}\otimes c\cdot 1_{(1,\alpha^{-1}\beta\gamma)})\\
=&\mu(m)\cdot 1_{(0,\beta)(0,\alpha)})\otimes c_{(1,\alpha^{-1}\beta)}\cdot 1_{(0,\beta)(1,\alpha^{-1}\beta)}\otimes c_{(2,\gamma)}\cdot 1_{(1,\gamma)}\\
=&\mu(m\cdot 1_{(0,\beta)(0,\alpha)})\otimes c_{(1,\alpha^{-1}\beta)}\cdot 1_{(0,\beta)(1,\alpha^{-1}\beta)}\otimes c_{(2,\gamma)}\cdot 1_{(1,\gamma)}\\
=&(\mu\otimes id_{C_{\alpha^{-1}\beta\gamma}})\rho_{\alpha,\beta}((m\cdot 1_{(0,\alpha)}\otimes c\cdot 1_{(1,\alpha^{-1}\beta\gamma)}).
\end{aligned}
$$

定义 $\eta_M=\{\eta^M_\beta\}_{\beta\in\pi}: M\to\{M_\alpha\otimes C_{\alpha^{-1}\beta}\}_{\beta\in\pi}$, 这里 $\eta^M_\beta: M_\beta\to M_\alpha\otimes C_{\alpha^{-1}\beta}$ 定义为: 对任意 $m\in M_\beta$,

$$
\eta^M_\beta(m)=m_{(0,\alpha)}\cdot 1_{(0,\alpha)}\otimes m_{(1,\alpha^{-1}\beta)}\cdot 1_{(1,\alpha^{-1}\beta)}.
$$

容易验证 $\eta_M \in \mathscr{M}_A^{\pi-C}$. 事实上, 对任意的 $\beta,\gamma \in \pi$, $a \in A_\beta$, 有

$$
\begin{aligned}
&\eta_M(m\cdot a)\\
=&(m\cdot a)_{(0,\alpha)}\cdot 1_{(0,\alpha)}\otimes(m\cdot a)_{(1,\alpha^{-1}\beta)}\cdot 1_{(1,\alpha^{-1}\beta)}\\
=&m_{(0,\alpha)}\cdot a_{(0,\alpha)}1_{(0,\alpha)}\otimes m_{(1,\alpha^{-1}\beta)}\cdot a_{(1,\alpha^{-1}\beta)}1_{(1,\alpha^{-1}\beta)}\\
=&m_{(0,\alpha)}\cdot 1_{(0,\alpha)}a_{(0,\alpha)}\otimes m_{(1,\alpha^{-1}\beta)}\cdot 1_{(1,\alpha^{-1}\beta)}a_{(1,\alpha^{-1}\beta)}\\
=&\eta_M(m)\cdot a,\\
&\rho_{\beta,\gamma}(\eta_M(m))\\
=&m_{(0,\alpha)}\cdot 1_{(0,\alpha)}1_{(0,\beta)(0,\alpha)}\otimes(m_{(1,\alpha^{-1}\beta\gamma)}\cdot 1_{(1,\alpha^{-1}\beta\gamma)})_{(1,\alpha^{-1}\beta)}\cdot 1_{(0,\beta)(1,\alpha^{-1}\beta)}\\
&\otimes(m_{(1,\alpha^{-1}\beta\gamma)}\cdot 1_{(1,\alpha^{-1}\beta\gamma)})_{(2,\gamma)}\cdot 1_{(1,\gamma)}\\
=&m_{(0,\alpha)}\cdot 1_{(0,\alpha)}\widehat{1}_{(0,\alpha)}\widetilde{1}_{(0,\alpha)}\otimes m_{(1,\alpha^{-1}\beta\gamma)(1,\alpha^{-1}\beta)}\cdot 1_{(1,\alpha^{-1}\beta\gamma)(1,\alpha^{-1}\beta)}\\
&\widehat{1}_{(1,\alpha^{-1}\beta\gamma)(1,\alpha^{-1}\beta)}\widetilde{1}_{(1,\alpha^{-1}\beta)}\otimes m_{(1,\alpha^{-1}\beta)(2,\gamma)}\cdot 1_{(1,\alpha^{-1}\beta\gamma)(2,\gamma)}\widehat{1}_{(1,\alpha^{-1}\beta\gamma)(2,\gamma)}\\
=&m_{(0,\alpha)}\cdot 1_{(0,\alpha)}\widetilde{1}_{(0,\alpha)}\overline{1}_{(0,\alpha)}\otimes m_{(1,\alpha^{-1}\beta\gamma)(1,\alpha^{-1}\beta)}\cdot 1_{(1,\alpha^{-1}\beta\gamma)(1,\alpha^{-1}\beta)}\widetilde{1}_{(1,\alpha^{-1}\beta)}\\
&\overline{1}_{(1,\alpha^{-1}\beta)}\otimes m_{(1,\alpha^{-1}\beta)(2,\gamma)}\cdot 1_{(1,\alpha^{-1}\beta\gamma)(2,\gamma)}\\
=&m_{(0,\alpha)}\cdot 1_{(0,\beta)(0,\alpha)}\overline{1}_{(0,\alpha)}\otimes m_{(1,\alpha^{-1}\beta\gamma)(1,\alpha^{-1}\beta)}\cdot 1_{(0,\beta)(1,\alpha^{-1}\beta)}\overline{1}_{(1,\alpha^{-1}\beta)}\\
&\otimes m_{(1,\alpha^{-1}\beta)(2,\gamma)}\cdot 1_{(1,\gamma)}\\
=&m_{((0,\beta)(0,\alpha))}\cdot\overline{1}_{(0,\alpha)}\otimes m_{(0,\beta)(1,\alpha^{-1}\beta)}\cdot\overline{1}_{(1,\alpha^{-1}\beta)}\otimes m_{(1,\gamma)}\\
=&(\eta_M\otimes id_{C_\gamma})\rho_{\beta,\gamma}(m).
\end{aligned}
$$

取 $N \in \mathscr{M}_{A_\alpha}$, 定义 $\delta_N: N_\alpha\otimes C_e \to N$, $\forall n\in N$, $c\in C_e$, $\delta_N(n\otimes c)=\varepsilon(c)n$, δ_N 是 A_α 线性. 容易验证 η, δ 均是自然变换, 并且满足

$$G^{(\alpha)}(\delta_N)\circ\eta_{G^{(\alpha)}(N)} = I_{G^{(\alpha)}(N)},$$

$$\delta_{F^{(\alpha)}(M)}\circ F^{(\alpha)}(\eta_M) = I_{F^{(\alpha)}(M)},$$

对所有的 $M\in\mathscr{M}_A^{\pi-C}$, $N\in\mathscr{M}_{A_\alpha}$. 即验证了 (F,G) 为一对伴随函子.

4.2　偏 Doi-Hopf 群模范畴的可分函子

定义 4.3　设 (H,A,C) 为偏 Doi-Hopf 群模. 对任意 $\alpha\in\pi$, 线性映射

$$\theta^{(\alpha)} = \{\theta_\beta^{(\alpha)}: C_{(\alpha^{-1}\beta)^{-1}}\otimes C_{\alpha^{-1}\beta}\to A_\beta\}_{\beta\in\pi}$$

被称为偏正规化积分, 如果 θ 满足下列条件:

(1) 对任意 $\beta,\gamma\in\pi$, $c\in C_{\alpha^{-1}\beta\gamma}$ 及 $d\in C_{(\alpha^{-1}\beta)^{-1}}$,

$$\begin{aligned}&c_{(2,\gamma)}\cdot 1_{(1,\gamma)}\otimes 1_{(0,\beta)(0,\alpha)(0,\beta)}\theta_{\beta}^{(\alpha)}(d\cdot 1_{(0,\beta)(0,\alpha)(1,\beta^{-1}\alpha)}\otimes c_{(1,\alpha^{-1}\beta)}\cdot 1_{(0,\beta)(1,\alpha^{-1}\beta)})\\=&d_{(1,\gamma)}\cdot 1_{(0,\beta\gamma)(1,\gamma)}(\theta_{\beta\gamma}^{(\alpha)}(d_{(2,\gamma^{-1}(\alpha^{-1}\beta)^{-1})}\cdot 1_{(1,\gamma^{-1}(\alpha^{-1}\beta)^{-1})}\otimes c))_{(1,\gamma)}\\&\otimes 1_{(0,\beta\gamma)(0,\beta)}(\theta_{\beta\gamma}^{(\alpha)}(d_{(2,\gamma^{-1}(\alpha^{-1}\beta)^{-1})}\cdot 1_{(1,\gamma^{-1}(\alpha^{-1}\beta)^{-1})}\otimes c))_{(0,\beta)}.\end{aligned}\tag{4.1}$$

(2) 对任意 $\beta\in\pi$, $b\in C_e$,

$$\theta_{\beta}^{(\alpha)}(b_{(1,(\alpha^{-1}\beta)^{-1})}\otimes b_{(2,\alpha^{-1}\beta)})=1_{\beta}\varepsilon(b).\tag{4.2}$$

(3) 对任意 $a\in A_\beta, b\in C_{\alpha^{-1}\beta}$, $d\in C_{(\alpha^{-1}\beta)^{-1}}$,

$$a_{(0,\alpha)(0,\beta)}\theta_{\beta}^{(\alpha)}(d\cdot a_{(0,\alpha)(1,(\alpha^{-1}\beta)^{-1})}\otimes b\cdot a_{(1,\alpha^{-1}\beta)})=\theta_{\beta}^{(\alpha)}(d\otimes b)a.\tag{4.3}$$

定理 4.1　对任意偏 Doi-Hopf 群数据, 对任意 $\alpha\in\pi$, 下列命题等价:

(1) 命题 4.1 中的伴随函子的单位 η 是可分裂的单同态,

(2) $F^{(\alpha)}$ 是可分的,

(3) 存在偏正规化积分 $\theta^{(\alpha)}=\{\theta_{\beta}^{(\alpha)}:C_{(\alpha^{-1}\beta)^{-1}}\otimes C_{\alpha^{-1}\beta}\to A_\beta\}_{\beta\in\pi}$.

证明　由 Rafael 定理可得 (1) $\Longleftrightarrow$ (2).

(3) $\Rightarrow$ (1). 取偏 Doi-Hopf 群模 $\{M_\beta\}_{\beta\in\pi}$, 定义

$$\nu^M=\{\nu_\beta^M:\overline{M_\alpha\otimes C_{\alpha^{-1}\beta}}\to M_\beta\}_{\beta\in\pi},$$

$$\nu_\beta^M(m\cdot 1_{(0,\alpha)}\otimes c\cdot 1_{(1,\alpha^{-1}\beta)})=m_{(0,\beta)}\theta_{\beta}^{(\alpha)}(m_{(1,\beta^{-1}\alpha)}\otimes c),$$

对任意 $\beta\in\pi$, $m\in M_\alpha$, $c\in C_{\alpha^{-1}\beta}$. 可以验证 $\nu^M\in\mathscr{M}_A^{\pi-C}$. 事实上, 对任意 $\beta\in\pi$, $m\in M_\alpha$, $c\in C_{\alpha^{-1}\beta}$, $a\in A_\beta$,

$$\begin{aligned}&\nu_\beta^M(m\cdot 1_{(0,\alpha)}\otimes c\cdot 1_{(1,\alpha^{-1}\beta)})\cdot a)\\=&\ \nu_\beta^M(m\cdot a_{(0,\alpha)}\otimes c\cdot a_{(1,\alpha^{-1}\beta)})\\=&\ (m\cdot a_{(0,\alpha)})_{(0,\beta)}\theta_{\beta}^{(\alpha)}((m\cdot a_{(0,\alpha)})_{(1,\beta^{-1}\alpha)}\otimes c\cdot a_{(1,\alpha^{-1}\beta)})\\=&\ m_{(0,\beta)}\cdot a_{(0,\alpha)(0,\beta)}\theta_{\beta}^{(\alpha)}(m_{(1,\beta^{-1}\alpha)}\cdot a_{(0,\alpha)(1,\beta^{-1}\alpha)})\otimes c\cdot a_{(1,\alpha^{-1}\beta)})\\\overset{(4.3)}{=}&\ m_{(0,\beta)}\cdot\theta_{\beta}^{(\alpha)}(m_{(1,\beta^{-1}\alpha)}\otimes c)a\\=&\ \nu_\beta^M(m\cdot 1_{(0,\alpha)}\otimes c\cdot 1_{(1,\alpha^{-1}\beta)})\cdot a.\end{aligned}$$

所以 ν^M 是 A_β-线性的. 接着证明 ν^M 是偏群 C 余模同态, 需要证明

$$\rho^M_{\beta,\gamma}\circ\nu^M_{\beta\gamma}=(\nu^M_\beta\otimes id_{C_\gamma})\circ(id_{M_\alpha}\otimes\Delta_{\alpha^{-1}\beta,\gamma})$$

对所有的 $\beta,\gamma\in\pi$. 事实上, 对任意 $m\in M_\alpha$, $c\in C_{\alpha^{-1}\beta\gamma}$, 可得一方面,

$$\begin{aligned}
&\rho^M_{\beta,\gamma}\circ\nu^M_{\beta\gamma}(m\cdot 1_{(0,\alpha)}\otimes c\cdot 1_{(1,\alpha^{-1}\beta)})\\
=&\rho^M_{\beta,\gamma}(m_{(0,\beta\gamma)}\cdot\theta^{(\alpha)}_{\beta\gamma}(m_{(1,\gamma^{-1}\beta^{-1}\alpha)}\otimes c))\\
=&(m_{(0,\beta\gamma)}\cdot\theta^{(\alpha)}_{\beta\gamma}(m_{(1,\gamma^{-1}\beta^{-1}\alpha)}\otimes c))_{(0,\beta)}\otimes(m_{(0,\beta\gamma)}\cdot\theta^{(\alpha)}_{\beta\gamma}(m_{(1,\gamma^{-1}\beta^{-1}\alpha)}\otimes c))_{(1,\gamma)}\\
=&m_{(0,\beta\gamma)(0,\beta)}\cdot(\theta^{(\alpha)}_{\beta\gamma}(m_{(1,\gamma^{-1}\beta^{-1}\alpha)}\otimes c))_{(0,\beta)}\otimes m_{(0,\beta\gamma)(1,\gamma)}\cdot\\
&(\theta^{(\alpha)}_{\beta\gamma}(m_{(1,\gamma^{-1}\beta^{-1}\alpha)}\otimes c))_{(1,\gamma)}\\
=&m_{(0,\beta)}\cdot 1_{(0,\beta\gamma)(0,\beta)}(\theta^{(\alpha)}_{\beta\gamma}(m_{(1,\beta^{-1}\alpha)(2,\gamma^{-1}\beta^{-1}\alpha)}\cdot 1_{(1,\gamma^{-1}\beta^{-1}\alpha)}\otimes c))_{(0,\beta)}\\
&\otimes m_{(1,\beta^{-1}\alpha)(1,\gamma)}\cdot 1_{(0,\beta\gamma)(1,\gamma)}(\theta^{(\alpha)}_{\beta\gamma}(m_{(1,\beta^{-1}\alpha)(2,\gamma^{-1}\beta^{-1}\alpha)}\cdot 1_{(1,\gamma^{-1}\beta^{-1}\alpha)}\otimes c))_{(1,\gamma)},
\end{aligned}$$

另一方面,

$$\begin{aligned}
&(\nu^M_\beta\otimes id_{C_\gamma})\circ\rho_{\beta,\gamma}(m\cdot 1_{(0,\alpha)}\otimes c\cdot 1_{(1,\alpha^{-1}\beta)})\\
=&(\nu^M_\beta\otimes id_{C_\gamma})(m\cdot 1_{(0,\beta)(0,\alpha)}\otimes c_{(1,\alpha^{-1}\beta)}\cdot 1_{(0,\beta)(0,\alpha^{-1}\beta)}\otimes c_{(2,\gamma)}\cdot 1_{(1,\gamma)})\\
=&(\nu^M_\beta(m\cdot 1_{(0,\beta)(0,\alpha)}\otimes c_{(1,\alpha^{-1}\beta)}\cdot 1_{(0,\beta)(0,\alpha^{-1}\beta)})\otimes c_{(2,\gamma)}\cdot 1_{(1,\gamma)})\\
=&(m\cdot 1_{(0,\beta)(0,\alpha)})_{(0,\beta)}\cdot\theta^{(\alpha)}_{\beta\gamma}((m\cdot 1_{(0,\beta)(0,\alpha)})_{(1,\beta^{-1}\alpha)},c_{(1,\alpha^{-1}\beta)}\cdot 1_{(0,\beta)(0,\alpha^{-1}\beta)})\\
&\otimes c_{(2,\gamma)}\cdot 1_{(1,\gamma)})\\
=&m_{(0,\beta)}\cdot 1_{(0,\beta)(0,\alpha)(0,\beta)}\theta^{(\alpha)}_{\beta\gamma}((m_{(1,\beta^{-1}\alpha)}\cdot 1_{(0,\beta)(0,\alpha)(1,\beta^{-1}\alpha)},c_{(1,\alpha^{-1}\beta)}\cdot 1_{(0,\beta)(0,\alpha^{-1}\beta)})\\
&\otimes c_{(2,\gamma)}\cdot 1_{(1,\gamma)}).
\end{aligned}$$

利用等式 (4.1), 则我们得到

$$\rho^M_{\beta,\gamma}\circ\nu^M_{\beta\gamma}=(\nu^M_\beta\otimes id_{C_\gamma})\circ\rho_{\beta,\gamma}.$$

对任意的 $m\in M_\beta$, 因为

$$\begin{aligned}
&\nu^M_\beta\circ\eta^M_\beta(m)=\nu^M_\beta(m_{(0,\alpha)}\cdot 1_{(0,\alpha)}\otimes m_{(1,\alpha^{-1}\beta)}\cdot 1_{(1,\alpha^{-1}\beta)})\\
=&m_{(0,\alpha)(0,\beta)}\theta^{(\alpha)}_\beta(m_{(0,\alpha)(1,\beta^{-1}\alpha)}\otimes m_{(1,\alpha^{-1}\beta)})\\
=&m_{(0,\beta)}\cdot 1_{(0,\alpha)(0,\beta)}\theta^{(\alpha)}_\beta(m_{(1,e)(1,\beta^{-1}\alpha)}\cdot 1_{(0,\alpha)(1,\beta^{-1}\alpha)}\otimes m_{(1,e)(2,\alpha^{-1}\beta)}\cdot 1_{(1,\alpha^{-1}\beta)})\\
=&m_{(0,\beta)}\theta^{(\alpha)}_\beta(m_{(1,e)(1,\beta^{-1}\alpha)}\otimes m_{(1,e)(2,\alpha^{-1}\beta)})\\
=&m_{(0,\beta)}\varepsilon(m_{(1,e)})=m.
\end{aligned}$$

所以 ν 可分裂 η.

(1) ⇒ (3). 对任意 $\beta\in\pi$, 考虑偏 Doi-Hopf 群模 $R^{(\beta)}=\{R_\gamma^{(\beta)}\}_{\gamma\in\pi}$, 其中 $R_\gamma^{(\beta)}:=A_\beta\otimes C_{\beta^{-1}\gamma}$, 其上的 A-作用和偏群 C 余作用定义如下: 对任意 $\beta,\gamma,\zeta\in\pi$,

$$\begin{cases}(m\otimes a)\cdot b=m\otimes ab, & m\in M_{\beta^{-1}\gamma},a,b\in A_\gamma;\\ \rho_{\zeta,\gamma}(m\otimes a)=m_{(0,\beta^{-1}\zeta)}\otimes a_{(0,\zeta)}\otimes m_{(1,\zeta^{-1}\gamma)}\cdot a_{(1,\zeta^{-1}\gamma)}, & m\in M_{\beta^{-1}\gamma},a\in A_\gamma.\end{cases}$$

令 ν 为 η 的收缩, 应用 ν 到 $R^{(\beta)}$ 上, 可得

$$(\nu_{R^{(\beta)}})_\gamma:\overline{A_\beta\otimes C_{\beta^{-1}\alpha}\otimes C_{\alpha^{-1}\gamma}}\to\overline{A_\beta\otimes C_{\beta^{-1}\gamma}}$$

其中 $\overline{A_\beta\otimes C_{\beta^{-1}\alpha}\otimes C_{\alpha^{-1}\gamma}}=[a\cdot 1_{(0,\alpha)(0,\beta)}\otimes c\cdot 1_{(0,\alpha)(1,\beta^{-1}\alpha)}\otimes d\cdot 1_{(1,\alpha^{-1}\gamma)},a\in A_\beta,c\in C_{\beta^{-1}\alpha},d\in C_{\alpha^{-1}\gamma}]$. 由 $\nu\circ\eta=id$, 使得对任意的 $\beta,\gamma\in\pi$ 和 $a\in A_\beta,c\in C_{\beta^{-1}\gamma}$,

$$(\nu_{R^{(\beta)}})_\gamma(a\cdot 1_{(0,\alpha)(0,\beta)}\otimes c_{(1,\beta^{-1}\alpha)}\cdot 1_{(0,\alpha)(1,\beta^{-1}\alpha)}\otimes c_{(2,\alpha^{-1}\gamma)}\cdot 1_{(1,\alpha^{-1}\gamma)})=a\otimes c.$$

构造线性映射 $\theta_\beta^{(\alpha)}$ 如下:

$$\theta_\beta^{(\alpha)}:C_{(\alpha^{-1}\beta)^{-1}}\otimes C_{\alpha^{-1}\beta}\to A_\beta,$$

$$\theta_\beta^{(\alpha)}(c\otimes d)=(id_{A_\beta}\otimes\varepsilon)(\nu_{R^{(\beta)}})_\beta(1_{(0,\alpha)(0,\beta)}\otimes c\cdot 1_{(0,\alpha)(1,\beta^{-1}\alpha)}\otimes d\cdot 1_{(1,\alpha^{-1}\gamma)}).$$

对任意 $c\in C_e$, 因为

$$\begin{aligned}\theta_\beta^{(\alpha)}(c_{(1,\beta^{-1}\alpha)}\otimes c_{(2,\alpha^{-1}\beta)})&=(id_{A_\beta}\otimes\varepsilon)(\nu_{R^{(\beta)}})_\beta(1_\beta\otimes c_{(1,\beta^{-1}\alpha)}\otimes c_{(2,\alpha^{-1}\beta)})\\&=(id_{A_\beta}\otimes\varepsilon)(1_\beta\otimes c)=1_\beta\varepsilon(c).\end{aligned}$$

所以得到定义中第二个等式. 利用 ν 的自然性和 A-线性, 可得第三个等式.

我们采用如下方法来验证定义 4.3 中的第一个等式. 对任意群余模 $\{M_\beta\}_{\beta\in\pi}$, 考虑偏 Doi-Hopf 群模 $M\otimes_\beta A=\{(M\otimes_\beta A)_\gamma\}_{\gamma\in\pi}$, 其中 $(M\otimes_\beta A)_\gamma:=M_{\beta^{-1}\gamma}\otimes A_\gamma$, 其上的 A-作用及偏群 C 余作用定义如下: 对任意 $\beta,\gamma,\zeta\in\pi$,

$$\begin{cases}(m\otimes a)\cdot b=m\otimes ab, & m\in M_{\beta^{-1}\gamma},\ a,b\in A_\gamma,\\ \rho_{\zeta,\gamma}(m\otimes a)=m_{(0,\beta^{-1}\zeta)}\otimes a_{(0,\zeta)}\otimes m_{(1,\zeta^{-1}\gamma)}\cdot a_{(1,\zeta^{-1}\gamma)}, & m\in M_{\beta^{-1}\gamma},\ a\in A_\gamma.\end{cases}$$

特别地, 对于群余代数 C, 便有偏 Doi-Hopf 群模 $C\otimes_\beta A$, 并且线性映射

$$\xi_{\beta^{-1}\gamma,\beta}:C_{\beta^{-1}\gamma}\otimes A_\gamma\to A_\beta\otimes C_{\beta^{-1}\gamma},\ \xi_{\beta^{-1}\gamma,\beta}(c\otimes a)=a_{(0,\beta)}\otimes c\cdot a_{(1,\beta^{-1}\gamma)}$$

诱导出 $C\otimes_\beta A$ 到 $R^{(\beta)}$ 的同态. 由 ν 的自然性, 得到下列交换图 (图 4.1).

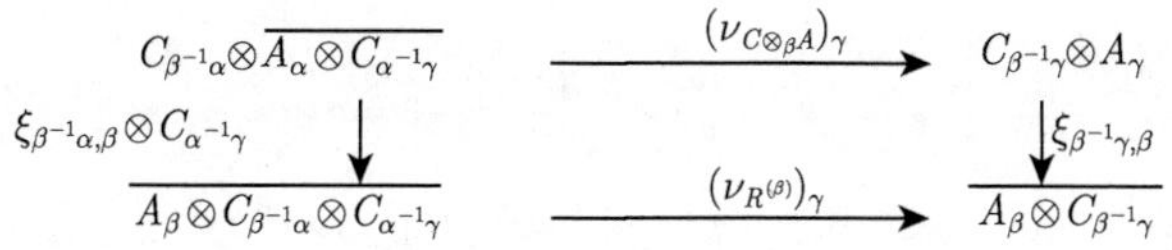

$$
\begin{array}{ccc}
C_{\beta^{-1}\alpha}\otimes\overline{A_\alpha\otimes C_{\alpha^{-1}\gamma}} & \xrightarrow{\ (\nu_{C\otimes_\beta A})_\gamma\ } & C_{\beta^{-1}\gamma}\otimes A_\gamma \\[2pt]
{\scriptstyle \xi_{\beta^{-1}\alpha,\beta}\otimes C_{\alpha^{-1}\gamma}}\Big\downarrow & & \Big\downarrow{\scriptstyle \xi_{\beta^{-1}\gamma,\beta}} \\[2pt]
\overline{A_\beta\otimes C_{\beta^{-1}\alpha}\otimes C_{\alpha^{-1}\gamma}} & \xrightarrow{\ (\nu_{R^{(\beta)}})_\gamma\ } & \overline{A_\beta\otimes C_{\beta^{-1}\gamma}}
\end{array}
$$

图 4.1

交换图等价于

$$
\xi_{\beta^{-1}\gamma,\beta}(\nu_{C\otimes_\beta A})_\gamma(c\otimes a\cdot 1_{(0,\alpha)}\otimes d\cdot 1_{(1,\alpha^{-1}\gamma)})
$$
$$
=(\nu_{R^{(\beta)}})_\gamma(a_{(0,\beta)}\cdot 1_{(0,\alpha)(0,\beta)}\otimes c\cdot a_{(1,\beta^{-1}\alpha)}\cdot 1_{(0,\alpha)(1,\beta^{-1}\alpha)}\otimes d\cdot 1_{(1,\alpha^{-1}\gamma)}),\quad (4.4)
$$

对所有的 $c\in C_{\beta^{-1}\alpha}$, $a\in A_\alpha$, $d\in C_{\alpha^{-1}\gamma}$. 再考虑偏群余模 $D^{(\beta)}=\{D^{(\beta)}_\gamma\}\gamma\in\pi$, 其中 $D^{(\beta)}_\gamma=C_\beta\otimes C_{\beta^{-1}\gamma}$ 上的余模结构为 $\iota\otimes\Delta$, 则

$$
\Delta_{\beta^{-1}\zeta,\zeta^{-1}\gamma}\otimes A_\gamma:C_{\beta^{-1}\gamma}\otimes A_\gamma\to C_{\beta^{-1}\zeta}\otimes C_{\zeta^{-1}\gamma}\otimes A_\gamma
$$

诱导出 $C\otimes_\beta A$ 到 $D^{(\beta^{-1}\zeta)}\otimes_\beta A$ 上的同态. 由 ν 的自然性, 得到下列交换图 (图 4.2).

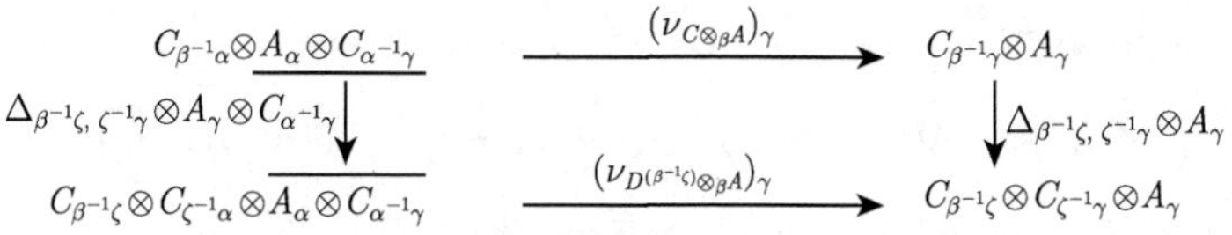

$$
\begin{array}{ccc}
C_{\beta^{-1}\alpha}\otimes\overline{A_\alpha\otimes C_{\alpha^{-1}\gamma}} & \xrightarrow{\ (\nu_{C\otimes_\beta A})_\gamma\ } & C_{\beta^{-1}\gamma}\otimes A_\gamma \\[2pt]
{\scriptstyle \Delta_{\beta^{-1}\zeta,\,\zeta^{-1}\gamma}\otimes A_\gamma\otimes \overline{C_{\alpha^{-1}\gamma}}}\Big\downarrow & & \Big\downarrow{\scriptstyle \Delta_{\beta^{-1}\zeta,\,\zeta^{-1}\gamma}\otimes A_\gamma} \\[2pt]
C_{\beta^{-1}\zeta}\otimes C_{\zeta^{-1}\alpha}\otimes\overline{A_\alpha\otimes C_{\alpha^{-1}\gamma}} & \xrightarrow{\ (\nu_{D^{(\beta^{-1}\zeta)}\otimes_\beta A})_\gamma\ } & C_{\beta^{-1}\zeta}\otimes C_{\zeta^{-1}\gamma}\otimes A_\gamma
\end{array}
$$

图 4.2

交换图等价于

$$
(\Delta_{\beta^{-1}\zeta,\zeta^{-1}\gamma}\otimes A_\gamma)(\nu_{C\otimes_\beta A})_\gamma(c\otimes a\cdot 1_{(0,\alpha)}\otimes d\cdot 1_{(1,\alpha^{-1}\gamma)})
$$
$$
=(\nu_{D^{(\beta^{-1}\zeta)}\otimes_\beta A})_\gamma(c_{(1,\beta^{-1}\zeta)}\otimes c_{(2,\zeta^{-1}\alpha)}\otimes a\cdot 1_{(0,\alpha)}\otimes d\cdot 1_{(1,\alpha^{-1}\gamma)}).\quad (4.5)
$$

对任意 $c\in C_\beta$, 线性映射

$$
f_c:C_{(\gamma\beta)^{-1}\zeta}\otimes A_\zeta\to C_\beta\otimes C_{(\gamma\beta)^{-1}\zeta}\otimes A_\zeta,\quad d\otimes a\mapsto c\otimes d\otimes a
$$

诱导出 $C\otimes_{\gamma\beta} A$ 到 $D^{(\beta)}\otimes_\gamma A$ 上的同态. 由 ν 的自然性, 可得

$$
c\otimes(\nu_{C\otimes_{\gamma\beta}A})_\zeta(g\otimes a\cdot 1_{(0,\alpha)}\otimes d\cdot 1_{(1,\alpha^{-1}\gamma)})
$$
$$
=(\nu_{D^{(\beta)}\otimes_\gamma A})_\zeta(c\otimes g\otimes a\cdot 1_{(0,\alpha)}\otimes d\cdot 1_{(1,\alpha^{-1}\gamma)}),\quad (4.6)
$$

结合等式 (4.5), 可得

$$
\begin{aligned}
&(\Delta_{\beta^{-1}\zeta,\zeta^{-1}\gamma}\otimes A_\gamma)(\nu_{C\otimes_\beta A})_\gamma(c\otimes a\cdot 1_{(0,\alpha)}\otimes d\cdot 1_{(1,\alpha^{-1}\gamma)})\\
=&c_{(1,\beta)}\otimes(\nu_{C\otimes_{\gamma\beta}A})_\zeta(c_{(2,(\gamma\beta)^{-1}\zeta)}\otimes a\cdot 1_{(0,\alpha)}\otimes d\cdot 1_{(1,\alpha^{-1}\gamma)}).
\end{aligned}\tag{4.7}
$$

对所有的 $\beta,\gamma\in\pi$, $c\in C_{\alpha^{-1}\beta\gamma}$, $d\in C_{(\alpha^{-1}\beta)^{-1}}$, 我们有

$$
\begin{aligned}
&c_{(2,\gamma)}\cdot 1_{(1,\gamma)}\otimes 1_{(0,\beta)(0,\alpha)(0,\beta)}\theta_\beta^{(\alpha)}(d\cdot 1_{(0,\beta)(0,\alpha)(1,\beta^{-1}\alpha)}\otimes c_{(1,\alpha^{-1}\beta)}\cdot 1_{(0,\beta)(1,\alpha^{-1}\beta)}\\
=&\tau_{A_\beta,C_\gamma}\circ(id_{A_\beta}\otimes\varepsilon\otimes id_{C_\gamma})(\nu_{R(\beta)})_\beta(1_{(0,\beta)(0,\alpha)(0,\beta)}\otimes d\cdot 1_{(0,\beta)(0,\alpha)(1,\beta^{-1}\alpha)}\\
&\otimes c_{(1,\alpha^{-1}\beta)}\cdot 1_{(0,\beta)(1,\alpha^{-1}\beta)})\otimes c_{(2,\gamma)}\cdot 1_{(1,\gamma)})\\
=&\tau_{A_\beta,C_\gamma}\circ(id_{A_\beta}\otimes\varepsilon\otimes id_{C_\gamma})\rho\circ(\nu_{C\otimes_\beta A})_\gamma(1_{(0,\alpha)(0,\beta)}\otimes c\cdot 1_{(0,\alpha)(1,\beta^{-1}\alpha)}\otimes d\cdot 1_{(1,\alpha^{-1}\gamma)})\\
=&\tau_{A_\beta,C_\gamma}\circ(\nu_{C\otimes_\beta A})_\gamma(1_{(0,\alpha)(0,\beta)}\otimes c\cdot 1_{(0,\alpha)(1,\beta^{-1}\alpha)}\otimes d\cdot 1_{(1,\alpha^{-1}\gamma)}),
\end{aligned}
$$

其中第二个等号可由 $\nu_{R(\beta)}$ 为偏群 C-余线性得出. 因为

$$
\begin{aligned}
&d_{(1,\gamma)}\cdot 1_{(0,\beta\gamma)(1,\gamma)}(\theta_{\beta\gamma}^{(\alpha)}(d_{(2,\gamma^{-1}(\alpha^{-1}\beta)^{-1})}\cdot 1_{(1,\gamma^{-1}(\alpha^{-1}\beta)^{-1})}\otimes c))_{(1,\gamma)}\\
&\otimes 1_{(0,\beta\gamma)(0,\beta)}(\theta_{\beta\gamma}^{(\alpha)}(d_{(2,\gamma^{-1}(\alpha^{-1}\beta)^{-1})}\cdot 1_{(1,\gamma^{-1}(\alpha^{-1}\beta)^{-1})}\otimes c))_{(0,\beta)}\\
=&d_{(1,\gamma)}\cdot(1_{(0,\beta\gamma)}\theta_{\beta\gamma}^{(\alpha)}(d_{(2,\gamma^{-1}(\alpha^{-1}\beta)^{-1})}\cdot 1_{(1,\gamma^{-1}(\alpha^{-1}\beta)^{-1})}\otimes c))_{(1,\gamma)}\\
&\otimes(1_{(0,\beta\gamma)}\theta_{\beta\gamma}^{(\alpha)}(d_{(2,\gamma^{-1}(\alpha^{-1}\beta)^{-1})}\cdot 1_{(1,\gamma^{-1}(\alpha^{-1}\beta)^{-1})}\otimes c))_{(0,\beta)}\\
=&d_{(1,\gamma)}\cdot(1_{(0,\beta\gamma)}(id_{A_{\beta\gamma}}\otimes\varepsilon)(\nu_{R(\beta\gamma)})_{\beta\gamma}(1_{(0,\alpha)(0,\beta\gamma)}\\
&\otimes d_{(2,\gamma^{-1}(\alpha^{-1}\beta)^{-1})}\cdot 1_{(1,\gamma^{-1}(\alpha^{-1}\beta)^{-1})}1_{(0,\alpha)(1,\gamma^{-1}(\alpha^{-1}\beta)^{-1})}\otimes c\cdot 1_{(1,\alpha^{-1}\beta\gamma)}))_{(1,\gamma)}\\
&\otimes(1_{(0,\beta\gamma)}(id_{A_{\beta\gamma}}\otimes\varepsilon)(\nu_{R(\beta\gamma)})_{\beta\gamma}(1_{(0,\alpha)(0,\beta\gamma)}\\
&\otimes d_{(2,\gamma^{-1}(\alpha^{-1}\beta)^{-1})}\cdot 1_{(1,\gamma^{-1}(\alpha^{-1}\beta)^{-1})}1_{(0,\alpha)(1,\gamma^{-1}(\alpha^{-1}\beta)^{-1})}\otimes c\cdot 1_{(1,\alpha^{-1}\beta\gamma)}))_{(1,\gamma)}\\
=&d_{(1,\gamma)}\cdot((id_{A_{\beta\gamma}}\otimes\varepsilon)(\nu_{R(\beta\gamma)})_{\beta\gamma}(1_{(0,\beta\gamma)}1_{(0,\alpha)(0,\beta\gamma)}\\
&\otimes d_{(2,\gamma^{-1}(\alpha^{-1}\beta)^{-1})}\cdot 1_{(1,\gamma^{-1}(\alpha^{-1}\beta)^{-1})}1_{(0,\alpha)(1,\gamma^{-1}(\alpha^{-1}\beta)^{-1})}\otimes c\cdot 1_{(1,\alpha^{-1}\beta\gamma)}))_{(1,\gamma)}\\
&\otimes((id_{A_{\beta\gamma}}\otimes\varepsilon)(\nu_{R(\beta\gamma)})_{\beta\gamma}(1_{(0,\beta\gamma)}1_{(0,\alpha)(0,\beta\gamma)}\\
&\otimes d_{(2,\gamma^{-1}(\alpha^{-1}\beta)^{-1})}\cdot 1_{(1,\gamma^{-1}(\alpha^{-1}\beta)^{-1})}1_{(0,\alpha)(1,\gamma^{-1}(\alpha^{-1}\beta)^{-1})}\otimes c\cdot 1_{(1,\alpha^{-1}\beta\gamma)}))_{(1,\gamma)}\\
=&d_{(1,\gamma)}\cdot((id_{A_{\beta\gamma}}\otimes\varepsilon)\xi_{e,\beta\gamma}(\nu_{C\otimes_{\beta\gamma}A})_{\beta\gamma}(d_{(2,\gamma^{-1}(\alpha^{-1}\beta)^{-1})}\otimes 1_{(0,\alpha)}\otimes c\cdot 1_{(1,\alpha^{-1}\beta\gamma)}))_{(1,\gamma)}\\
&\otimes((id_{A_{\beta\gamma}}\otimes\varepsilon)\xi_{e,\beta\gamma}(\nu_{C\otimes_{\beta\gamma}A})_{\beta\gamma}(d_{(2,\gamma^{-1}(\alpha^{-1}\beta)^{-1})}\otimes 1_{(0,\alpha)}\otimes c\cdot 1_{(1,\alpha^{-1}\beta\gamma)}))_{(0,\beta)}.
\end{aligned}
$$

设 $(\nu_{C\otimes_\beta A})_{\beta\gamma}(d\otimes 1_{(0,\alpha)}\otimes c\cdot 1_{(1,\alpha^{-1}\beta\gamma)})=e_i\otimes f_i$, 其中 $e_i\in C_\gamma, f_i\in A_{\beta\gamma}$. 因此

$$\begin{aligned}
&d_{(1,\gamma)}\cdot((id_{A_{\beta\gamma}}\otimes\varepsilon)\xi_{e,\beta\gamma}(\nu_{C\otimes_{\beta\gamma}A})_{\beta\gamma}(d_{(2,\gamma^{-1}(\alpha^{-1}\beta)^{-1})}\otimes 1_{(0,\alpha)}\otimes c\cdot 1_{(1,\alpha^{-1}\beta\gamma)}))_{(1,\gamma)}\\
&\otimes((id_{A_{\beta\gamma}}\otimes\varepsilon)\xi_{e,\beta\gamma}(\nu_{C\otimes_{\beta\gamma}A})_{\beta\gamma}(d_{(2,\gamma^{-1}(\alpha^{-1}\beta)^{-1})}\otimes 1_{(0,\alpha)}\otimes c\cdot 1_{(1,\alpha^{-1}\beta\gamma)}))_{(0,\beta)}\\
=&e_{i(1,\gamma)}\cdot((id_{A_{\beta\gamma}}\otimes\varepsilon)\xi_{e,\beta\gamma}(e_{i(2,e)}\otimes f_i))_{(1,\gamma)}\otimes((id_{A_{\beta\gamma}}\otimes\varepsilon)\xi_{e,\beta\gamma}(e_{i(2,e)}\otimes f_i))_{(0,\beta)}\\
=&e_i\cdot f_{i(1,\gamma)}\otimes f_{i(0,\beta)}\\
=&\tau_{A_\beta,C\gamma}\xi_{\beta,\gamma}(\nu_{C\otimes_\beta A})_{\beta\gamma}(d\otimes 1_{(0,\alpha)}\otimes c\cdot 1_{(1,\alpha^{-1}\beta\gamma)})\\
=&\tau_{A_\beta,C\gamma}(\nu_{C\otimes_\beta A})_{\beta\gamma}(1_\beta\otimes d\otimes c)\\
=&\tau_{A_\beta,C_\gamma}\circ(\nu_{C\otimes_\beta A})_\gamma(1_{(0,\alpha)(0,\beta)}\otimes c\cdot 1_{(0,\alpha)(1,\beta^{-1}\alpha)}\otimes d\cdot 1_{(1,\alpha^{-1}\gamma)}).
\end{aligned}$$

4.3 应　　用

由定理 4.1, 可得偏 Doi-Hopf 群模的 Maschke 型定理.

推论 4.1　设 (H,A,C) 为偏 Doi-Hopf 群数据, $M=\{M_\beta\}_{\beta\in\pi}, N=\{N_\beta\}_{\beta\in\pi}\in\mathscr{M}_A^{\pi-C}$. 对任意 $\alpha\in\pi$, 假设存在偏正规化积分 $\theta^{(\alpha)}=\{\theta_\beta^{(\alpha)}:C_{(\alpha^{-1}\beta)^{-1}}\otimes C_{\alpha^{-1}\beta}\to A_\beta\}_{\beta\in\pi}$, 当单 (满) 同态 f_α 作为 A_α 模可分裂时, 必有单 (满) 同态 $f=(f_\beta:M_\beta\to N_\beta)$ 在 $\mathscr{M}_A^{\pi-C}$ 中可分裂.

设 H 为 Hopf π-余代数, $A=\{A_\alpha,m_\alpha,1_{A_\alpha}\}_{\alpha\in\pi}$ 为右偏 π-H-余模代数. 则 (H,A,H) 为偏 Doi-Hopf π-数据. 记为 $\mathscr{M}_A^{\pi-H}$.

推论 4.2　设 H 为 Hopf π-余代数, $A=\{A_\alpha,m_\alpha,1_{A_\alpha}\}_{\alpha\in\pi}$ 为右偏 π-H-余模代数. 则下列结论是等价的:

(1) 忘却函子 $F:\mathscr{M}_A^{\pi-H}\to\mathscr{M}_A$ 是可分的,

(2) 存在偏正规化 A-积分 $\theta_\beta^{(e)}:H_{\beta^{-1}}\otimes H_\beta\to A_\beta$.

我们将要介绍右偏 π-H-余模代数的偏全积分, 并给出偏全积分和通常意义下的全积分的不同之处.

性质 4.2　设 H 为 Hopf π-余代数, $A=\{A_\alpha,m_\alpha,1_{A_\alpha}\}_{\alpha\in\pi}$ 为右偏 π-H-余模代数. 假设存在偏正规化 A-积分 $\theta_\beta^{(e)}:H_{\beta^{-1}}\otimes H_\beta\to A_\beta$. 定义

$$\varphi_\beta:H_\beta\to A_\beta, \varphi_\beta(h)=\theta_\beta^{(e)}(1_{\beta^{-1}}\otimes h),$$

对任意的 $h\in H_\beta$, 满足关系:

$$\varphi_\beta(h)_{(0,\beta)}\otimes\varphi_\beta(h)_{(1,e)}=\varphi_\beta(h_{(1,\beta)})1_{A_\beta(0,\beta)}\otimes h_{(2,e)}1_{A_\beta(1,e)},\tag{4.8}$$

$$\varphi_\beta(1_\beta) = 1_{A_\beta}. \tag{4.9}$$

证明 首先注意 $\varphi_\beta(1_\beta) = \theta_\beta^{(e)}(1_{\beta^{-1}} \otimes 1_\beta) = \varepsilon(1_e)1_{A_\beta} = 1_{A_\beta}$. 因为

$$\begin{aligned}
&h_{(2,\gamma)}1_{A(1,\gamma)} \otimes \theta_\beta^{(e)}(g \otimes h_{(1,\beta)})1_{A(0,\beta)} \\
&= h_{(2,\gamma)}1_{A(1,\gamma)} \otimes 1_{A(0,\beta)(0,e)(0,\beta)}\theta_\beta^{(e)}(g1_{(0,\beta)(0,e)(1,\beta^{-1})} \otimes h_{(1,\beta)}1_{A(0,\beta)(1,\beta)}) \\
&= g_{(1,\gamma)}1_{A(0,\beta\gamma)(1,\gamma)}(\theta_{\beta\gamma}^{(e)}(g_{(2,\gamma^{-1}\beta^{-1})} \cdot 1_{A(1,\gamma^{-1}\beta^{-1})} \otimes h))_{(1,\gamma)} \\
&\quad \otimes 1_{A(0,\beta\gamma)(0,\beta)}(\theta_{\beta\gamma}^{(e)}(g_{(2,\gamma^{-1}\beta^{-1})}1_{A(1,\gamma^{-1}\beta^{-1})} \otimes h))_{(0,\beta)} \\
&= g_{(1,\gamma)}(1_{A(0,\beta\gamma)}\theta_{\beta\gamma}^{(e)}(g_{(2,\gamma^{-1}\beta^{-1})}1_{A(1,\gamma^{-1}\beta^{-1})} \otimes h))_{(1,\gamma)} \\
&\quad \otimes (1_{A(0,\beta\gamma)}\theta_{\beta\gamma}^{(e)}(g_{(2,\gamma^{-1}\beta^{-1})}1_{A(1,\gamma^{-1}\beta^{-1})} \otimes h))_{(0,\beta)} \\
&= h_{(2,\gamma)} \otimes \theta_\beta^{(e)}(d \otimes h_{(1,\beta)}).
\end{aligned}$$

对任意的 $\beta, \gamma \in \pi$ 和 $h \in H_{\beta\gamma}, g \in H_{\beta^{-1}}$. 令 $d = 1_{\beta^{-1}}$ 和 $\gamma = e$,

$$h_{(2,e)}1_{A(1,e)} \otimes \theta_\beta^{(e)}(1_{\beta^{-1}} \otimes h_{(1,\beta)})1_{A(0,\beta)} = \theta_\beta^{(e)}(1_{\beta^{-1}} \otimes h)_{(1,e)} \otimes \theta_\beta^{(e)}(1_{\beta^{-1}} \otimes h)_{(0,\beta)}.$$

则等式 (4.8) 成立.

定义 4.4 设 H 为 Hopf π-余代数, $A = \{A_\alpha, m_\alpha, 1_{A_\alpha}\}_{\alpha\in\pi}$ 为右偏 π-H-余模代数. 如果 φ 满足条件 (4.8) 和条件 (4.9). 则称 k-线性映射 $\varphi_\beta : H_\beta \to A_\beta$ 为偏全积分.

设 $\varphi_\beta : H_\beta \to A_\beta$ 为偏全积分, 定义

$$\theta_\beta^{(e)} : H_{\beta^{-1}} \otimes H_\beta \to A_\beta,\ \theta_\beta^{(e)}(h \otimes g) = 1_{A(0,\beta)}\varphi_\beta(gS_{\beta^{-1}}^{-1}(1_{A(1,\beta^{-1})}h)),$$

对任意的 $h \in H_{\beta^{-1}}$ 和 $g \in H_\beta$.

定理 4.2 设 A 为右偏 π-H-余模代数, $\varphi_\beta : H_\beta \to A_\beta$ 为偏全积分. 如果

$$\begin{aligned}
&g\varphi_{\beta\gamma}(h)_{(1,\gamma)} \otimes \varphi_{\beta\gamma}(h)_{(0,\beta)} = \varphi_{\beta\gamma}(h)_{(1,\gamma)}g \otimes \varphi_{\beta\gamma}(h)_{(0,\beta)}, \\
&\varphi_{\beta\gamma}(h) \in Z(A_{\beta\gamma}) \qquad 1_{A(0,\beta)}\varphi_\beta(S_{\beta^{-1}}^{-1}(1_{A(1,\beta^{-1})})) = 1_{A_e},
\end{aligned}$$

则 $\theta_\beta^{(e)} : H_{\beta^{-1}} \otimes H_\beta \to A_\beta$ 为偏正规化 A-积分.

证明　对任意的 $g\in H_{\beta^{-1}},h\in H_\beta$ 和 $a\in A_\beta$, 有

$$\begin{aligned}&a_{(0,e)(0,\beta)}\theta_\beta^{(e)}(ga_{(0,e)(1,\beta^{-1})}\otimes ha_{(1,\beta)})\\&=a_{(0,e)(0,\beta)}1_{A(0,\beta)}\varphi_\beta(ha_{(1,\beta)}S_{\beta^{-1}}^{-1}(1_{A(1,\beta^{-1})}ga_{(0,e)(1,\beta^{-1})}))\\&=a_{(0,\beta)}1_{A(0,\beta)}\varphi_\beta(ha_{(1,e)(2,\beta)}S_{\beta^{-1}}^{-1}(ga_{(1,e)(1,\beta^{-1})}1_{A(1,\beta^{-1})}))\\&=1_{A(0,\beta)}\varphi_\beta(hS_{\beta^{-1}}^{-1}(g1_{A(1,\beta^{-1})}))a\\&=\theta_\beta(g\otimes h).\end{aligned}$$

对任意的 $\beta,\gamma\in\pi$ 和 $h\in H_{\beta\gamma},g\in H_{\beta^{-1}}$,

$$\begin{aligned}&g_{(1,\gamma)}(\theta_{\beta\gamma}^{(e)}(g_{(2,(\beta\gamma)^{-1})}\otimes h))_{(1,\gamma)}\otimes(\theta_{\beta\gamma}^{(e)}(g_{(2,(\beta\gamma)^{-1})}\otimes h))_{(0,\beta)}\\&=g_{(1,\gamma)}1_{A(0,\beta\gamma)(1,\gamma)}\varphi_{\beta\gamma}(hS_{(\beta\gamma)^{-1}}^{-1}(1_{A(1,(\beta\gamma)^{-1})}g_{(2,(\beta\gamma)^{-1})}))_{(1,\gamma)}\\&\quad\otimes1_{A(0,\beta\gamma)(0,\beta)}\varphi_{\beta\gamma}(hS_{(\beta\gamma)^{-1}}^{-1}(1_{A(1,(\beta\gamma)^{-1})}g_{(2,(\beta\gamma)^{-1})}))_{(0,\beta)}\\&=\varphi_{\beta\gamma}(hS_{(\beta\gamma)^{-1}}^{-1}(1_{A(1,(\beta\gamma)^{-1})}g_{(2,(\beta\gamma)^{-1})}))_{(1,\gamma)}1_{A(0,\beta\gamma)(1,\gamma)}\\&\quad\otimes1_{A(0,\beta\gamma)(0,\beta)}\varphi_{\beta\gamma}(hS_{(\beta\gamma)^{-1}}^{-1}(1_{A(1,(\beta\gamma)^{-1})}g_{(2,(\beta\gamma)^{-1})}))_{(0,\beta)}\\&=h_{(2,\gamma)}S_{(\beta\gamma)^{-1}}^{-1}(1_{A(1,(\beta\gamma)^{-1})}g_{(2,(\beta\gamma)^{-1})})_{(2,\gamma)}\widehat{1}_{A(1,\gamma)}g_{(1,\gamma)}1_{A(0,\beta\gamma)(1,\gamma)}\\&\quad\otimes1_{A(0,\beta\gamma)(0,\beta)}\varphi(h_{(1,\beta)}S_{(\beta\gamma)^{-1}}^{-1}(1_{A(1,(\beta\gamma)^{-1})}g_{(2,(\beta\gamma)^{-1})})_{(1,\beta)})\widehat{1}_{A(0,\beta)}\\&=h_{(2,\gamma)}S_{\gamma^{-1}}^{-1}(1_{A(1,\beta^{-1})(2,\gamma^{-1})})1_{A(1,\beta^{-1})(1,\gamma)}\widehat{1}_{A(1,\gamma)}\\&\quad\otimes1_{A(0,\beta)}\widehat{1}_{A(0,\beta)}\varphi_\beta(h_{(1,\beta)}S_{\beta^{-1}}^{-1}(1_{A(1,\beta^{-1})(3,\beta^{-1})}g))\\&=h_{(2,\gamma)}\widehat{1}_{A(1,\gamma)}\otimes1_{A(0,\beta)}\widehat{1}_{A(0,\beta)}\varphi_\beta(h_{(1,\beta)}S_{\beta^{-1}}^{-1}(1_{A(1,\beta^{-1})}g))\\&=h_{(2,\gamma)}1_{A(1,\gamma)}\otimes\theta_\beta^{(e)}(g\otimes h_{(1,\beta)})1_{A(0,\beta)}.\end{aligned}$$

$$\begin{aligned}\theta_\beta^{(e)}(h_{(1,\beta^{-1})}\otimes h_{(2,\beta)})&=1_{A(0,\beta)}\varphi_\beta(h_{(2,\beta)}S_{\beta^{-1}}^{-1}(1_{A(1,\beta^{-1})}h_{(1,\beta^{-1})}))\\&=\varepsilon(h)1_{A(0,\beta)}\varphi_\beta(S_{\beta^{-1}}^{-1}(1_{A(1,\beta^{-1})}))=\varepsilon(h)1_{A_\beta}.\end{aligned}$$

则 $\theta_\beta^{(e)}:H_{\beta^{-1}}\otimes H_\beta\to A_\beta$ 为偏正规化 A-积分.

推论 4.3　在例 3.4 的前提下, 则下列结论是等价的:

(1) 忘却函子 $F:\mathscr{M}^{\pi-H}\to\mathscr{M}_k$ 是可分的.

(2) 存在 k-线性映射 $\theta_\beta^{(e)}:H_{\beta^{-1}}\otimes H_\beta\to k$ 使得满足下列条件:

$$\theta_{\beta}^{(e)}(h_{(1,\beta^{-1})} \otimes h_{(2,\beta)}) = \varepsilon(h),$$
$$\theta_{\beta}^{(e)}(x_{\beta^{-1}}h \otimes x_{\beta}g) = \theta_{\beta}^{(e)}(h \otimes g),$$
$$x_{\gamma}h_{(2,\gamma)}\theta_{\beta}^{(e)}(g \otimes h_{(1,\beta)}) = x_{\gamma}g_{(1,\gamma)}\theta_{\beta\gamma}^{(e)}(x_{\gamma^{-1}\beta^{-1}}g_{(2,\gamma^{-1}\beta^{-1})} \otimes h).$$

推论 4.4　设 H 为有限型余半单 Hopf π-余代数. 则忘却函子 $F : \mathscr{M}^{\pi-H} \to \mathscr{M}_k$ 是可分的.

第 5 章　广义偏扭曲 Smash 积的性质与Morita 关系

5.1　广义偏 Smash 积

定义 5.1　设 H 为 Hopf 代数, A 为代数. 对任意的 $a, b \in A$, 如果存在 k-线性映射 $\rho^l : A \to H \otimes A$ 满足下列条件

$$\begin{aligned}&(\varepsilon \otimes id_A)\rho^l = id_A;\\&(id_H \otimes \rho^l)\rho^l(a) = (\Delta \otimes id_A)\rho^l(a)(id_H \otimes \rho^l(1_A));\\&\rho^l(ab) = \rho^l(a)\rho^l(b),\end{aligned}$$

则称 A 为*左偏 H-余模代数*. 我们使用以下符号 $\rho^l(a) = a_{[-1]} \otimes a_{[0]}$.

设 A 为左 H-模代数, B^{op} 为左偏 H-余模代数. 首先在向量空间 $A \otimes B^{op}$ 定义乘法如下, 对任意的 $a, c \in A, b, d \in B^{op}$,

$$(a\#_l^H b)(c\#_l^H d) = a(b_{[-1]} \rightharpoonup c)\#_l^H b_{[0]}d,$$

显然是结合代数, 为了得到一个单位代数, 我们规定:

$$\underline{A\#_l^H B^{op}} = (1_A \otimes 1_{B^{op}})(A \otimes B^{op}),$$

则可直接推导出代数元素的形式和性质:

$$\underline{a\#_l^H b} = 1_{[-1]} \rightharpoonup a \otimes 1_{[0]}b,$$

最后可验证, 对任意的 $a, c \in A, b, d \in B^{op}$, 满足:

$$(\underline{a\#_l^H b})(\underline{c\#_l^H d}) = \underline{a(b_{[-1]} \rightharpoonup c)\#_l^H b_{[0]}d}. \tag{5.1}$$

命题 5.1　$\underline{A\#_l^H B^{op}}$ 为结合代数, 乘法为式 (5.1), 并且单位为 $1_A\#_l^H 1_{B^{op}}$.

证明 可直接验证乘法的结合性, 我们只验证单位性如下:

$$\begin{aligned}&(1_A\#_l^H 1_{B^{op}})(\underline{a\#_l^H b})\\=&\underline{(1_{[-1]}\rightharpoonup a)\#_l^H 1_{[0]}b}\\=&\underline{a\#_l^H b},\end{aligned}$$

和

$$\begin{aligned}&(\underline{a\#_l^H b})(1_A\#1_B)\\=&\underline{a(b_{[-1]}\rightharpoonup 1_A)\#_l^H b_{[0]}1_{B^{op}}}\\=&\underline{a\#_l^H b}.\end{aligned}$$

验证完毕. □

推论 5.1 如果 $A=H$. 则 $\underline{H\#_l^H B^{op}}$ 是结合代数, 单位为 $1_H\#_l^H 1_{B^{op}}$.

类似的, 设 L 为 Hopf 代数, 假设 B^{op} 为右 L-模代数, A 右偏 L-余模代数. 我们可得广义的偏 Smash 积 $\underline{A\#_r^L B^{op}}$, 对任意的 $a,c\in A,b,d\in B^{op}$, 乘法为 $(\underline{a\#_r^L b})(\underline{c\#_r^L d})=\underline{ac_{[0]}\#_l^L b\leftharpoonup c_{[1]}d}$.

例 5.1 设 H 为有限维 Hopf 代数, H^{*rat} 为右 H-模代数:$(f\leftharpoonup h)(g)=f(hg),g,h\in H,f\in H^{*rat}$. 如果 A 为右偏 H-余模代数, 我们可得右偏 Smash 积 $\underline{A\#H^{*rat}}$.

命题 5.2 假设 A 为左 H-模代数, B^{op} 为左偏 H-余模代数. 进一步 A 也为右偏 L-余模代数, B^{op} 为右 L-模代数, 对任意的 $a\in A,b\in B^{op}$, 满足:

$$a_{[0]}\otimes b\leftharpoonup a_{[1]}=b_{[-1]}\rightharpoonup a\otimes b_{[0]}.$$

则存在从 $\underline{A\#_l^H B^{op}}$ 到 $\underline{A\#_r^L B^{op}}$ 的代数同构, 定义为 $\underline{a\#_l^H b}\mapsto\underline{a\#_r^L b}$.

证明 对任意的 $a\in A,b\in B^{op}$, 定义 $\xi:\underline{A\#_l^H B^{op}}\to\underline{A\#_r^L B^{op}}$ 为 $\phi(\underline{a\#_l^H b})=\underline{a\#_r^L b}$. 我们有

$$\begin{aligned}\xi((\underline{a\#_l^H b})(\underline{c\#_l^H d})=&\xi(\underline{a(b_{[-1]}\rightharpoonup c)\#_l^H b_{[0]}d})\\=&\underline{a(b_{[-1]}\rightharpoonup c)\#_l^L b_{[0]}d}\\=&\underline{ac_{[0]}\#_l^L b\leftharpoonup c_{[1]}d}\\=&(\underline{a\#_r^L b})(\underline{c\#_r^L d})\\=&\xi(\underline{a\#_l^H b})\xi(\underline{c\#_l^H d}).\end{aligned}$$

□

此偏余作用的例子来自文献 [12]. 设 G 为有限群, 如果 N 为 G 的正规子群且 $char(k)\nmid |N|$, 则 $e_N=\dfrac{1}{|N|}\sum_{n\in N}n$ 是 kG 的中心幂等元. 设 $B=e_NkG$ 为 e_N 生成的理想. 考虑在 A 上诱导出的偏 kG-余作用为 $\Delta: kG\to kG\otimes kG$, 即

$$\rho(e_Ng)=\Delta(e_Ng)(1\otimes e_N)=e_Ng\otimes e_Ng=\frac{1}{|N|^2}\sum_{m,n\in N}mg\otimes ng.$$

则 B 为左偏 kG-余模代数.

例 5.2　假设 $A=e_MkG'$ 为左 kG-模代数, $B=e_NkG$ 为右 kG'-模代数, 其中 M 为 G' 的正规子群且 $char(k)\nmid |M|$, 则 $e_m=\dfrac{1}{|M|}\sum_{m\in M}m$ 是 kG' 的中心幂等元. 若对任意的 $g\in G, h\in G'$, $B=e_NkG$ 为左偏 kG-余模代数和 $A=e_MkG'$ 为右偏 kG'-余模代数, 使得

$$e_Mh\otimes e_Ng\leftharpoonup e_Mh=e_Ng\rightharpoonup e_Mh\otimes e_Ng.$$

则存在一个自然同构 $\underline{A\#_l^{kG}B}\to\underline{A\#_r^{kG'}B}:\underline{a\#_l^{kG}b}\mapsto\underline{a\#_r^{kG'}b}$.

定义 5.2　如果 A 为左 (右) L-模代数和左 (右) 偏 H-余模代数, 对任意 $m\in L, a\in A$, 满足:

$$(m\rightharpoonup a)_{[-1]}\otimes(m\rightharpoonup a)_{[0]}=a_{[-1]}\otimes m\rightharpoonup a_{[0]},$$
$$((a\leftharpoonup m)_{[0]}\otimes(a\leftharpoonup m)_{[1]}=a_{[0]}\leftharpoonup m\otimes a_{[1]}),$$

则称代数 A 为*左 (右) L-H-二模代数*.

引理 5.1　设 H 和 L 为两 Hopf 代数. 则我们有:

(1) 设 A 为左 H-模代数和 B 为左 L-H-二模代数. 则 $\underline{A\#_l^HB}$ 为左 L-模代数, 定义为 $l\rightharpoonup(\underline{a\#_l^Hb})=\underline{a\#_l^H(l\rightharpoonup b)}$, 其中 $l\in L$.

(2) 设 A 为左 L-H-二模代数和 B 为左偏 L-余模代数. 则 $\underline{A\#_l^LB}$ 为左偏 H-余模代数, 定义为 $(\underline{a\#_l^Lb})_{[-1]}\otimes(\underline{a\#_l^Lb})_{[0]}=a_{[-1]}\otimes\underline{a_{[0]}\#_l^Lb}$.

证明　显然. □

例 5.3　设 G 和 G' 为两群. 则我们有:

(1) 设 A 为左 kG-模代数和 $B=k$ 为左 kG'-kG-二模代数. 则 $\underline{A\#_l^{kG}B}$ 为左 kG'-模代数, 定义为 $h\rightharpoonup(\underline{a\#_l^{kG}b})=\underline{a\#_l^{kG}b}$, 其中 $h\in G', b\in B$.

(2) 设 $e\in kG$ 为幂等元且 $e\otimes e=\Delta(e)(e\otimes 1)$ 和 $\varepsilon(e)=1$. 容易验证 $A=k$ 为左 kG'-kG-二模代数和 $B=e_MkG'$ 为左偏 kG'-余模代数. 则 $\underline{A\#_l^{kG'}B}$ 为左偏 kG-余模代数, 定义为 $(\underline{x\#_l^{kG'}b})_{[-1]}\otimes(\underline{a\#_l^{kG'}b})_{[0]}=e\otimes\underline{x\#_l^{kG'}b}$, 其中 $x\in A$.

定理 5.1　设 A 为左 H-模代数, B 为左 L-H-二模代数, C 为左偏 L-余模代数. 则 $\underline{(\underline{A\#_l^H B})\#_l^L C}$ 和 $\underline{A\#_l^H(\underline{B\#_l^L C})}$ 是同构的, 定义为 $\underline{(\underline{a\#_l^H b})\#_l^L c} \mapsto \underline{a\#_l^H(\underline{b\#_l^L c})}$.

例 5.4　设 $e\in kG$ 为幂等元且 $e\otimes e=\Delta(e)(e\otimes 1)$ 和 $\varepsilon(e)=1$. 容易验证 $B=k$ 为左 kG'-kG-二模代数和 $C=e_M kG'$ 为左偏 kG'-余模代数. 假设 A 为左 kG-模代数. 则 $\underline{(\underline{A\#_l^{kG}B})\#_l^{kG'}C}$ 和 $\underline{A\#_l^{kG}(\underline{B\#_l^{kG'}C})}$ 是同构的, 定义为 $\underline{(\underline{a\#_l^{kG}b})\#_l^{kG'}c} \mapsto \underline{a\#_l^{kG}(\underline{b\#_l^{kG'}c})}$.

5.2　广义偏扭曲 Smash 积

定义 5.3　设 H 为 Hopf 代数, 对级为 S, A 为代数. 如果 A 不但是左偏 H-余模代数, 左偏余模作用为 ρ^l 而且是右偏 H-余模代数, 右偏余模作用为 ρ^r, 满足结合条件 $(\rho^l\otimes id_H)\rho^r=(id_H\otimes\rho^r)\rho^l$, 表示为

$$a_{[-1]}\otimes a_{[0]}\otimes a_{[1]}=a_{[0][-1]}\otimes a_{[0][0]}\otimes a_{[1]}=a_{[-1]}\otimes a_{[0][0]}\otimes a_{[0][1]}.$$

则称 A 为偏 H-双模代数.

设 H 为有限维 Hopf 代数, A 为偏 H-双余模代数. 则 A 为偏 H^*-双模代数, 记为 $f\rightharpoonup a=\sum<f,a_{[1]}>a_{[0]}$ 和 $a\leftharpoonup g=<g,a_{[-1]}>a_{[0]}$, 对任意的 $a\in A, f,g\in H^*$.

首先在向量空间 $A\otimes H^*$ 定义乘法,

$$(a\star f)(b\star g)=ab_{[0]}\star(S(b_{[-1]})\rightharpoonup f\leftharpoonup b_{[1]})g,$$

对任意的 $a,c\in A, b,d\in A$, 显然是结合的, 为了得到一个单位代数, 我们规定:

$$\underline{A\star H^*}=(A\otimes H^*)(1_A\otimes 1_{H^*}).$$

则可以直接推导出代数元素的形式和性质:

$$\underline{a\#_l^H b}=1_{[-1]}\rightharpoonup a\otimes 1_{[0]}b,$$

最后可以验证代数元素的积满足:

$$(\underline{a\star f})(\underline{b\star g})=\underline{ab_{[0]}\star(S(b_{[-1]})\rightharpoonup f\leftharpoonup b_{[1]})g}, \tag{5.2}$$

对任意的 $a,b\in A, f,g\in H^*$.

命题 5.3　设 H 为有限维 Hopf 代数和 A 为偏 H-双余模代数, 则 $\underline{A\star H^*}$ 是一个结合代数, 其乘法为式 (5.2), 单位为 $\underline{1_A\star 1_{H^*}}$.

证明　我们只证明单位性,

$$\begin{aligned}(\underline{a\star f})(\underline{1_A\star 1_{H^*}}) &= \sum \underline{a1_{[0]}\star S(1_{[-1]})\rightarrow f\leftarrow 1_{[1]}}\\ &= \sum a1_{[0]}\widehat{1}_{[0]}\otimes S(1_{[-1]}\widehat{1}_{[-1]})\rightarrow f\leftarrow 1_{[1]}\widehat{1}_{[1]}\\ &= \underline{a\star f}\\ &= (\underline{1_A\star 1_{H^*}})(\underline{a\star f}).\end{aligned}$$

□

命题 5.4　设 $\underline{a\star 1_{H^*}}, \underline{1_A\star f}\in \underline{A\star H^*}$, 则

(1) $(\underline{a\star 1_{H^*}})(\underline{1_A\star f})=\underline{a\star f}$,

(2) $(\underline{1_A\star f})(\underline{a\star 1_{H^*}})=\underline{a_{[0]}\star (S(a_{[-1]})\rightarrow f\leftarrow a_{[1]})}$,

(3) $(\underline{a\star 1_{H^*}})(\underline{b\star 1_{H^*}})=\underline{ab\star 1_{H^*}}$.

证明　直接验证. □

定理 5.2　设 H 为有限维 Hopf 代数和 A 为双代数和偏 H-双余模代数, 则

(1) 偏扭曲 Smash 积代数 $\underline{A\star H^*}$ 配有张量积余代数结构使得 $\underline{A\star H^*}$ 成为双代数, 如果满足下列条件:

(a) $\sum \varepsilon_A(f_1\rightharpoonup a\leftharpoonup S^*(f_2))=\varepsilon_A(a)\varepsilon_{H^*}(f)$,

(b) $\Delta_A(\sum f_1\rightharpoonup a\leftharpoonup S^*(f_2))=\sum(f_1\rightharpoonup a_1\leftharpoonup S^*(f_2))\otimes(f_3\rightharpoonup a_2\leftharpoonup S^*(f_4))$,

(c) $\sum(f_1\rightharpoonup a)\otimes f_2=\sum(f_2\rightharpoonup a)\otimes f_1$,

(d) $\sum(a\leftharpoonup S^*(f_1))\otimes f_2=\sum(a\leftharpoonup S^*(f_2))\otimes f_1$.

(2) 进一步, 如果 A 为 Hopf 代数, 假设下列等式成立:

$$\sum f_1\rightarrow 1_A\leftarrow S^*(f_2)=\varepsilon_{H^*}(f)1_A.$$

则 $\underline{A\star H^*}$ 为 Hopf 代数, 其中 $S_{\underline{A\star H^*}}$ 为

$$S_{\underline{A\star H^*}}(\underline{a\star f})=(\underline{1\star S^*(f)})(\underline{S_A(a)\star 1}).$$

证明　(1) 首先验证 $\Delta_{\underline{A\star H^*}}$ 为代数同态, 我们有

$$
\begin{aligned}
&\Delta_{\underline{A\star H^*}}((\underline{a\star f})(\underline{b\star g}))\\
=&\sum \Delta_{\underline{A\star H^*}}(\underline{ab_{[0]}\star(S(b_{[-1]})\rightarrow f\leftarrow b_{[1]})g})\\
=&\sum \Delta_{\underline{A\star H^*}}(\underline{a_1(f_1\rightharpoonup b\leftharpoonup S^*(f_3))\star f_2g})\\
=&\sum \underline{(a_1(f_1\rightharpoonup b\leftharpoonup S^*(f_3)))_1\star(f_2g)_1}\otimes\underline{(a_1(f_1\rightharpoonup b\leftharpoonup S^*(f_3)))_2\star(f_2g)_2}\\
=&\sum \underline{a_1(f_1\rightharpoonup b\leftharpoonup S^*(f_4))_1\star f_2g_1}\otimes\underline{a_2(f_1\rightharpoonup b\leftharpoonup S^*(f_4))_2\star f_3g_2}\\
\stackrel{(d)}{=}&\sum \underline{a_1(f_1\rightharpoonup b\leftharpoonup S^*(f_3))_1\star f_2g_1}\otimes\underline{a_2(f_1\rightharpoonup b\leftharpoonup S^*(f_3))_2\star f_4g_2}\\
\stackrel{(d)}{=}&\sum \underline{a_1(f_1\rightharpoonup b\leftharpoonup S^*(f_2))_1\star f_3g_1}\otimes\underline{a_2(f_1\rightharpoonup b\leftharpoonup S^*(f_2))_2\star f_4g_2}\\
\stackrel{(b)}{=}&\sum \underline{a_1(f_1\rightharpoonup b_1\leftharpoonup S^*(f_2))\star f_5g_1}\otimes\underline{a_2(f_3\rightharpoonup b_2\rightharpoonup S^*(f_4))\star f_6g_2}\\
\stackrel{(d)}{=}&\sum \underline{a_1(f_1\rightharpoonup b_1\leftharpoonup S^*(f_2))\star f_4g_1}\otimes\underline{a_2(f_3\rightharpoonup b_2\leftharpoonup S^*(f_5))\star f_6g_2}\\
\stackrel{(d)}{=}&\sum \underline{a_1(h_1\rightharpoonup b_1\leftharpoonup S^*(f_2))\star f_4g_1}\otimes\underline{a_2(f_3\rightharpoonup b_2\leftharpoonup S^*(f_6))\star f_5g_2}\\
\stackrel{(c)}{=}&\sum \underline{a_1(f_1\rightharpoonup b_1\leftharpoonup S^*(f_2))\star f_3g_1}\otimes\underline{a_2(f_4\rightharpoonup b_2\leftharpoonup S^*(f_6))\star f_5g_2}\\
\stackrel{(d)}{=}&\sum \underline{a_1(f_1\rightharpoonup b_1\leftharpoonup S^*(f_3))\star f_2g_1}\otimes\underline{a_2(f_4\rightharpoonup b_2\leftharpoonup S^*(f_6))\star f_5g_2}\\
=&\Delta(\underline{a\star f})\Delta(\underline{b\star g}).
\end{aligned}
$$

其次, 验证 $\varepsilon_{\underline{A\star H^*}}$ 是代数同态. 容易验证

$$\varepsilon_{\underline{A\star H^*}}(\underline{a\star f})=\varepsilon_A(a)\varepsilon_{H^*}(f).$$

事实上,

$$
\begin{aligned}
\varepsilon_{\underline{A\star H^*}}(\underline{a\star f})&=\sum \varepsilon_{\underline{A\star H^*}}(a(f_1\rightharpoonup 1_A\leftharpoonup S^*(f_3))\otimes f_2)\\
&=\sum \varepsilon_A(a(f_1\rightharpoonup 1_A\leftharpoonup S^*(f_3))\varepsilon_{H^*}(f_2)\\
&=\varepsilon_A(a)\varepsilon_{H^*}(f),\\
\varepsilon_{\underline{A\star H^*}}((\underline{a\star f})(\underline{b\star g}))&=\sum \varepsilon_{\underline{A\star H^*}}(\underline{ab_{[0]}\star(S(b_{[-1]})\rightarrow f\leftarrow b_{[1]})g})\\
&=\sum \varepsilon_{\underline{A\star H^*}}(\underline{a(f_1\rightharpoonup b\leftharpoonup S^*(f_3))\star f_2g})\\
&=\sum \varepsilon_A(a(f_1\rightharpoonup b\leftharpoonup S^*(f_3))\varepsilon_{H^*}(f_2g)\\
&\stackrel{(a)}{=}\varepsilon_A(a)\varepsilon_{H^*}(f)\varepsilon_A(b)\varepsilon_{H^*}(g)\\
&=\varepsilon_{\underline{A\star H^*}}(\underline{a\star f})\varepsilon_{\underline{A\star H^*}}(\underline{b\star g}).
\end{aligned}
$$

因此, $\underline{A\star H^*}$ 是双代数.

(2) 容易验证 $(S_{\underline{A\star H^*}} * id)(\underline{a\star f}) = \varepsilon_A(a)\varepsilon_{H^*}(f)\underline{1_A\star 1_{H^*}} = (id * S_{\underline{A\star H^*}})(\underline{a\star f})$.

因此, $\underline{A\star H^*}$ 为 Hopf 代数. □

注记 5.1　在定理 5.2 中, 如果 H^* 是余交换的, 容易得到条件 (b), (c) 和 (d). 如果 Hopf 代数 H 满足这三个条件, 则 H^* 未必是余交换的.

具体的反例如下.

作为 k-代数, H_4 由元素 c 和 x 生成的满足 $c^2=1$, $x^2=0$ 和 $xc+cx=0$. H_4 的余代数结构定义为

$$\Delta(c)=c\otimes c,\qquad \Delta(x)=x\otimes 1+c\otimes x,\quad \varepsilon(c)=1,\ \ \varepsilon(x)=0.$$

我们考虑 H_4 的对偶 H_4^*. 我们有 $H_4\cong H_4^*$ (作为 Hopf 代数),

$$1\mapsto 1^*+c^*,\quad c\mapsto 1^*+c^*,\quad x\mapsto x^*+(cx)^*,\quad cx\mapsto x^*-(cx)^*,$$

这里 $\{1^*,c^*,x^*,(cx)^*\}$ 为 $\{1,c,x,cx\}$ 的对偶基, 则我们令 $T=1^*+c^*$, $P=x^*+(cx)^*$, $TP=x^*-(cx)^*$, 我们得到 H_4^* 的另一组基 $\{1,T,P,TP\}$. 回顾文献 [13], 设 A 为 H_4 的子代数 $k[x]$, 容易验证 A 右偏 H_4-余模代数, 余作用为 $\rho(1)=\frac{1}{2}(1\otimes 1+1\otimes c+1\otimes cx)$, $\rho^r(x)=\frac{1}{2}(x\otimes 1+x\otimes c+x\otimes cx)$. 类似的方法定义 A 为左偏 H_4-余模代数, 余作用为 $\rho(1)=\frac{1}{2}(1\otimes 1+c\otimes 1+cx\otimes 1)$, $\rho^l(x)=\frac{1}{2}(1\otimes x+c\otimes x+cx\otimes x)$, 则 A 为偏 H_4-双余模代数, 则 A 为偏 H_4^*-双模代数, 由 $f\rightharpoonup a=\sum <f,a_{[1]}>a_{[0]}$ 和 $a\leftharpoonup g=<g,a_{[-1]}>a_{[0]}$, 并且 $a\in A, f,g\in H^*$.

我们仅考虑 H_4^* 的元素 P, 验证条件 (b) 如下:

$$\begin{aligned}
&\Delta_A\Big(\sum P_1\rightharpoonup x\leftharpoonup S^*(P_2)\Big)\\
=&\Delta_A(P\rightharpoonup x\leftharpoonup S^*(1)+T\rightharpoonup x\leftharpoonup S^*(P))\\
=&\Delta_A\bigg(<P,\frac{1}{2}(1+c+cx)>x<1,\frac{1}{2}(1+c+cx)>+<T,\frac{1}{2}(1+c+cx)>\\
&<P,\frac{1}{2}(1+c+cx)>x\bigg)\\
=&<P,\frac{1}{2}(1+c+cx)>(x\otimes 1+1\otimes x)+<T,\frac{1}{2}(1+c+cx)>\\
&<P,\frac{1}{2}(1+c+cx)>(x\otimes 1+1\otimes x)\\
=&<P,\frac{1}{2}(1+c+cx)>(x\otimes 1+1\otimes x),
\end{aligned}$$

且

$$\begin{aligned}
&\sum (P_1 \rightharpoonup x_1 \leftharpoonup S^*(P_2)) \otimes (P_3 \rightharpoonup x_2 \leftharpoonup S^*(P_4)) \\
=&\sum (P_1 \rightharpoonup x \leftharpoonup S^*(P_2)) \otimes (P_3 \rightharpoonup 1 \leftharpoonup S^*(P_4)) \\
&+\sum (P_1 \rightharpoonup 1 \leftharpoonup S^*(P_2)) \otimes (P_3 \rightharpoonup x \leftharpoonup S^*(P_4)) \\
=&\sum (P \rightharpoonup x \leftharpoonup S^*(1)) \otimes (1 \rightharpoonup 1 \leftharpoonup S^*(1)) \\
&+\sum (P \rightharpoonup 1 \leftharpoonup S^*(1)) \otimes (1 \rightharpoonup x \leftharpoonup S^*(1)) \\
&+\sum (T \rightharpoonup x \leftharpoonup S^*(T)) \otimes (P \rightharpoonup 1 \leftharpoonup S^*(1)) \\
&+\sum (T \rightharpoonup 1 \leftharpoonup S^*(T)) \otimes (P \rightharpoonup x \leftharpoonup S^*(1)) \\
&+\sum (T \rightharpoonup x \leftharpoonup S^*(T)) \otimes (T \rightharpoonup 1 \leftharpoonup S^*(P)) \\
&+\sum (T \rightharpoonup 1 \leftharpoonup S^*(T)) \otimes (T \rightharpoonup x \leftharpoonup S^*(P)) \\
&+\sum (T \rightharpoonup x \leftharpoonup S^*(P)) \otimes (1 \rightharpoonup 1 \leftharpoonup S^*(1)) \\
&+\sum (T \rightharpoonup 1 \leftharpoonup S^*(P)) \otimes (1 \rightharpoonup x \leftharpoonup S^*(1)) \\
=&< P, \frac{1}{2}(1+c+cx) > (x \otimes 1 + 1 \otimes x).
\end{aligned}$$

直接验证条件 (c) 和 (d) 是成立. □

5.3 Morita 关系

我们假定 $1_{[0]} < f_1, 1_1 >< f_2, S(1_{[-1]}) >$ 是 A 的中心, 对任意的 $f \in H^{*rat}$.

命题 5.5 设 H 为余 Frobenius Hopf 代数, A 为偏 H-双余模代数, 定义为

$$A^{\underline{bicoH}} = \{a \in A | (\rho^l \otimes id_H)\rho^r(a) = 1_{[-1]} \otimes a1_{[0]} \otimes 1_{[1]} = 1_{[-1]} \otimes 1_{[0]}a \otimes 1_{[1]}\}.$$

则偏 H-双不变量 $A^{\underline{bicoH}}$ 是的 A 子代数.

证明 直接验证. □

引理 5.2 设 A 为偏 H-双余模代数. 则 A 是左 $\underline{A \star H^{*rat}}$-模和右 $\underline{A \star H^{*rat}}$-模, 结构映射定义为: 对任意的 $a, b \in A$, $f \in H^{*rat}$,

$$(\underline{a \star f}) \triangleright b = \sum a < f_1, b_{[1]} >, < f_2, S(b_{[-1]}) > b_{[0]},$$

和

$$b \triangleleft (\underline{a \star f}) = \sum b_{[0]} a_{[0]} < f_1, S^{-1}(b_{[1]} a_{[1]}) >< f_2, S^2(b_{[-1]} a_{[-1]}) > .$$

证明　对任意的 $a,b,c\in A,\ f,g\in H^{*rat}$, 容易验证 $(\underline{1_A\star 1_{H^{*rat}}})\triangleright c=c$, 并且我们有

$$
\begin{aligned}
&((\underline{a\star f})(\underline{b\star g}))\triangleright c\\
=&\sum(\underline{ab_{[0]}\star(S(b_{[-1]})\rightarrow f\leftarrow b_{[1]})g})\triangleright c\\
=&\sum ab_{[0]}c_{[0]}<f_4,S(b_{[-1]})><f_1,b_{[1]}><f_2g_1,c_{[1]}><f_3g_2,S(c_{[-1]})>\\
=&\sum ab_{[0]}1_{[0]}c_{[0]}<f_1,b_{[1]}><f_2,1_{[1]}><f_3g_1,c_{[1]}>\\
&<f_4g_2,S(c_{[-1]})><f_5,S(1_{[-1]})><f_6,S(b_{[-1]})>\\
=&\sum ab_{[0]}1_{[0]}c_{[0]}<f_1,b_{[1]}1_{[1]}c_{[1]1}><f_2,S(b_{[-1]}1_{[-1]}c_{[-1]2})>\\
&<g_1,c_{[1]2}><g_2,S(c_{[-1]1})>\\
=&\sum ab_{[0]}1_{[0]}c_{[0]}<f_1,b_{[1]}c_{[1]}><f_2,S(b_{[-1]}1_{[-1]}c_{[-1]2})>\\
&<g_1,c_{[1]}><g_2,S(c_{[0][-1]1})>\\
=&\sum ab_{[0]}c_{[0]}<f_1,b_{[1]}c_{[1]}><f_2,S(b_{[-1]}c_{[-1]})>\\
&<g_1,c_{[1]}><g_2,S(c_{[-1]})>\\
=&(\underline{a\star f})\triangleright((\underline{b\star g})\triangleright c).
\end{aligned}
$$

因此, A 为左 $\underline{A\star H^{*rat}}$-模.

现在, 我们验证 A 为右 $\underline{A\star H^{*rat}}$-模. 不难验证 $b\triangleleft(\underline{1_A\star 1_{H^{*rat}}})=b$, 并且有

$$
\begin{aligned}
&b\triangleleft((\underline{a\star f})(\underline{c\star g}))\\
=&\sum b\triangleright(\underline{ac_{[0]}\star((S(c_{[-1]})\rightarrow f\leftarrow c_{[1]})g})\\
=&\sum b_{[0]}a_{[0]}c_{[0]}<f_4,S(c_{[-1]})><f_1,c_{[1]}><f_2g_1,S^{-1}(b_{[1]}a_{[1]}c_{[1]})>\\
&<f_3g_2,S^2(b_{[-1]}a_{[-1]}c_{[-1]})>\\
=&\sum b_{[0]}a_{[0]}1_{[0]}c_{[0]}<f_4,S(c_{[-1]1})><f_1,c_{[1]2}><f_2g_1,S^{-1}(b_{[1]}a_{[1]}1_{[1]}c_{[1]1})>\\
&<f_3g_2,S^2(b_{[-1]}a_{[-1]}1_{[-1]}c_{[-1]2})>\\
=&\sum b_{[0]}a_{[0]}c_{[0]}<f_4,S(c_{[0][-1]1})><f_1,c_{[1]3}><f_2,S^{-1}(b_{[1]2}a_{[1]2}c_{[1]2})>\\
&<g_1,S^{-1}(b_{[1]1}a_{[1]1}c_{[1]1})><f_3,S^2(b_{[-1]2}a_{[-1]2}c_{[-1]2})>\\
&<g_2,S^2(b_{[-1]1}a_{[0][-1]1}c_{[0][-1]3})>
\end{aligned}
$$

$$
\begin{aligned}
&=\sum b_{[0]}a_{[0]}c_{[0]}<f_1,S^{-1}(b_{[1]2}a_{[1]2})><g_1,S^{-1}(b_{[1]1}a_{[1]1}c_{[1]})>\\
&\quad<f_2,S^2(b_{[-1]2}a_{[-1]2})><g_2,S^2(b_{[-1]1}a_{[-1]1}c_{[-1]})>\\
&=\sum 1_{[0]}b_{[0]}a_{[0]}c_{[0]}<f_1,S^{-1}(b_{[1]2}a_{[1]2})><g_1,S^{-1}(1_{[1]}b_{[1]1}a_{[1]1}c_{[1]})>\\
&\quad<f_2,S^2(1_{[-1]}b_{[-1]2}a_{[-1]2})><g_2,S^2(b_{[-1]1}a_{[-1]1}c_{[-1]})>\\
&=\sum b_{[0]}a_{[0]}c_{[0]}<f_1,S^{-1}(b_{[1]}a_{[1]})><g_1,S^{-1}(b_{[1]}a_{[1]}c_{[1]})>\\
&\quad<f_2,S^2(b_{[-1]}a_{[-1]})><g_2,S^2(b_{[-1]}a_{[-1]}c_{[-1]})>\\
&=(b\lhd(\underline{a\star f}))\lhd(\underline{c\star g}).
\end{aligned}
$$

□

定理 5.3 在上述条件下, 设有非零的左积分 t. 则我们有一个 Morita 关系

$$(A^{\underline{bicoH}},\underline{A\star H^{*rat}},[,],(,)),$$

其中映射为

$$
\begin{aligned}
&[,]:A\otimes_{A^{\underline{bicoH}}}A\to\underline{A\star H^{*rat}},\quad [a,b]=\sum\underline{ab_{[0]}\star S(b_{[-1]})\rightharpoonup t\leftharpoonup b_{[1]}},\\
&(,):A\otimes_{\underline{A\star H^{*rat}}}A\to A^{\underline{bicoH}},\ (a,b)=\sum a_{[0]}b_{[0]}<t_1,a_{[1]}b_{[1]}><t_2,S(a_{[-1]}b_{[-1]})>.
\end{aligned}
$$

证明 (1) 首先我们验证 $[,]$, $(,)$ 是良定义的, 等价于 $[,]$ 是 $A^{\underline{bicoH}}$-平衡的和 $(,)$ 是 $\underline{A\star H^{*rat}}$-平衡的.

事实上, 对任意的 $[,]$, 如果 $a,b\in A$ 和 $c\in A^{\underline{bicoH}}$, 则我们有

$$
\begin{aligned}
[ac,b]&=\sum\underline{acb_{[0]}\star S(b_{[-1]})\rightharpoonup t\leftharpoonup b_{[1]}}\\
&=\sum\underline{ac1_{[0]}b_{[0]}\star S(1_{[-1]}b_{[-1]})\rightharpoonup t\leftharpoonup 1_{[1]}b_{[1]}}\\
&=\sum\underline{a(cb)_{[0]}\star S((cb)_{[-1]})\rightharpoonup t\leftharpoonup(cb)_{[1]}}=[a,cb].
\end{aligned}
$$

因此, $[,]$ 是 $A^{\underline{bicoH}}$-平衡的.

对第二映射 $(,)$, 如果 $a,b,c\in A$ 和 $f\in H^{*rat}$, 则我们有

$$
\begin{aligned}
&(a\lhd(\underline{c\star f}),b)\\
&=\sum(a_{[0]}c_{[0]}<(S^*)^{-1}(f_1),(a_{[1]}c_{[1]})><(S^*)^2(f_2),a_{[-1]}c_{[-1]}>,b)\\
&=\sum<(S^*)^{-1}(f_1),(a_{[1]}c_{[1]})><(S^*)^2(f_2),a_{[-1]}c_{[-1]}>a_{[0]}c_{[0]}b_{[0]}\\
&\quad<t_1,a_{[1]}c_{[1]}b_{[1]}><S^*(t_2),a_{[-1]}c_{[-1]}b_{[-1]}>
\end{aligned}
$$

$$=\sum <(S^*)^{-1}(f_1),(a_{[1]2}c_{[1]2})><(S^*)^2(f_2),a_{[-1]1}c_{[-1]1}>1_{[0]}a_{[0]}c_{[0]}b_{[0]}$$
$$<t_1,1_{[1]}a_{[1]1}c_{[1]1}b_{[1]}><S^*(t_2),1_{[-1]}a_{[-1]2}c_{[-1]2}b_{[-1]}>$$
$$=\sum <(S^*)^{-1}(f_1),(a_{[1]2}c_{[1]2})><(S^*)^2(f_2),a_{[-1]1}c_{[-1]1}>a_{[0]}c_{[0]}b_{[0]}$$
$$<t_1,a_{[1]1}c_{[1]1}b_{[1]}><S^*(t_2),a_{[-1]2}c_{[-1]2}b_{[-1]}>$$
$$=\sum <(S^*)^{-1}(f_1),(a_{[1]2}c_{[1]2})><(S^*)^2(f_2),a_{[-1]1}c_{[-1]1}>a_{[0]}c_{[0]}b_{[0]}$$
$$<t_1,a_{[1]1}c_{[1]1}><t_2,b_{[1]}><S^*(t_4),a_{[-1]2}c_{[-1]2}><S^*(t_3),b_{[-1]}>$$
$$=\sum <t_1(S^*)^{-1}(f_1),(a_{[1]}c_{[1]})><(S^*)^2(f_2)S^*(t_4),a_{[-1]}c_{[-1]}>a_{[0]}c_{[0]}b_{[0]}$$
$$<t_2,b_{[1]}><S^*(t_3),b_{[0][-1]}>$$
$$=\sum <t_1f_2(S^*)^{-1}(f_1),(a_{[1]}c_{[1]})><(S^*)^2(f_2)S^*(t_4f_5),a_{[-1]}c_{[-1]}>a_{[0]}c_{[0]}b_{[0]}$$
$$<t_2f_3,b_{[1]}><S^*(t_3f_4),b_{[-1]}>$$
$$=\sum <t_1,(a_{[1]}c_{[1]})><S^*(t_4),a_{[-1]}c_{[-1]}>a_{[0]}c_{[0]}b_{[0]}$$
$$<t_2f_1,b_{[1]}><S^*(t_3f_2),b_{[-1]}>$$
$$=\sum <t_1,(a_{[1]}c_{[1]})><S^*(t_4),a_{[-1]}c_{[-1]}>a_{[0]}c_{[0]}1_{[0]}b_{[0]}$$
$$<t_2,1_{[1]}b_{[1]1}><f_1,b_{[1]2}><S^*(f_2),b_{[-1]1}><S^*(t_3),1_{[-1]}b_{[-1]2}>$$
$$=\sum <t_1,(a_{[1]}c_{[1]})><S^*(t_4),a_{[-1]}c_{[-1]}>a_{[0]}c_{[0]}b_{[0]}$$
$$<t_2,b_{[1]}><f_1,b_{[1]}><S^*(f_2),b_{[-1]}><S^*(t_3),b_{[-1]}>$$
$$=(a,(\underline{c\star f})\rhd b).$$

则 $(,)$ 是良定义的.

(2) A 为 $\underline{A\star H^{*rat}}$-$A^{\underline{bicoH}}$-双模.

由于 A 在 A 存在自然的 $A^{\underline{bicoH}}$-双模结构, 我们仅验证结合条件如下.

对任意的 $a\in A$, $b\in A^{\underline{bicoH}}$, 和 $\underline{c\star f}\in\underline{A\star H^{*rat}}$, 我们有

$$(\underline{c\star f})\rhd(ab)=\sum ca_{[0]}b_{[0]}<f_1,a_{[1]}b_{[1]}><f_2,a_{[-1]}b_{[-1]}>$$
$$=\sum ca_{[0]}<f_1,a_{[1]}><f_2,a_{[-1]}>b=((\underline{c\star f})\rhd a)b.$$

(3) A 为 $A^{\underline{bicoH}}$-$\underline{A\star H^{*rat}}$-双模.

对任意的 $a \in A,\ b \in A^{\underline{bicoH}}$ 和 $\underline{c \star f} \in \underline{A \star H^{*rat}}$, 我们有

$$
\begin{aligned}
&(ba) \lhd (\underline{c \star f}) \\
=&\sum b_{[0]}a_{[0]}c_{[0]} < f_1, S^{-1}(b_{[1]}a_{[1]}c_{[1]}) >< f_2, S^2(b_{[-1]}a_{[-1]}c_{[-1]}) > \\
=&\sum b_{[0]}a_{[0]}c_{[0]} < f_1, S^{-1}(a_{[1]}c_{[1]}) >< f_2, S^{-1}(b_{[1]}) > \\
&< f_3, S^2(b_{[-1]}) >< f_4, S^2(a_{[-1]}c_{[-1]}) > \\
=&\sum ba_{[0]}c_{[0]} < f_1, S^{-1}(a_{[1]}c_{[1]}) >< f_2, S^2(a_{[-1]}c_{[-1]}) > \\
=&\, b(a \lhd (\underline{c \star f})).
\end{aligned}
$$

(4) $[,]$ 为 $\underline{A \star H^{*rat}}$-双模映射, 我们仅验证 $[,]$ 为左 $\underline{A \star H^{*rat}}$-模映射. 对任意的 $a \in A,\ b \in A^{\underline{bicoH}},\ \underline{c \star h} \in \underline{A \star H^{*rat}}$, 我们有

$$
\begin{aligned}
&(\underline{c \star f}) \cdot [a, b] \\
=&\sum (\underline{c \star f})(\underline{ab_{[0]} \star (S(b_{[-1]}) \rightarrow t \leftarrow b_{[1]})}) \\
=&\sum ca_{[0]}b_{[0]} < f_1, a_{[1]}b_{[1]} >< f_3, S(a_{[-1]}b_{[-1]}) > \\
&< t_1, b_{[1]} >< t_3, S(b_{[0][-1]}) > f_2t_2 \\
=&\sum ca_{[0]}1_{[0]}b_{[0]} < f_1, a_{[1]}1_{[1]}b_{[1]} >< f_3, S(a_{[-1]}1_{[-1]}b_{[-1]}) > \\
&< t_1, b_{[1]} >< t_3, S(b_{[-1]}) > f_2t_2 \\
=&\sum ca_{[0]}b_{[0]} < f_1, a_{[1]}b_{[1]1} >< f_3, S(a_{[-1]}b_{[-1]2}) > \\
&< t_1, b_{[1]2} >< t_3, S(b_{[-1]1}) > f_2t_2 \\
=&\sum ca_{[0]}b_{[0]} < f_1, a_{[1]} >< f_2, b_{[1]1} >< f_4, S(b_{[-1]2}) >< f_5, S(a_{[-1]}) > \\
&< t_1, b_{[1]2} >< t_3, S(b_{[-1]1}) > f_3t_2 \\
=&\sum ca_{[0]}b_{[0]} < f_1, a_{[1]} >< f_2t_1, b_{[1]} >< f_4t_3, S(b_{[-1]}) >< f_5, S(a_{[-1]}) > f_3t_2 \\
=&\sum ca_{[0]}b_{[0]} < f_1, a_{[1]} >< t_1, b_{[1]} >< t_3, S(b_{[-1]}) >< f_2, S(a_{[-1]}) > t_2 \\
=&\,(\underline{c \star h}) \rhd a)b_{[0]} \star (S(b_{[-1]}) \rightarrow t \leftarrow b_{[1]}) = [(\underline{c \star h}) \rhd a, b].
\end{aligned}
$$

(5) $(,)$ 为 $A^{\underline{bicoH}}$-双模映射, 对任意的 $a, b \in A,\ c \in A^{\underline{bicoH}}$, 我们有

$$
\begin{aligned}
(ca, b) &= \sum c_{[0]}a_{[0]}b_{[0]} < t_1, c_{[1]}a_{[1]}b_{[1]} >< t_2, S(c_{[-1]}a_{[-1]}b_{[-1]}) > \\
&= \sum c_{[0]}a_{[0]}b_{[0]} < t_1, c_{[1]} >< t_2, a_{[1]}b_{[1]} >< t_3, S(a_{[-1]}b_{[-1]}) > \\
&\quad < t_4, S(c_{[-1]}) > \\
&= \sum ca_{[0]}b_{[0]} < t_1, a_{[1]}b_{[1]} >< t_2, S(a_{[-1]}b_{[-1]}) >= c(a, b),
\end{aligned}
$$

$$
\begin{aligned}
(a, bc) &= \sum a_{[0]}b_{[0]}c_{[0]} < t_1, a_{[1]}b_{[1]}c_{[1]} >< t_2, S(a_{[-1]}b_{[-1]}c_{[-1]}) > \\
&= \sum a_{[0]}b_{[0]} < t_1, a_{[1]}b_{[1]} >< t_2, S(a_{[-1]}b_{[-1]}) > c \\
&= (a, b)c.
\end{aligned}
$$

(6) 最后, 验证 [,] 和 (,) 满足结合性即可, 证明过程略. □

第 6 章 偏扭曲 Smash 积

6.1 定 义

本节中, 我们总是假定 H 为 Hopf 代数, A 为结合单位代数. 我们将给出偏扭曲 Smash 积的定义、例证及一些基本性质.

定义 6.1 H 在 A 上的一个*左偏作用*为线性映射,

$$\rightharpoonup: H \otimes A \to A, h \otimes a \mapsto h \rightharpoonup a$$

满足如下条件:

(1) $1_H \rightharpoonup a = a$,

(2) $h \rightharpoonup (ab) = (h_{(1)}) \rightharpoonup a)(h_{(2)} \rightharpoonup b)$,

(3) $h \rightharpoonup (g \rightharpoonup a) = (h_{(1)} \rightharpoonup 1_A)(h_{(2)}g \rightharpoonup a)$.

此时我们称 A 为*偏左 H-模代数*.

对偶地, 我们有如下定义.

定义 6.2 H 在 A 上的一个*右偏作用*为线性映射,

$$\leftharpoonup: A \otimes H \to A, a \otimes h \mapsto a \leftharpoonup h$$

满足如下条件:

(1) $a \leftharpoonup 1_H = a$,

(2) $(ab) \leftharpoonup h = (a \leftharpoonup h_{(1)})(b \leftharpoonup h_{(2)})$,

(3) $(a \leftharpoonup g) \leftharpoonup h = (1_A \leftharpoonup h_{(1)})(a \leftharpoonup gh_{(2)})$. 此时我们称 A 为*偏右 H-模代数*.

定义 6.3 A 称为*偏 H-双模代数*, 若其满足如下条件:

(1) A 同时为偏左 H-模代数与偏右 H-模代数;

(2) 对任意的 $a \in A$, $h, g \in H$, A 的左右偏模作用满足兼容条件:

$$(h \rightharpoonup a) \leftharpoonup g = h \rightharpoonup (a \leftharpoonup g).$$

由文献 [14] 可知, 对于伴有对极 S 的 Hopf 代数 H 及偏 H-双模代数 A, 我们可以构造 A 与 H 上的偏扭曲 Smash 积代数.

首先, 对任意的 $a, c \in A$, $g, h \in H$, 定义 $A \otimes H$ 上的乘法为

$$(a \otimes h)(b \otimes g) = a(h_{(1)} \rightharpoonup b \leftharpoonup S(h_{(3)})) \otimes h_{(2)}g,$$

易证乘法满足结合律.

其次, 构造其中的单位子代数

$$\underline{A\#H} = (A \otimes H)(1_A \otimes 1_H),$$

其中元素满足

$$\underline{a\#h} = (a\#h)(1_A \otimes 1_H) = a(h_{(1)} \rightharpoonup 1_A \leftharpoonup S(h_{(3)})) \otimes h_{(2)},$$

此时易知对任意的 $h, g \in H$, $a, b \in A$, 均有下式成立:

$$(\underline{a\#h})(\underline{b\#g}) = \underline{a(h_{(1)} \rightharpoonup b \leftharpoonup S(h_{(3)}))\#h_{(2)}g}. \tag{6.1}$$

进而我们得到如下命题.

命题 6.1 $\underline{A\#H}$ 为伴有单位元 $\underline{1_A\#1_H}$ 的结合代数, 其乘法定义为等式 (6.1).

证明 类似于文献 [15], 不再赘述. □

定义 6.4 设 H 与 A 均为 Hopf 代数, $\sigma: A \otimes H \to k$ 为 k-线性映射. 称三元组 (A, H, σ) 为一个倾斜对, 若对任意的 $h, g \in H$, $a, b \in A$, 下列条件满足:

(1) $\sigma(ab, h) = \sigma(a, h_{(1)})\sigma(b, h_{(2)})$,

(2) $\sigma(a_{(1)}, h)\sigma(a_{(2)}, g) = \sigma(1_A, g_{(1)})\sigma(a, g_{(2)}h) = \sigma(1_A, h_{(1)})\sigma(a, gh_{(2)})$,

(3) $\sigma(a, 1) = \varepsilon(a)$.

例 6.1 设 H 为伴有双射对极 S 的 Hopf 代数, A 为 Hopf 代数, 且 (A, H, σ) 为倾斜对, 则对任意的 $h \in H, b \in A$, 我们可定义两种作用如下:

$$h \rightharpoonup b = b_{(2)}\sigma(b_{(1)}, h), \quad b \leftharpoonup h = b_{(1)}\sigma(b_{(2)}, (S^{-1})^2(h)).$$

此时知

$$\begin{aligned}\underline{a\#h} &= a(h_{(1)} \rightharpoonup 1_A \leftharpoonup S(h_{(3)})) \otimes h_{(2)} \\ &= \sigma(1_A, h_{(1)})a \otimes h_{(2)}\sigma(1_A, S^{-1}(h_{(3)})).\end{aligned}$$

进而有 $(A, \rightharpoonup, \leftharpoonup)$ 为偏 H-双模代数, 并且 $\underline{A\#H}$ 上的乘法为

$$(\underline{a\#h})(\underline{b\#k}) = \sigma(b_{(1)}, h_{(1)})\underline{ab_{(2)}\#h_{(2)}k}\sigma(b_{(3)}, S^{-1}(h_{(3)})),$$

其中 $h, k \in H$, $a, b \in A$. 易知 $\underline{A\#H}$ 为偏扭曲 Smash 积.

例 6.2 考虑 4 维 Sweedler Hopf 代数 H_4, 其由元素 c, x 生成, 满足条件 $c^2=1$, $x^2=0$, 及 $xc+cx=0$. 余代数结构如下:

$$\Delta(c)=c\otimes c,\qquad \Delta(x)=x\otimes 1+c\otimes x,\quad \varepsilon(c)=1,\ \ \varepsilon(x)=0.$$

易知 H_4 的一组基为: 1 (即单位元), c, x, cx. 设其对偶为 H_4^*. 知 $H_4\cong H_4^*$ (作为 Hopf 代数)

$$1\mapsto 1^*+c^*,\quad c\mapsto 1^*+c^*,\quad x\mapsto x^*+(cx)^*,\quad cx\mapsto x^*-(cx)^*,$$

其中 $\{1^*, c^*, x^*, (cx)^*\}$ 表示 $\{1, c, x, cx\}$ 的对偶基. 设 $T=1^*+c^*$, $P=x^*+(cx)^*$, $TP=x^*-(cx)^*$, 可得 H_4^* 的另一组基 $\{1, T, P, TP\}$. 设 $A=k[x]$ 为 H_4 的子代数, 易知 A 为偏右 H_4-余模代数, 余作用为 $\rho^r(1)=\dfrac{1}{2}(1\otimes 1+1\otimes c+1\otimes cx)$, $\rho^r(x)=\dfrac{1}{2}(x\otimes 1+x\otimes c+x\otimes cx)$. 同理, 可令 A 作为偏左 H_4-余模代数, 余作用为 $\rho^l(1)=\dfrac{1}{2}(1\otimes 1+c\otimes 1+cx\otimes 1)$, $\rho^l(x)=\dfrac{1}{2}(1\otimes x+c\otimes x+cx\otimes x)$, 易证此时 A 为偏 H_4-双余模代数, 进而 A 为偏 H_4^*-双模代数, 对任意的 $a\in A, f, g\in H^*$, 其中的左右作用分别为: $f\rightharpoonup a=\sum <f, a_{[1]}>a_{[0]}$, $a\leftharpoonup g=<g, a_{[-1]}>a_{[0]}$. 此时 $\underline{A\#H_4^*}$ 是偏扭曲 Smash 积.

定理 6.1 设 H 为伴有对极 S 的 Hopf 代数, A 为双代数且为偏 H-双模代数. 则:

(1) 偏扭曲 Smash 积 $\underline{A\#H}$ 在通常的张量余积下可做成双代数, 若下列条件成立:

(a) $\varepsilon_A(h_{(1)}\rightharpoonup a\leftharpoonup S(h_{(2)}))=\varepsilon_A(a)\varepsilon_H(h)$,

(b) $\Delta_A(h_{(1)}\rightharpoonup a\leftharpoonup S(h_{(2)}))=(h_{(1)}\rightharpoonup a_{(1)}\leftharpoonup S(h_{(2)}))\otimes(h_{(3)}\rightharpoonup a_{(2)}\leftharpoonup S(h_{(4)}))$,

(c) $(h_{(1)}\rightharpoonup a)\otimes h_{(2)}=(h_{(2)}\rightharpoonup a)\otimes h_{(1)}$,

(d) $(a\leftharpoonup S(h_{(1)}))\otimes h_{(2)}=(a\leftharpoonup S(h_{(2)}))\otimes h_{(1)}$.

(2) 进一步地, 若 A 为 Hopf 代数, 并且满足:

$$h_{(1)}\rightharpoonup 1_A\leftharpoonup S(h_{(2)})=\varepsilon_H(h)1_A. \tag{6.2}$$

则 $\underline{A\#H}$ 亦为 Hopf 代数, 其对极 $S_{\underline{A\#H}}$ 定义为

$$S_{\underline{A\#H}}(\underline{a\#h})=(\underline{1\#S(h)})(\underline{S_A(a)\#1}).$$

证明　(1) 首先验证 $\Delta_{\underline{A\#H}}$ 为 $\underline{A\#H}$ 上的代数同态:

$$
\begin{aligned}
&\Delta_{\underline{A\#H}}((\underline{a\#h})(\underline{b\#l}))\\
&=\Delta_{\underline{A\#H}}(\underline{a_{(1)}(h_{(1)}\rightharpoonup b\leftharpoonup Sh_{(3)})\#h_{(2)}l})\\
&=\underline{a_1(h_{(1)}\rightharpoonup b\leftharpoonup Sh_{(4)})_{(1)}\#h_{(2)}l_{(1)}}\otimes\underline{a_{(2)}(h_{(1)}\rightharpoonup b\leftharpoonup Sh_{(4)})_{(2)}\#h_{(3)}l_{(2)}}\\
&\overset{(\mathrm{d})}{=}\underline{a_1(h_{(1)}\rightharpoonup b\leftharpoonup Sh_{(3)})_{(1)}\#h_{(2)}l_{(1)}}\otimes\underline{a_{(2)}(h_{(1)}\rightharpoonup b\leftharpoonup Sh_{(3)})_{(2)}\#h_{(4)}l_{(2)}}\\
&\overset{(\mathrm{d})}{=}\underline{a_1(h_{(1)}\rightharpoonup b\leftharpoonup Sh_{(2)})_{(1)}\#h_{(3)}l_{(1)}}\otimes\underline{a_{(2)}(h_{(1)}\rightharpoonup b\leftharpoonup Sh_{(2)})_{(2)}\#h_{(4)}l_{(2)}}\\
&\overset{(\mathrm{b})}{=}\underline{a_1(h_{(1)}\rightharpoonup b\leftharpoonup Sh_{(2)})\#h_{(5)}l_{(1)}}\otimes\underline{a_{(2)}(h_{(3)}\rightharpoonup b\leftharpoonup Sh_{(4)})\#h_{(6)}l_{(2)}}\\
&\overset{(\mathrm{d})}{=}\underline{a_1(h_{(1)}\rightharpoonup b\leftharpoonup Sh_{(2)})\#h_{(4)}l_{(1)}}\otimes\underline{a_{(2)}(h_{(3)}\rightharpoonup b\leftharpoonup Sh_{(6)})\#h_{(5)}l_{(2)}}\\
&\overset{(\mathrm{c})}{=}\underline{a_1(h_{(1)}\rightharpoonup b\leftharpoonup Sh_{(2)})\#h_{(3)}l_{(1)}}\otimes\underline{a_{(2)}(h_{(4)}\rightharpoonup b\leftharpoonup Sh_{(6)})\#h_{(5)}l_{(2)}}\\
&\overset{(\mathrm{d})}{=}\underline{a_1(h_{(1)}\rightharpoonup b\leftharpoonup Sh_{(3)})\#h_{(2)}l_{(1)}}\otimes\underline{a_{(2)}(h_{(4)}\rightharpoonup b\leftharpoonup Sh_{(6)})\#h_{(5)}l_{(2)}}\\
&=\Delta(\underline{a\#h})\Delta(\underline{b\#l}).
\end{aligned}
$$

下证 $\varepsilon_{\underline{A\#H}}$ 亦为代数同态. 易证

$$
\varepsilon_{\underline{A\#H}}(\underline{a\#h})=\varepsilon_A(a)\varepsilon_H(h).
$$

事实上,

$$
\begin{aligned}
\varepsilon_{\underline{A\#H}}(\underline{a\#h})&=\varepsilon_{\underline{A\#H}}(a(h_{(1)}\rightharpoonup 1_A\leftharpoonup S(h_{(3)}))\otimes h_{(2)})\\
&=\varepsilon_A(a(h_{(1)}\rightharpoonup 1_A\leftharpoonup S(h_{(3)}))\varepsilon_H(h_{(2)})\\
&\overset{(\mathrm{a})}{=}\varepsilon_A(a)\varepsilon_H(h),\\
\varepsilon_{\underline{A\#H}}((\underline{a\#h})(\underline{b\#l}))&=\varepsilon_{\underline{A\#H}}(\underline{a(h_{(1)}\rightharpoonup b\leftharpoonup S(h_{(3)}))\#h_{(2)}l})\\
&=\varepsilon_A(a(h_{(1)}\rightharpoonup b\leftharpoonup S(h_{(3)}))\varepsilon_H(h_{(2)}l)\\
&\overset{(\mathrm{a})}{=}\varepsilon_A(a)\varepsilon_H(h)\varepsilon_A(b)\varepsilon_H(l)\\
&=\varepsilon_{\underline{A\#H}}(\underline{a\#h})\varepsilon_{\underline{A\#H}}(\underline{b\#l}).
\end{aligned}
$$

进而 $\underline{A\#H}$ 为双代数.

(2) 对任意的 $a\in A,\ h\in H$, 可知

$$\begin{aligned}(S_{\underline{A\#H}}*id)(\underline{a\#h}) &= (\underline{1_A\#Sh_{(1)}})(\underline{S_A(a)\#1})(\underline{a_{(2)}\#h_{(2)}})\\ &= (\underline{1_A\#Sh_{(1)}})(\underline{S(a_1)a_2\#h_{(2)}})\\ &= \varepsilon_A(a)(\underline{1_A\#Sh_{(1)}})(\underline{1_A\#h_{(2)}})\\ &= \varepsilon_A(a)\underline{(Sh_{(3)}\rightharpoonup 1_A\leftharpoonup S(Sh_{(1)}))\#(Sh_{(2)})h_4}\\ &\overset{(c)}{=} \varepsilon_A(a)\underline{(Sh_{(2)}\rightharpoonup 1_A\leftharpoonup S(Sh_{(1)}))\#(Sh_{(3)})h_{(4)}}\\ &= \varepsilon_A(a)\underline{((Sh)_1\rightharpoonup 1_A\leftharpoonup S(Sh)_2))\#1_H}\\ &\overset{(6.2)}{=} \varepsilon_A(a)\varepsilon_H(h)\underline{1_A\#1_H}.\end{aligned}$$

同理可知 $(id*S_{\underline{A\#H}})(\underline{a\#h})=\varepsilon_A(a)\varepsilon_H(h)\underline{1_A\#1_H}$. 于是, $\underline{A\#H}$ 为伴有对极 $S_{\underline{A\#H}}=(\underline{1\#S(h)})(\underline{S_A(a)\#1})$ 的 Hopf 代数. □

注记 6.1 由定理 6.1, 当 H^* 满足余交换 (即 H 可换) 条件时, 易知 (1) 中的条件 (b), (c), (d) 成立. 反之, 若 H^* 满足上述条件时, H^* 未必余交换.

我们举例如下.

易知 $A\#H_4^*$ 为偏扭曲 Smash 积, 考虑 H_4^* 中元素 P. 我们来验证 (b):

$$\begin{aligned}&\Delta_A\left(\sum P_1\rightharpoonup x\leftharpoonup S^*(P_2)\right)\\ =&\Delta_A(P\rightharpoonup x\leftharpoonup S^*(1)+T\rightharpoonup x\leftharpoonup S^*(P))\\ =&\Delta_A(<P,\frac{1}{2}(1+c+cx)>x<1,\frac{1}{2}(1+c+cx)>+<T,\frac{1}{2}(1+c+cx)>\\ &<P,\frac{1}{2}(1+c+cx)>x)\\ =&<P,\frac{1}{2}(1+c+cx)>(x\otimes 1+1\otimes x)+<T,\frac{1}{2}(1+c+cx)>\\ &<P,\frac{1}{2}(1+c+cx)>(x\otimes 1+1\otimes x)\\ =&<P,\frac{1}{2}(1+c+cx)>(x\otimes 1+1\otimes x),\end{aligned}$$

且

$$\begin{aligned}&\sum(P_1\rightharpoonup x_1\leftharpoonup S^*(P_2))\otimes(P_3\rightharpoonup x_2\leftharpoonup S^*(P_4))\\ =&\sum(P_1\rightharpoonup x\leftharpoonup S^*(P_2))\otimes(P_3\rightharpoonup 1\leftharpoonup S^*(P_4))\\ &+\sum(P_1\rightharpoonup 1\leftharpoonup S^*(P_2))\otimes(P_3\rightharpoonup x\leftharpoonup S^*(P_4))\\ =&\sum(P\rightharpoonup x\leftharpoonup S^*(1))\otimes(1\rightharpoonup 1\leftharpoonup S^*(1))\\ &+\sum(P\rightharpoonup 1\leftharpoonup S^*(1))\otimes(1\rightharpoonup x\leftharpoonup S^*(1))\end{aligned}$$

$$
\begin{aligned}
&+\sum(T \rightharpoonup x \leftharpoonup S^*(T)) \otimes (P \rightharpoonup 1 \leftharpoonup S^*(1)) \\
&+\sum(T \rightharpoonup 1 \leftharpoonup S^*(T)) \otimes (P \rightharpoonup x \leftharpoonup S^*(1)) \\
&+\sum(T \rightharpoonup x \leftharpoonup S^*(T)) \otimes (T \rightharpoonup 1 \leftharpoonup S^*(P)) \\
&+\sum(T \rightharpoonup 1 \leftharpoonup S^*(T)) \otimes (T \rightharpoonup x \leftharpoonup S^*(P)) \\
&+\sum(T \rightharpoonup x \leftharpoonup S^*(P)) \otimes (1 \rightharpoonup 1 \leftharpoonup S^*(1)) \\
&+\sum(T \rightharpoonup 1 \leftharpoonup S^*(P)) \otimes (1 \rightharpoonup x \leftharpoonup S^*(1)) \\
=&< P, \frac{1}{2}(1+c+cx) > (x \otimes 1 + 1 \otimes x).
\end{aligned}
$$

同理知 (a), (c), (d) 亦成立.

6.2 包络定理

定义 6.5　设 H 为 Hopf 代数, A, B 为两偏 H-双模代数. 如果 $\theta(h \rightharpoonup a \leftharpoonup k) = h \rightharpoonup \theta(a) \leftharpoonup k$ 对任意的 $h, k \in H$ 和 $a \in A$, 则称代数同态 $\theta: A \to B$ 为偏 H-双模代数同态, 若 θ 是同构, 则称偏作用是等价的.

引理 6.1　设 H 为 Hopf 代数, B 为 H-双模代数, A 为 B 的理想, 并且单位为 1_A. 则 H 作用在 A 上的偏作用为 $h \rightharpoonup a = 1_A(h \triangleright a), a \leftharpoonup h = (a \triangleleft h)1_A$, 对任意的 $a \in A, b \in B$ 和 $h \in H$.

证明　与文献 [15] 类似. □

引理 6.2　设 H 为 Hopf 代数, A 为代数. 则 $(A, \rightharpoonup, \leftharpoonup)$ 为偏 H-双模代数.

证明　与文献 [15] 类似. □

回顾文献 [15], 如果 B 为 H-模代数, A 为 B 的理想, 并且单位为 1_A, 如果 $B = H \triangleright A$, 则称 A 上诱导出的偏作用为*允许的*.

定义 6.6　设 H 为 Hopf 代数, B 为 H-双模代数, A 为 B 的理想, 并且单位为 1_A, 如果 $B = (A, \triangleright)$, 则称 A 上诱导出的偏作用为*允许的*.

定义 6.7　设 A 为偏 H-双模代数. 称 (B, θ) 为 A 的*包络作用*, 其中,

(1) B 为 H-双模代数;

(2) 映射 $\theta: A \to B$ 为代数同态;

(3) 子代数 $\theta(A)$ 为 B 的理想;

(4) A 上的偏作用等价于 $\theta(A)$ 上诱导出的偏作用;

(5) $\theta(A)$ 上诱导出的偏作用是允许的.

从现在开始, 我们假定 $(a \leftharpoonup S(h_{(1)})) \otimes h_{(2)} = (a \leftharpoonup S(h_{(2)})) \otimes h_{(1)}$ 对任意的 $a \in A$ 和 $h \in H$.

引理 6.3　设 $\varphi : A \to \mathrm{Hom}(H, A), \varphi(a)(h) = h_{(1)} \rightharpoonup a \leftharpoonup S(h_{(2)})$, 则我们有

(1) φ 为代数同态, 并且是单射;

(2) $\varphi(1_A) * (h \triangleright \varphi(a))) = \varphi(h_{(1)} \rightharpoonup a \leftharpoonup S(h_{(2)}))$ 对任意的 $h \in H, a \in A$;

(3) $\varphi(b) * (h \triangleright \varphi(a))) = \varphi(b(h_{(1)} \rightharpoonup a \leftharpoonup S(h_{(2)})))$ 对任意的 $h \in H, a \in A$.

证明　容易验证 φ 是线性的和单射. 对任意的 $a, b \in A, h \in H$, 我们有

$$
\begin{aligned}
&\varphi(ab)(h) = h_{(1)} \rightharpoonup (ab) \leftharpoonup S(h_{(2)}) \\
=&[h_{(1)} \rightharpoonup a \leftharpoonup S(h_{(4)})][h_{(2)} \rightharpoonup b \leftharpoonup S(h_{(3)})] \\
=&[h_{(1)} \rightharpoonup a \leftharpoonup S(h_{(2)})][h_{(3)} \rightharpoonup b \leftharpoonup S(h_{(4)})] \\
=&\varphi(a)(h_{(1)})\varphi(b)(h_{(2)}) = \varphi(a) * \varphi(b)(h).
\end{aligned}
$$

因此 φ 为代数同态.

对于第三个等式, 计算如下:

$$
\begin{aligned}
&\varphi(b(h_{(1)} \rightharpoonup a \leftharpoonup S(h_{(2)})))(k) \\
&= k_{(1)} \rightharpoonup b(h_{(1)} \rightharpoonup a \leftharpoonup S(h_{(2)})) \leftharpoonup S(k_{(2)}) \\
&= [k_{(1)} \rightharpoonup b \leftharpoonup S(k_{(4)})][k_{(2)} \rightharpoonup (h_{(1)} \rightharpoonup a \leftharpoonup S(h_{(2)})) \leftharpoonup S(k_{(3)})] \\
&= [k_{(1)} \rightharpoonup b \leftharpoonup S(k_{(6)})][k_{(2)} \rightharpoonup 1_A \leftharpoonup S(k_{(5)})][k_{(3)}h_{(1)} \rightharpoonup a \leftharpoonup S(k_{(4)}h_{(2)})] \\
&= [k_{(1)} \rightharpoonup b \leftharpoonup S(k_{(4)})][k_{(2)}h_{(1)} \rightharpoonup a \leftharpoonup S(k_{(3)}h_{(2)})] \\
&= [k_{(1)} \rightharpoonup b \leftharpoonup S(k_{(2)})][k_{(3)}h_{(1)} \rightharpoonup a \leftharpoonup S(k_{(4)}h_{(2)})] \\
&= \varphi(b)(k_1)\varphi(a)(k_{(2)}h) \\
&= \varphi(b)(k_1)(h \triangleright \varphi(a))(k_{(2)}) = \varphi(b) * (h \triangleright \varphi(a))(k).
\end{aligned}
$$

因此, $\varphi(h_{(1)} \rightharpoonup a \leftharpoonup S(h_{(2)})) = \varphi(1_A)(h \triangleright \varphi(a))$. 令 $b = 1_A$, 可得第二个等式. □

命题 6.2　设 $\varphi : A \to \mathrm{Hom}(H, A)$ 如上定义, $B = (\varphi(A), \triangleright)$ 为 $\mathrm{Hom}(H, A)$ 的 H-子模. 则

(1) B 为 $\mathrm{Hom}(H, A)$ 的 H-模子代数;

(2) $\varphi(A)$ 为 B 的理想, 单位 $\varphi(1_A)$.

证明　与文献 [15] 类似. □

定理 6.2 设 A 为偏 H-双模代数, $\varphi : A \to \mathrm{Hom}(H, A)$ 为映射定义为 $\varphi(a)(h) = h_{(1)} \rightharpoonup a \leftharpoonup S(h_{(2)})$. 假定 $B = (\varphi(A), \triangleright)$, 则 (B, φ) 为 A 的包络作用.

命题 6.3 设 A 为偏 H-双模代数, $\varphi : A \to \mathrm{Hom}(H, A)$ 为映射定义为 $\varphi(a)(h) = h_{(1)} \rightharpoonup a \leftharpoonup S(h_{(2)})$. 假定 $B = (\varphi(A), \triangleright)$, 则 $\varphi(A) \trianglerighteq B$ 当且仅当

$$k_{(1)} \rightharpoonup (h \rightharpoonup a) \leftharpoonup S(k_{(2)}) = [k_{(1)}h_{(1)} \rightharpoonup a \leftharpoonup S(k_{(2)}h_{(2)})][k_{(3)} \rightharpoonup 1_A \leftharpoonup S(k_{(4)})].$$

证明 假设 $\varphi(A)$ 为 B 的理想. 我们知道

$$\varphi(h \rightharpoonup a) = \varphi(1_A) * (h \triangleright \varphi(a)) = (h \triangleright \varphi(a)) * \varphi(1_A).$$

则作用在 $k \in H$ 上可得

$$\varphi(h \rightharpoonup a)(k) = (h \triangleright \varphi(a)) * \varphi(1_A)(k).$$

上述等式的左边可得

$$\varphi(h \rightharpoonup a)(k) = k_{(1)} \rightharpoonup (h \rightharpoonup a) \leftharpoonup S(k_{(2)}).$$

等式的右边意味着

$$\begin{aligned}(h \triangleright \varphi(a)) * \varphi(1_A)(k) &= (h \triangleright \varphi(a))(k_{(1)})\varphi(1_A)(k_{(2)}) \\ &= \varphi(a)(k_{(1)}h)\varphi(1_A)(k_{(2)}) \\ &= [k_{(1)}h_{(1)} \rightharpoonup a \leftharpoonup S(k_{(2)}h_{(2)})][k_{(3)} \rightharpoonup 1_A \leftharpoonup S(k_{(4)})].\end{aligned}$$

反之, 假设

$$k_{(1)} \rightharpoonup (h \rightharpoonup a) \leftharpoonup S(k_{(2)}) = [k_{(1)}h_{(1)} \rightharpoonup a \leftharpoonup S(k_{(2)}h_{(2)})][k_{(3)} \rightharpoonup 1_A \leftharpoonup S(k_{(4)})]$$

成立对任意的 $a \in A, h, k \in H$. 则 $\varphi(1_A)$ 为 B 的中心幂等元. 因此 $\varphi(A) = \varphi(1_A)B$ 为 B 的理想. □

定义 6.8 设 A 为偏 H-双模代数. 如果对 B 的任意 H-子模 M, 由 $\theta(1_A)M = 0$ 可知 $M = 0$, 则称 A 的包络作用 (B, θ) 是极小的.

引理 6.4 设 $\varphi : A \to \mathrm{Hom}(H, A)$ 如上定义, 考虑 H-子模 $B = (H \triangleright \varphi(A))$. 则 (B, φ) 为 A 的极小包络作用.

证明 只需对循环子模验证极小条件成立即可. 设 $M = H \triangleright (\sum_{i=1}^n h_i \triangleright \varphi(a_i))$, 假设 $\theta(1_A)M = 0$. 意味着

$$\begin{aligned}0 &= \theta(1_A) * \left(\sum_{i=1}^n kh_i \triangleright \varphi(a_i)\right)\\ &= \sum_{i=1}^n \varphi((kh_i)_{(1)} \rightharpoonup a_i \leftharpoonup S((kh_i)_{(2)}))\\ &= \varphi\left(\sum_{i=1}^n (kh_i)_{(1)} \rightharpoonup a_i \leftharpoonup S((kh_i)_{(2)})\right)\end{aligned}$$

对任意的 $k \in H$. 由于 φ 是单射, 则 $\sum_{i=1}^n (kh_i)_{(1)} \rightharpoonup a_i \leftharpoonup S((kh_i)_{(2)}) = 0$. 但

$$\sum_{i=1}^n (h_i \triangleright \varphi(a_i))(k) = \sum_{i=1}^n \varphi(a_i))(kh_i) = \varphi\left(\sum_{i=1}^n (kh_i)_{(1)} \rightharpoonup a_i \leftharpoonup S((kh_i)_{(2)})\right) = 0$$

对任意的 $k \in H$, 我们可得 $\sum_{i=1}^n h_i \triangleright \varphi(a_i) = 0$. □

定理 6.3 任意偏 H-双模代数都有极小包络作用, 任何两个 A 的极小包络作用作为 H-双模代数是同构的.

6.3 对偶定理

设 H 为有限生成和投射的 Hopf 代数, 对偶基为 $\{(b_i, p_i) \in H \otimes H^* | 1 \leqslant i \leqslant n\}$. 假设 H^* 在 H 上左作用为 $f \to h = \sum h_{(1)} f(h_{(2)})$, 右作用为 $h \leftarrow f = \sum h_{(2)} f(h_{(1)})$, 使得 Smash 积 $H \# H^*$ 的乘法定义如下:

$$(h\#f)(k\#g) = \sum h(f_{(1)} \to k)\#f_{(2)} * g,$$

对任意的 $h, k \in H, f, g \in H^*$.

引理 6.5[16] 设 H 为有限维 Hopf 代数. 则线性映射

(1) $\lambda : H\#H^* \to End(H),\ \lambda(h\#f)(k) = h(f \to k)$,

(2) $\varphi : H^*\#H \to End(H),\ \varphi(f\#h)(k) = (k \leftarrow f)h$,

是代数同构, 对任意的 $h, k \in H, f, g \in H^*$.

偏扭曲 Smash 积 $\underline{A \circledast H}$ 成为右 H-余模代数为

$$\rho = 1 \otimes \Delta : A \circledast H \otimes H \to A \otimes H \otimes H, \quad a \otimes h \mapsto a \otimes h_{(1)} \otimes h_{(2)}.$$

对 $(a\otimes h)1_A\in \underline{A\circledast H}$, 我们有

$$\rho((a\otimes h)1_A)=a(h_{(1)}\rightharpoonup 1_A\leftharpoonup S(h_{(2)}))\otimes h_{(3)}\otimes h_{(4)},$$

使得 $\underline{A\circledast H}$ 成为右 H-余模代数. 进一步, $\underline{A\circledast H}$ 成为左 H^* 模代数, 作用定义为

$$f\cdot((a\otimes h)1_A)=a(h_{(1)}\rightharpoonup 1_A\leftharpoonup S(h_{(3)}))\#(f\rightarrow h_{(2)})=(a\#(f\rightarrow h))1_A.$$

对任意的 $f\in H^*,h\in H,a\in A$.

与文献 [17] 类似, 定义同态 $\phi:A\rightarrow A\otimes \mathrm{End}(H)$ 为

$$\phi(a)=\sum_{i=1}^{n}(b_{i(1)}\rightharpoonup a\leftharpoonup S(b_{i(2)}))\otimes\varphi(S^{-1}(p_i)\otimes 1_H).$$

则 ϕ 为代数同态.

引理 6.6　设 $\psi:H\#H^*\rightarrow A\otimes \mathrm{End}(H)$ 为映射定义为 $h\#f\mapsto 1\otimes\lambda(h\#f)$ 对任意的 $h\in H$ 和 $f\in H^*$. 则我们有

$$\phi(1_A)\psi(h\#f)\phi(a)=\phi(h_{(1)}\rightharpoonup a\leftharpoonup S(h_{(3)}))\psi(h_{(2)}\#f).$$

证明　对任意的 $h\in H,f\in H^*$ 和 $a\in A$, 我们有

$$\begin{aligned}
&\phi(h_{(1)}\rightharpoonup a\leftharpoonup S(h_{(3)}))\psi(h_{(2)}\#f)\\
=&\sum_i p_i(h_{(1)})\phi(b_{i(1)}\rightharpoonup a\leftharpoonup S(b_{i(3)}))\psi(h_{(2)}\#f)\\
=&\sum_{i,j} b_{j(1)}\rightharpoonup(b_{i(1)}\rightharpoonup a\leftharpoonup S(b_{i(3)}))\leftharpoonup S(b_{j(3)})\otimes\varphi(S^{-1}(p_j)\#1_H)\lambda(h\leftarrow p_i\#f)\\
=&\sum_{k,r}(b_{k(1)}\rightharpoonup 1_A\leftharpoonup S(b_{k(2)}))(b_{r(1)}\rightharpoonup a\leftharpoonup S(b_{r(2)}))\otimes\varphi(S^{-1}(p_k)\#1_H)\lambda(h\leftarrow p_{k(2)}\#f)\\
=&\phi(1_A)\sum_r(b_{r(1)}\rightharpoonup a\leftharpoonup S(b_{r(2)}))\otimes\varphi(S^{-1}(p_r)_{(2)}\#1_H)\lambda(h\leftarrow S(S^{-1}(p_r)_{(1)})\#f)\\
=&\phi(1_A)\sum_r(b_{r(1)}\rightharpoonup a\leftharpoonup S(b_{r(2)}))\otimes\lambda(h\#f)\varphi(S^{-1}(p_r)\#1_H)\\
=&\phi(1_A)\psi(h\#f)\phi(a).
\end{aligned}$$

验证完毕. □

定理 6.4　设 H 为有限生成和投射的 Hopf 代数, A 为偏 H-双模代数. 则映射

$$\Phi:A\otimes H\#H^*\rightarrow A\otimes\mathrm{End}(H),\ a\otimes h\#f\mapsto\phi(a)\psi(h\#f)$$

为代数同态. 限制在 $\underline{A \circledast H}\#H^*$ 上的像在 $e(A\otimes \mathrm{End}(H))e$ 里面, 其中 e 为幂等元定义为

$$e=\sum_{i=1}^{n}(b_{i(1)}\rightharpoonup 1_A \leftharpoonup S(b_{i(2)}))\otimes \varphi(S^{-1}(p_i)\otimes 1_A).$$

证明 对任意的 $a,b\in A, h,k\in H, f,g\in H^*$, 我们有

$$\begin{aligned}\Phi(a\otimes h\#f)\Phi(b\otimes k\#g)&=\phi(a)\psi(h\#f)\phi(b)\psi(k\#g)\\&=\phi(a)\phi(1_A)\psi(h\#f)\phi(b)\psi(k\#g)\\&=\phi(a)\phi(h_{(1)}\rightharpoonup b\leftharpoonup S(h_{(3)}))\psi(h_{(2)}\#f)\psi(k\#g)\\&=\phi(a(h_{(1)}\rightharpoonup b\leftharpoonup S(h_{(3)})))\psi(h_{(2)}(f_{(1)}\rightarrow k)\#f_{(2)}*g)\\&=\Phi(\phi(a(h_{(1)}\rightharpoonup b\leftharpoonup S(h_{(3)})))\otimes h_{(2)}(f_{(1)}\rightarrow k)\#f_{(2)}*g)\\&=\Phi((a\otimes h\#f)(b\otimes k\#g)).\end{aligned}$$

因此 Φ 为代数同态. 由于 $1=1_A\circledast 1_H\#1_{H^*}\in \underline{A\circledast H}\#H^*$ 在映射 Φ 下的像为 e, e 是幂等元. 进一步, 对任意的 $\gamma\in \underline{A\circledast H}\#H^*$, 我们有

$$\Phi(\gamma)=\Phi(1_A\gamma 1_A)\in e(A\otimes \mathrm{End}(H))e,$$

□

6.4 偏 表 示

Hopf 代数偏表示的首个定义由文献 [15] 引进, 仅需用到定义 6.9 中的条件 (1) 和条件 (2). 此定义推广了文献 [13] 中关于偏缠绕结构与偏 H-模代数 A 的工作. 进一步地, 文献 [9] 引入了更复杂和包含更多例子的偏表示, 文献 [14] 也引入了偏扭曲 Smash 积 $\underline{A\#H}$ 的偏表示. 本节中, 设对任意的 $a\in A$, $h,k\in H$, 均有

$$(a\leftharpoonup S(h_{(1)}))\otimes h_{(2)}=(a\leftharpoonup S(h_{(2)}))\otimes h_{(1)}, \tag{6.3}$$

$$(a\leftharpoonup S(h_{(1)}))\otimes h_{(2)}=(S(h_{(2)})\rightharpoonup a)\otimes h_{(1)}. \tag{6.4}$$

我们将给出新的更广义的偏表示.

定义 6.9[2] 设 H 为 Hopf 代数. H 在单位代数 B 上的偏表示为线性映射

$$\pi: H\rightharpoonup B,\ h\mapsto \pi(h),$$

满足条件:

(1) $\pi(1_H) = 1_B$;

(2) $\pi(h)\pi(k_{(1)})\pi(S(k_{(2)})) = \pi(hk_{(1)})\pi(S(k_{(2)}))$;

(3) $\pi(h_{(1)})\pi(S(h_{(2)}))\pi(k) = \pi(h_{(1)})\pi(S(h_{(2)})k)$;

(4) $\pi(h)\pi(S(k_{(1)}))\pi(k_{(2)}) = \pi(hS(k_{(1)}))\pi(k_{(2)})$;

(5) $\pi(S(h_{(1)}))\pi(h_{(2)})\pi(k) = \pi(S(h_{(1)}))\pi(h_{(2)}k)$.

若 (B,π) 与 (B',π') 均为 H 的偏表示, 若代数同态 $f: B \to B'$ 满足 $\pi' = f\circ\pi$, 则称之为**偏表示同态**.

我们将由偏表示和偏表示同态构成的范畴记为 ${}_{\mathbf{H}}\mathbf{ParRep}_{\mathbf{H}}$.

引理 6.7　设 H 为伴有对极 S 的 Hopf 代数, A 为偏 H-双模代数. 则有

(1) $h \rightharpoonup ab \leftharpoonup g = (h_{(1)} \rightharpoonup a \leftharpoonup g_{(1)})(h_{(2)} \rightharpoonup b \leftharpoonup g_{(2)})$,

(2) $k \rightharpoonup (h \rightharpoonup a \leftharpoonup g) \leftharpoonup l = (k_{(1)} \rightharpoonup 1_A \leftharpoonup l_{(1)})(k_{(2)}h \rightharpoonup a \leftharpoonup gl_{(2)})$.

证明　显然. □

称偏 H-双模结构为**对称的**, 若其对任意的 $h,l,k,g\in H$, $a\in A$, 均满足:

$$(PA4)\quad k \rightharpoonup (h \rightharpoonup a \leftharpoonup g) \leftharpoonup l = (k_{(1)}h \rightharpoonup a \leftharpoonup gl_{(1)})(k_{(2)} \rightharpoonup 1_A \leftharpoonup l_{(2)}).$$

设 $(A,\rightharpoonup,\leftharpoonup)$ 与 $(B,\rightharpoonup,\leftharpoonup)$ 均为偏 H-双模代数, 称代数同态 $f: A\to B$ 为**偏 H-模代数同态**, 若其满足 $f(h \rightharpoonup a \leftharpoonup g) = h \rightharpoonup f(a) \leftharpoonup g$. 我们将由对称偏 H-模代数与偏 H-模代数同态做成的范畴记为 ${}_{\mathbf{H}}\mathbf{ParAct}_{\mathbf{H}}$.

命题 6.4　设 A 为对称偏 H-双模代数, $B = \mathrm{End}(A)$. 定义

$$\pi: H \rightharpoonup B,\ h\mapsto \pi(h)$$

为 $\pi(h)(a) = h_{(1)} \rightharpoonup a \leftharpoonup S(h_{(2)})$. 则 π 满足条件定义 6.9 中条件 (1)~ 条件 (5).

证明　对任意的 $a\in A$, 由于 $1_H \rightharpoonup a \leftharpoonup 1_H = a$, 故 $\pi(1_H) = 1_B$, 于是条件 (1) 成立. 下证条件 (2):

$$\begin{aligned}
&\pi(h)\pi(k_{(1)})\pi(S(k_{(2)}))(a)\\
=\ & h_{(1)} \rightharpoonup [k_{(1)} \rightharpoonup (S(k_{(4)}) \rightharpoonup a \leftharpoonup S^2(k_{(3)})) \leftharpoonup S(k_{(2)})] \leftharpoonup S(h_{(2)})\\
=\ & (h_{(1)} \rightharpoonup 1_A \leftharpoonup S(h_{(4)}))[h_{(2)}k_{(1)} \rightharpoonup (S(k_{(4)}) \rightharpoonup a \leftharpoonup S^2(k_{(3)})) \leftharpoonup S(k_{(2)})S(h_{(3)})]\\
=\ & (h_{(1)} \rightharpoonup 1_A \leftharpoonup S(h_{(6)}))(h_{(2)}k_{(1)} \rightharpoonup 1_A \leftharpoonup S(k_{(4)})S(h_{(5)}))\\
& [h_{(3)}k_{(2)}S(k_{(6)}) \rightharpoonup a \leftharpoonup S^2(k_{(5)})S(k_{(3)})S(h_{(4)})]\\
\overset{(6.3)}{=}\ & (h_{(1)} \rightharpoonup 1_A \leftharpoonup S(h_{(6)}))(h_{(2)}k_{(1)} \rightharpoonup 1_A \leftharpoonup S(k_{(5)})S(h_{(5)}))\\
& [h_{(3)}k_{(2)}S(k_{(6)}) \rightharpoonup a \leftharpoonup S^2(k_{(4)})S(k_{(3)})S(h_{(4)})]\\
=\ & (h_{(1)} \rightharpoonup 1_A \leftharpoonup S(h_{(6)}))(h_{(2)}k_{(1)} \rightharpoonup 1_A \leftharpoonup S(k_{(3)})S(h_{(5)}))\\
& [h_{(3)}k_{(2)}S(k_{(4)}) \rightharpoonup a \leftharpoonup S(h_{(4)})]\\
\overset{(6.4)}{=}\ & (h_{(1)} \rightharpoonup 1_A \leftharpoonup S(h_{(6)}))(h_{(2)}k_{(1)} \rightharpoonup 1_A \leftharpoonup S(k_{(4)})S(h_{(5)}))\\
& [h_{(3)}k_{(2)}S(k_{(3)}) \rightharpoonup a \leftharpoonup S(h_{(4)})]\\
=\ & (h_{(1)} \rightharpoonup 1_A \leftharpoonup S(h_{(6)}))(h_{(2)}k_{(1)} \rightharpoonup 1_A \leftharpoonup S(h_{(5)}k_{(2)}))[h_{(3)} \rightharpoonup a \leftharpoonup S(h_{(4)})]\\
=\ & h_{(1)} \rightharpoonup ([k_{(1)} \rightharpoonup 1_A \leftharpoonup S(k_{(2)})]a) \leftharpoonup S(h_{(2)}).
\end{aligned}$$

又由

$$\begin{aligned}
&\pi(hk_{(1)})\pi(S(k_{(2)}))(a)\\
=\ & h_{(1)}k_{(1)} \rightharpoonup [S(k_{(4)}) \rightharpoonup a \leftharpoonup S^2(k_{(3)})] \leftharpoonup S(h_{(2)}k_{(2)})\\
=\ & (h_{(1)}k_{(1)} \rightharpoonup 1_A \leftharpoonup S(h_{(4)}k_{(4)}))[h_{(2)}k_{(2)}S(k_{(6)}) \rightharpoonup a \leftharpoonup S^2(k_{(5)})S(h_{(3)}k_{(3)})]\\
\overset{(6.3)}{=}\ & (h_{(1)}k_{(1)} \rightharpoonup 1_A \leftharpoonup S(h_{(4)}k_{(5)}))[h_{(2)}k_{(2)}S(k_{(6)}) \rightharpoonup a \leftharpoonup S^2(k_{(4)})S(h_{(3)}k_{(3)})]\\
=\ & (h_{(1)}k_{(1)} \rightharpoonup 1_A \leftharpoonup S(h_{(4)}k_{(3)}))[h_{(2)}k_{(2)}S(k_{(4)}) \rightharpoonup a \leftharpoonup S(h_{(3)})]\\
\overset{(6.4)}{=}\ & (h_{(1)}k_{(1)} \rightharpoonup 1_A \leftharpoonup S(h_{(4)}k_{(4)}))[h_{(2)}k_{(2)}S(k_{(3)}) \rightharpoonup a \leftharpoonup S(h_{(3)})]\\
=\ & (h_{(1)}k_{(1)} \rightharpoonup 1_A \leftharpoonup S(h_{(4)}k_{(2)}))[h_{(2)} \rightharpoonup a \leftharpoonup S(h_{(3)})]\\
=\ & (h_{(1)}k_{(1)} \rightharpoonup 1_A \leftharpoonup S(h_{(6)}k_{(2)}))(h_{(2)} \rightharpoonup 1_A \leftharpoonup S(h_{(5)}))[h_{(3)} \rightharpoonup a \leftharpoonup S(h_{(4)})]\\
=\ & (h_{(1)} \rightharpoonup 1_A \leftharpoonup S(h_{(6)}))(h_{(2)}k_{(1)} \rightharpoonup 1_A \leftharpoonup S(h_{(5)}k_{(2)}))[h_{(3)} \rightharpoonup a \leftharpoonup S(h_{(4)})]\\
=\ & h_{(1)} \rightharpoonup ([k_{(1)} \rightharpoonup 1_A \leftharpoonup S(k_{(2)})]a) \leftharpoonup S(h_{(2)}).
\end{aligned}$$

知其成立. 下证条件 (3):

$$
\begin{aligned}
&\pi(h_{(1)})\pi(S(h_{(2)}))\pi(k)(a)\\
=\ & h_{(1)} \rightharpoonup [S(h_{(4)}) \rightharpoonup (k_{(1)} \rightharpoonup a \leftharpoonup S(k_{(2)})) \leftharpoonup S^2(h_{(3)})] \leftharpoonup S(h_{(2)})\\
=\ & (h_{(1)} \rightharpoonup 1_A \leftharpoonup S(h_{(4)}))[h_{(2)}S(h_{(6)}) \rightharpoonup (k_{(1)} \rightharpoonup a \leftharpoonup S(k_{(2)})) \leftharpoonup S^2(h_{(5)})S(h_{(3)})]\\
\overset{(6.3)}{=}\ & (h_{(1)} \rightharpoonup 1_A \leftharpoonup S(h_{(5)}))[h_{(2)}S(h_{(6)}) \rightharpoonup (k_{(1)} \rightharpoonup a \leftharpoonup S(k_{(2)})) \leftharpoonup S^2(h_{(4)})S(h_{(3)})]\\
=\ & (h_{(1)} \rightharpoonup 1_A \leftharpoonup S(h_{(3)}))[h_{(2)}S(h_{(4)}) \rightharpoonup (k_{(1)} \rightharpoonup a \leftharpoonup S(k_{(2)}))]\\
\overset{(6.4)}{=}\ & (h_{(1)} \rightharpoonup 1_A \leftharpoonup S(h_{(4)}))[h_{(2)}S(h_{(3)}) \rightharpoonup (k_{(1)} \rightharpoonup a \leftharpoonup S(k_{(2)}))]\\
=\ & (h_{(1)} \rightharpoonup 1_A \leftharpoonup S(h_{(2)}))(k_{(1)} \rightharpoonup a \leftharpoonup S(k_{(2)}))
\end{aligned}
$$

又知

$$
\begin{aligned}
&\pi(h_{(1)})\pi(S(h_{(2)})k)(a)\\
=\ & h_{(1)} \rightharpoonup [S(h_{(4)})k_{(1)} \rightharpoonup a \leftharpoonup S(k_2)S^2(h_{(3)})] \leftharpoonup S(h_{(2)})\\
=\ & (h_{(1)} \rightharpoonup 1_A \leftharpoonup S(h_{(4)}))[h_{(2)}S(h_{(6)})k_{(1)} \rightharpoonup a \leftharpoonup S(k_2)S^2(h_{(5)})S(h_{(3)})]\\
\overset{(6.3)}{=}\ & (h_{(1)} \rightharpoonup 1_A \leftharpoonup S(h_{(5)}))[h_{(2)}S(h_{(6)})k_{(1)} \rightharpoonup a \leftharpoonup S(k_2)S^2(h_{(4)})S(h_{(3)})]\\
=\ & (h_{(1)} \rightharpoonup 1_A \leftharpoonup S(h_{(3)}))[h_{(2)}S(h_{(4)})k_{(1)} \rightharpoonup a \leftharpoonup S(k_2)]\\
\overset{(6.4)}{=}\ & (h_{(1)} \rightharpoonup 1_A \leftharpoonup S(h_{(2)}))[h_{(3)}S(h_{(4)})k_{(1)} \rightharpoonup a \leftharpoonup S(k_2)]\\
=\ & (h_{(1)} \rightharpoonup 1_A \leftharpoonup S(h_{(2)}))[k_{(1)} \rightharpoonup a \leftharpoonup S(k_2)].
\end{aligned}
$$

于是条件 (3) 成立. 下证条件 (4):

$$
\begin{aligned}
&\pi(h)\pi(S(k_{(1)}))\pi(k_{(2)})(a)\\
=&h_{(1)} \rightharpoonup [S(k_{(2)}) \rightharpoonup (k_{(3)} \rightharpoonup a \leftharpoonup S(k_{(4)})) \leftharpoonup S^2(k_{(1)})] \leftharpoonup S(h_{(2)})\\
=&[h_{(1)}S(k_{(2)}) \rightharpoonup (k_{(3)} \rightharpoonup a \leftharpoonup S(k_{(4)})) \leftharpoonup S^2(k_{(1)})S(h_{(4)})](h_{(2)} \rightharpoonup 1_A \leftharpoonup S(h_{(3)}))\\
=&[h_{(1)}S(k_{(4)})k_{(5)} \rightharpoonup a \leftharpoonup S(k_{(6)})S^2(k_{(1)})S(h_{(6)})]\\
&(h_{(2)}S(k_{(3)}) \rightharpoonup 1_A \leftharpoonup S^2(k_{(2)})S(h_{(5)}))(h_{(3)} \rightharpoonup 1_A \leftharpoonup S(h_{(4)}))\\
=&[h_{(1)} \rightharpoonup a \leftharpoonup S(h_{(3)})](h_{(2)}S(k_{(3)}) \rightharpoonup 1_A \leftharpoonup S(h_{(2)}S(k_{(2)})))
\end{aligned}
$$

且有

$$\begin{aligned}
&\pi(hS(k_{(1)}))\pi(k_{(2)})(a)\\
=\ & h_{(1)}S(k_{(2)}) \rightharpoonup [k_{(3)} \rightharpoonup a \leftharpoonup S(k_{(4)})] \leftharpoonup S(h_{(2)}S(k_{(1)}))\\
=\ & [h_{(1)}S(k_{(4)})k_{(5)} \rightharpoonup a \leftharpoonup S(k_{(6)})S(h_{(3)}S(k_{(1)}))](h_{(2)}S(k_{(3)}) \rightharpoonup 1_A \leftharpoonup S(h_{(2)}S(k_{(2)})))\\
=\ & [h_{(1)} \rightharpoonup a \leftharpoonup S(k_{(4)})S(h_{(3)}S(k_{(1)}))](h_{(2)}S(k_{(3)}) \rightharpoonup 1_A \leftharpoonup S(h_{(2)}S(k_{(2)})))\\
\overset{(6.3)}{=}\ & [h_{(1)} \rightharpoonup a \leftharpoonup S(k_{(2)})S(h_{(3)}S(k_{(1)}))](h_{(2)}S(k_{(3)}) \rightharpoonup 1_A \leftharpoonup S(h_{(2)}S(k_{(4)})))\\
=\ & [h_{(1)} \rightharpoonup a \leftharpoonup S(h_{(3)})](h_{(2)}S(k_{(3)}) \rightharpoonup 1_A \leftharpoonup S(h_{(2)}S(k_{(2)}))).
\end{aligned}$$

故条件 (4) 成立. 最后证条件 (5):

$$\begin{aligned}
&\pi(S(h_{(1)}))\pi(h_{(2)})\pi(k)(a)\\
=\ & S(h_{(2)}) \rightharpoonup [h_{(3)} \rightharpoonup [k_{(1)} \rightharpoonup a \leftharpoonup S(k_2)] \leftharpoonup S(h_{(4)})] \leftharpoonup S^2(h_{(1)})\\
=\ & [S(h_{(4)})h_{(5)} \rightharpoonup [k_{(1)} \rightharpoonup a \leftharpoonup S(k_2)] \leftharpoonup S(h_{(6)})S^2(h_{(1)})](S(h_{(3)}) \rightharpoonup 1_A \leftharpoonup S^2(h_{(2)}))\\
=\ & [k_{(1)} \rightharpoonup a \leftharpoonup S(k_2)] \leftharpoonup S(h_{(4)})S^2(h_{(1)})](S(h_{(3)}) \rightharpoonup 1_A \leftharpoonup S^2(h_{(2)}))\\
\overset{(6.3)(6.4)}{=}\ & [k_{(1)} \rightharpoonup a \leftharpoonup S(k_2)] \leftharpoonup S(h_{(4)})S^2(h_{(3)})](S(h_{(2)}) \rightharpoonup 1_A \leftharpoonup S^2(h_{(1)}))\\
=\ & (k_{(1)} \rightharpoonup a \leftharpoonup S(k_2))(S(h_{(2)}) \rightharpoonup 1_A \leftharpoonup S^2(h_{(1)})),
\end{aligned}$$

又知

$$\begin{aligned}
&\pi(S(h_{(1)}))\pi(h_{(2)}k)(a)\\
=\ & S(h_{(2)}) \rightharpoonup [h_{(3)}k_{(1)} \rightharpoonup a \leftharpoonup S(h_{(4)}k)] \leftharpoonup S^2(h_{(1)})\\
=\ & [S(h_{(4)})h_{(5)}k_{(1)} \rightharpoonup a \leftharpoonup S(h_{(6)}k)S^2(h_{(2)})](S(h_{(3)}) \rightharpoonup 1_A \leftharpoonup S^2(h_{(1)}))\\
=\ & [k_{(1)} \rightharpoonup a \leftharpoonup S(h_{(4)}k)S^2(h_{(2)})](S(h_{(3)}) \rightharpoonup 1_A \leftharpoonup S^2(h_{(1)}))\\
\overset{(6.4)}{=}\ & [k_{(1)} \rightharpoonup a \leftharpoonup S(h_{(4)}k)S^2(h_{(3)})](S(h_{(2)}) \rightharpoonup 1_A \leftharpoonup S^2(h_{(1)}))\\
=\ & (k_{(1)} \rightharpoonup a \leftharpoonup S(k_2))(S(h_{(2)}) \rightharpoonup 1_A \leftharpoonup S^2(h_{(1)})).
\end{aligned}$$

进而可知结论成立. □

偏扭曲 Smash 积可为偏表示提供另一例.

定义 6.10　A 为对称偏 H-双模代数, 则线性映射 $\pi_0 : H \rightharpoonup \underline{A\#H}$, $\pi_0(h) = 1_A\#h$, 为 H 上的偏表示.

证明　首先由 $\pi_0(1_H) = 1_A\#1_H = 1_{\underline{A\#H}}$ 易知定义 6.9 中的条件 (1) 成立. 下

证条件 (2):

$$
\begin{aligned}
&\pi_0(h)\pi_0(k_{(1)})\pi_0(S(k_{(2)}))\\
=&(1_A\#h)(1_A\#k_{(1)})(1_A\#S(k_{(2)}))\\
=&(1_A\#h)(k_{(1)}\rightharpoonup 1_A\leftharpoonup S(k_{(3)})\#k_{(2)}S(k_{(4)}))\\
=&(1_A\#h)(k_{(1)}\rightharpoonup 1_A\leftharpoonup S(k_{(2)})\#k_{(3)}S(k_{(4)}))\\
=&(1_A\#h)(k_{(1)}\rightharpoonup 1_A\leftharpoonup S(k_{(2)})\#1_H)\\
=&h_{(1)}\rightharpoonup (k_{(1)}\rightharpoonup 1_A\leftharpoonup S(k_{(2)}))\leftharpoonup S(h_{(3)})\#h_{(2)}.
\end{aligned}
$$

又知

$$
\begin{aligned}
&\pi_0(hk_{(1)})\pi_0(S(k_{(2)}))\\
=&\ (1_A\#hk_{(1)})(1_A\#S(k_{(2)}))\\
=&\ h_{(1)}k_{(1)}\rightharpoonup 1_A\leftharpoonup S(h_{(3)}k_{(3)})\#h_{(2)}k_{(2)}S(k_{(4)})\\
\overset{(6.3)}{=}&\ h_{(1)}k_{(1)}\rightharpoonup 1_A\leftharpoonup S(h_{(3)}k_{(2)})\#h_{(2)}k_{(3)}S(k_{(4)})\\
=&\ h_{(1)}k_{(1)}\rightharpoonup 1_A\leftharpoonup S(h_{(3)}k_{(2)})\#h_{(2)}\\
=&\ (h_{(1)}k_{(1)}\rightharpoonup 1_A\leftharpoonup S(h_{(5)}k_{(2)}))(h_{(2)}\rightharpoonup 1_A\leftharpoonup S(h_{(4)}))\#h_{(3)}\\
=&\ h_{(1)}\rightharpoonup (k_{(1)}\rightharpoonup 1_A\leftharpoonup S(k_{(2)}))\leftharpoonup S(h_{(3)})\#h_{(2)}.
\end{aligned}
$$

故条件 (2) 成立. 下证条件 (3):

$$
\begin{aligned}
&\pi_0(h_{(1)})\pi_0(S(h_{(2)}))\pi_0(k)\\
=&(1_A\#h_{(1)})(1_A\#S(h_{(2)}))(1_A\#k)\\
=&(h_{(1)}\rightharpoonup 1_A\leftharpoonup S(h_{(3)})\#h_{(2)}S(h_{(4)}))(1_A\#k)\\
=&(h_{(1)}\rightharpoonup 1_A\leftharpoonup S(h_{(2)})\#h_{(3)}S(h_{(4)}))(1_A\#k)\\
=&(h_{(1)}\rightharpoonup 1_A\leftharpoonup S(h_{(2)})\#1_H)(1_A\#k)\\
=&h_{(1)}\rightharpoonup 1_A\leftharpoonup S(h_{(2)})\#k
\end{aligned}
$$

又由

$$
\begin{aligned}
&\pi_0(h_{(1)})\pi_0(S(h_{(2)})k)\\
=&(1_A\#h_{(1)})(1_A\#S(h_{(2)}k))
\end{aligned}
$$

$$
\begin{aligned}
&= h_{(1)} \rightharpoonup 1_A \leftharpoonup S(h_{(3)}) \# h_{(2)} S(h_{(4)}) k \\
&= h_{(1)} \rightharpoonup 1_A \leftharpoonup S(h_{(2)}) \# h_{(3)} S(h_{(4)}) k \\
&= h_{(1)} \rightharpoonup 1_A \leftharpoonup S(h_{(2)}) \# k.
\end{aligned}
$$

故条件 (3) 成立. 下证条件 (4):

$$
\begin{aligned}
&\pi_0(h)\pi(S(k_{(1)}))\pi_0(k_{(2)}) \\
&= (1_A \# h)(1_A \# S(k_{(1)}))(1_A \# k_{(2)}) \\
&= (1_A \# h)(S(k_{(3)}) \rightharpoonup 1_A \leftharpoonup S^2(k_{(1)}) \# S(k_{(2)}) k_{(4)}) \\
&= h_{(1)} \rightharpoonup (S(k_{(3)}) \rightharpoonup 1_A \leftharpoonup S^2(k_{(1)})) \leftharpoonup S(h_{(3)}) \# h_{(2)} S(k_{(2)}) k_{(4)} \\
&= (h_{(1)} \rightharpoonup 1_A \leftharpoonup S(h_{(5)}))(h_{(2)} S(k_{(3)}) \rightharpoonup 1_A \leftharpoonup S^2(k_{(1)}) S(h_{(4)})) \# h_{(3)} S(k_{(2)}) k_{(4)},
\end{aligned}
$$

又知

$$
\begin{aligned}
&\pi_0(hS(k_{(1)}))\pi_0(k_{(2)}) \\
&= (1_A \# hS(k_{(1)}))(1_A \# k_{(2)}) \\
&= h_{(1)} S(k_{(3)}) \rightharpoonup 1_A \leftharpoonup S(h_{(3)} S(k_{(1)})) \# h_{(2)} S(k_{(2)}) k_{(4)} \\
&= (h_{(1)} S(k_{(5)}) \rightharpoonup 1_A \leftharpoonup S(h_{(5)} S(k_{(1)})))(h_{(2)} S(k_{(4)}) k_{(6)} \rightharpoonup 1_A \leftharpoonup S(h_{(4)} S(k_{(2)}) k_{(8)})) \\
&\quad \# h_{(3)} S(k_{(3)}) k_{(7)} \\
&= (h_{(1)} S(k_{(3)}) \rightharpoonup (k_4 \rightharpoonup 1_A \leftharpoonup S(k_{(6)}))) \leftharpoonup S(h_{(3)} S(k_{(1)})) \# h_{(2)} S(k_{(2)}) k_{(5)} \\
&= (h_{(1)} \rightharpoonup 1_A \leftharpoonup S(h_{(5)}))(h_{(2)} S(k_{(3)}) \rightharpoonup 1_A \leftharpoonup S^2(k_{(1)}) S(h_{(4)})) \# h_{(3)} S(k_{(2)}) k_{(4)}.
\end{aligned}
$$

故条件 (4) 成立. 下证条件 (5):

$$
\begin{aligned}
&\pi_0(S(h_{(1)}))\pi_0(h_{(2)})\pi_0(k) \\
&= (1_A \# S(h_{(1)}))(1_A \# h_{(2)})(1_A \# k) \\
&= (S(h_{(3)}) \rightharpoonup 1_A \leftharpoonup S^2(h_{(1)}) \# S(h_{(2)}) h_{(4)})(1_A \# k) \\
&= (S(h_{(5)}) \rightharpoonup 1_A \leftharpoonup S^2(h_{(1)}))(S(h_{(4)}) h_{(6)} \rightharpoonup 1_A \leftharpoonup S(S(h_{(2)}) h_{(8)})) \# S(h_{(3)}) h_{(7)} k \\
&= S(h_{(3)}) \rightharpoonup (h_{(4)} \rightharpoonup 1_A \leftharpoonup S(h_{(6)})) \leftharpoonup S^2(h_{(1)}) \# S(h_{(2)}) h_{(5)} k \\
&= S(h_{(3)}) \rightharpoonup 1_A \leftharpoonup S^2(h_{(1)}) \# S(h_{(2)}) h_{(4)} k \\
&= \pi(S(h_{(1)}))\pi(h_{(2)} k).
\end{aligned}
$$

故条件 (5) 成立. 进而 π_0 为 H 在偏扭曲 Smash 积 $\underline{A\#H}$ 上的偏表示. □

定义 6.11　设 A, B 均为单位代数, H 为 Hopf 代数且在 A 上有偏作用. 又设 $\varphi: A \to B$ 为代数同态, $\pi: H \to B$ 为偏表示, 我们称 (φ, π) 为协变对, 若对任意的 $h \in H$, $a \in A$, 下列条件满足:

(1) $\varphi(h \rightharpoonup a \leftharpoonup S(h_{(2)})) = \pi(h_{(1)})\varphi(a)\pi(S(h_{(2)}))$

(2) $\varphi(a)\pi(S(h_{(1)}))\pi(h_{(2)}) = \pi(S(h_{(1)}))\pi(h_{(2)})\varphi(a)$.

由上述定义, 我们有如下定理.

定理 6.5　设 A, B 均为单位代数, H 为 Hopf 代数且在 A 上有对称偏作用. 又设 (φ, π) 为协变对. 则此时存在唯一的代数同态 $\Phi: \underline{A\#H} \to B$ 使得 $\varphi = \Phi \circ \varphi_0$, 并且 $\pi = \Phi \circ \pi_0$, 其中代数同态 $\varphi_0: A \to \underline{A\#H}$ 定义为 $\varphi_0(a) = a\#1_H$.

证明　定义线性映射:

$$\begin{aligned}\Phi: \underline{A\#H} &\to B\\ a\#h &\mapsto \varphi(a)\pi(h).\end{aligned}$$

下证其为代数同态. 事实上,

$$\begin{aligned}
&\Phi((a\#h)(b\#g))\\
=&\Phi(a(h_{(1)} \rightharpoonup b \leftharpoonup S(h_{(3)}))\#h_{(2)}g)\\
=&\varphi(a(h_{(1)} \rightharpoonup b \leftharpoonup S(h_{(3)})))\pi(h_{(2)}g)\\
=&\varphi(a(h_{(1)} \rightharpoonup b \leftharpoonup S(h_{(2)})))\pi(h_{(3)}g)\\
=&\varphi(a)\pi(h_{(1)})\varphi(b)\pi(S(h_{(2)}))\pi(h_{(3)}g)\\
=&\varphi(a)\pi(h_{(1)})\varphi(b)\pi(S(h_{(2)}))\pi(h_{(3)})\pi(g)\\
=&\varphi(a)\pi(h_{(1)})\pi(S(h_{(2)}))\pi(h_{(3)})\varphi(b)\pi(g)\\
=&\varphi(a)\pi(h)\varphi(b)\pi(g)\\
=&\Phi(a\#h)\Phi(b\#g).
\end{aligned}$$

于是易知 $\varphi = \Phi \circ \varphi_0$ 且 $\pi = \Phi \circ \pi_0$. 下证唯一性. 若另存在 $\Psi: \underline{A\#H} \to B$ 亦满足条件, 则有

$$\begin{aligned}\Psi(a\#h) &= \Psi((a\#1_H)(1_A\#h)) = \Psi(a\#1_H)\Psi(1_A\#h)\\ &= \Psi(\varphi_0(a))\Psi(\pi_0(h)) = \varphi(a)\pi(h) = \Phi(a\#h).\end{aligned}$$

这就证明了唯一性. □

进而可得如下结论.

定理 6.6　设 H 为 Hopf 代数, 则存在函子

$$\Pi_0 : {}_{\mathbf{H}}\mathbf{ParAct}_{\mathbf{H}} \longrightarrow {}_{\mathbf{H}}\mathbf{ParRep}_{\mathbf{H}}, \quad \Pi_0(A,\cdot) = (\underline{A\#H}, \pi_0)$$

$$\Pi : {}_{\mathbf{H}}\mathbf{ParAct}_{\mathbf{H}} \longrightarrow {}_{\mathbf{H}}\mathbf{ParRep}_{\mathbf{H}}, \quad \Pi(A,\cdot) = (\mathrm{End}_k(A), \pi).$$

且有自然变换 $\underline{\Phi} : \Pi_0 \to \Pi$.

证明　首先易知上述定义的 Π_0 与 Π 确实为函子. 若 $(A,\cdot)$ 为对称偏 H-双模代数, 则 $\Pi(A,\cdot) = (\mathrm{End}_k(A), \pi)$ 为 $\mathrm{End}_k(A)$ 上的结合偏表示, 并且 $\varphi : A \to \mathrm{End}(A)$ 满足 $\varphi(a)(a') = aa'$, 进而 (φ, π) 为协变对. 又对任意的 $h \in H$, $a, a' \in A$, 下证定义 6.11 的条件 (1):

$$\begin{aligned}
&\pi(h_{(1)})\varphi(a)\pi(S(h_{(2)}))(a') \\
=\ & h_{(1)} \rightharpoonup [a(S(h_{(4)}) \rightharpoonup a' \leftharpoonup S^2(h_{(3)}))] \leftharpoonup S(h_{(2)}) \\
=\ & (h_{(1)} \rightharpoonup a \leftharpoonup S(h_{(4)}))[h_{(2)} \rightharpoonup (S(h_{(6)}) \rightharpoonup a' \leftharpoonup S^2(h_{(5)})) \leftharpoonup S(h_{(3)})] \\
=\ & (h_{(1)} \rightharpoonup a \leftharpoonup S(h_{(6)}))(h_{(2)} \rightharpoonup 1_A \leftharpoonup S(h_{(5)}))[h_{(3)}S(h_{(8)}) \rightharpoonup a' \leftharpoonup S^2(h_{(7)})S(h_{(4)})] \\
=\ & (h_{(1)} \rightharpoonup a \leftharpoonup S(h_{(4)}))[h_{(2)}S(h_{(6)}) \rightharpoonup a' \leftharpoonup S^2(h_{(5)})S(h_{(3)})] \\
\overset{(6.3)}{=} & (h_{(1)} \rightharpoonup a \leftharpoonup S(h_{(3)}))[h_{(2)}S(h_{(6)}) \rightharpoonup a' \leftharpoonup S^2(h_{(5)})S(h_{(4)})] \\
=\ & (h_{(1)} \rightharpoonup a \leftharpoonup S(h_{(3)}))[h_{(2)}S(h_{(4)}) \rightharpoonup a'] \\
\overset{(6.4)}{=} & (h_{(1)} \rightharpoonup a \leftharpoonup S(h_{(4)}))[h_{(2)}S(h_{(3)}) \rightharpoonup a'] \\
=\ & \varphi(h_{(1)} \rightharpoonup a \leftharpoonup S(h_{(2)}))(a').
\end{aligned}$$

故条件 (1) 成立. 下证定义 6.11 的条件 (2):

$$\begin{aligned}
&\pi(S(h_{(1)}))\pi(h_{(2)})\varphi(a)(a') \\
=\ & S(h_{(2)}) \rightharpoonup [h_{(3)} \rightharpoonup aa' \leftharpoonup S(h_{(4)})] \leftharpoonup S^2(h_{(1)}) \\
=\ & S(h_{(2)}) \rightharpoonup [(h_{(3)} \rightharpoonup a \leftharpoonup S(h_{(5)}))(h_{(4)} \rightharpoonup a' \leftharpoonup S(h_{(6)}))] \leftharpoonup S^2(h_{(1)}) \\
=\ & \varphi(a)\pi(S(h_{(1)}))\pi(h_{(2)})(a').
\end{aligned}$$

故与文献 [1] 同理可知, 存在代数同态 $\Phi : \underline{A\#H} \to \mathrm{End}_k(A)$, 使得 $\pi = \Phi \circ \pi_0$ 成立, 进而 Φ 为偏表示同态. □

6.5 Frobenius 性质

本节中, 我们将讨论代数扩张 $\underline{A\#H}/A$ 是否 Frobenius 型的, 并以此来推广文献 [13] 中的相应结论.

设 $i: R\to S$ 为环同态. 由文献 [11] 可知, 称 i 为 Frobenius型的(或称 S/R 为 Frobenius的), 若存在 Frobenius 系统 (v,e), 其中 $v: S\to R$ 为 R-双模同态, $e=\sum e^1\otimes_R e^2\in S\otimes_R S$ 为元素, 满足对任意的 $s\in S$, 有 $se=es$, 及 $\sum v(e^1)e^2=\sum v(e^2)e^1=1$ 成立.

交换环 k 上的 Hopf 代数 H 为 Frobenius 的当且仅当其为有限生成投射的, 且积分空间为秩为 1 的自由模. 若 H 为 Frobenius 的, 知存在 H 中的左积分 t 和 H^* 上的左积分 φ, 满足 $<\varphi,t>=1$. 此时 Frobenius 系统即 $(\varphi,t_{(2)}\otimes S^{-1}(t_{(1)}))$. 特别地, 我们有

$$<\varphi,t_{(2)}>S^{-1}(t_{(1)})=t_{(2)}<\varphi,S^{-1}(t_{(1)})>=1_H.$$

若 $t\in H$ 为左积分, 则对任意的 $h\in H$, 显然有

$$t_{(2)}\otimes S^{-1}(t_{(1)})h=ht_{(2)}\otimes S^{-1}(t_{(1)}).$$

命题 6.5　设 H 为 Frobenius 的 Hopf 代数, t 与 φ 定义如上, 并且 A 为偏 H-模代数. 又设对任意的 $h\in H$, $(h_{(1)}\rightharpoonup 1_A\leftharpoonup S(h_{(2)}))$ 为 A 的中心元, 并且设 t 满足余交换条件:

$$t_{(1)}\otimes t_{(2)}\otimes t_{(3)}\otimes t_{(4)}=t_{(1)}\otimes t_{(2)}\otimes t_{(4)}\otimes t_{(3)}.$$

则 $A\#H/A$ 为 Frobenius 型的, 其 Frobenius 系统为 $(\underline{v}=(A\#\varphi)\circ\iota, \underline{e}=(1_A\#t_{(2)})1_A\otimes_A(1_A\otimes S^{-1}(t_{(1)}))1_A)$, 其中 $\iota:\underline{A\#H}\to A\#H$ 为嵌入映射.

证明　对任意的 $a\in A$, $h\in H$, 我们有

$$\begin{aligned}
&(1_A\otimes t_{(2)})1_A\otimes_A(1_A\otimes S^{-1}(t_{(1)}))1_A(a\#h)1_A\\
=&(1_A\otimes t_{(2)})\otimes_A(1_A\otimes S^{-1}(t_{(1)}))(a\#h)1_A\\
=&(1_A\otimes t_{(2)})\otimes_A(1_A\otimes S^{-1}(t_{(1)}))(a(h_{(1)}\rightharpoonup 1_A\leftharpoonup S(h_{(3)}))\#h_{(2)})1_A\\
=&(1_A\otimes t_{(4)})\otimes_A(S^{-1}(t_{(3)})\rightharpoonup(a(h_{(1)}\rightharpoonup 1_A\leftharpoonup S(h_{(3)})))\leftharpoonup t_{(1)})\#S^{-1}(t_{(2)})h_{(2)})1_A
\end{aligned}$$

$$=(1_A\otimes t_{(4)})(S^{-1}(t_{(3)})\rightharpoonup(a(h_{(1)}\rightharpoonup 1_A\leftharpoonup S(h_{(3)})))\leftharpoonup t_{(1)})\otimes_A(1_A\#S^{-1}(t_{(2)})h_{(2)})1_A$$

$$=(t_{(4)}\rightharpoonup(S^{-1}(t_{(3)})\rightharpoonup(a(h_{(1)}\rightharpoonup 1_A\leftharpoonup S(h_{(3)})))\leftharpoonup t_{(1)})\leftharpoonup S(t_{(6)})\#t_{(5)})$$
$$\otimes_A(1_A\#S^{-1}(t_{(2)})h_{(2)})1_A$$

$$=(t_{(4)}\rightharpoonup 1_A\leftharpoonup S(t_{(8)})(t_{(5)}S^{-1}(t_{(3)})\rightharpoonup(a(h_{(1)}\rightharpoonup 1_A\leftharpoonup S(h_{(3)})))\leftharpoonup t_{(1)}S(t_{(7)}))\#t_{(6)}$$
$$\otimes_A(1_A\#S^{-1}(t_{(2)})h_{(2)})1_A$$

$$=(t_{(5)}\rightharpoonup 1_A\leftharpoonup S(t_{(8)})(t_{(4)}S^{-1}(t_{(3)})\rightharpoonup(a(h_{(1)}\rightharpoonup 1_A\leftharpoonup S(h_{(3)})))\leftharpoonup t_{(1)}S(t_{(7)}))\#t_{(6)}$$
$$\otimes_A(1_A\#S^{-1}(t_{(2)})h_{(2)})1_A$$

$$=(t_{(4)}\rightharpoonup 1_A\leftharpoonup S(t_{(6)})((a(h_{(1)}\rightharpoonup 1_A\leftharpoonup S(h_{(3)})))\leftharpoonup t_{(1)}S(t_{(2)}))\#t_{(5)}$$
$$\otimes_A(1_A\#S^{-1}(t_{(3)})h_{(2)})1_A$$

$$=(t_{(2)}\rightharpoonup 1_A\leftharpoonup S(t_{(4)})((a(h_{(1)}\rightharpoonup 1_A\leftharpoonup S(h_{(3)})))\#t_{(3)}\otimes_A(1_A\#S^{-1}(t_{(1)})h_{(2)})1_A$$

$$=((a(h_{(1)}\rightharpoonup 1_A\leftharpoonup S(h_{(3)})))(t_{(2)}\rightharpoonup 1_A\leftharpoonup S(t_{(4)})\#t_{(3)}\otimes_A(1_A\#S^{-1}(t_{(1)})h_{(2)})1_A$$

$$=(((a(h_{(1)}\rightharpoonup 1_A\leftharpoonup S(h_{(3)})))(h_{(2)}t_{(2)}\rightharpoonup 1_A\leftharpoonup S(h_{(4)}t_{(4)}))\#h_{(3)}t_{(3)})$$
$$\otimes_A(1_A\#S^{-1}(t_{(1)}))1_A$$

$$=(a(h_{(1)}\rightharpoonup 1_A\leftharpoonup S(h_{(3)}))\#h_{(2)}t_{(2)})1_A\otimes_A(1_A\#S^{-1}(t_{(1)}))1_A$$

$$=(a\#h)(1_A\#t_{(2)})\otimes_A(1_A\#S^{-1}(t_{(1)}))1_A$$

$$=(a\#h)1_A(1_A\#t_{(2)})1_A\otimes_A(1_A\#S^{-1}(t_{(1)}))1_A.$$

由 φ 为左积分可知,

$$\underline{v}((a\#h)1_A)=<\varphi,h_{(2)}>a(h_{(1)}\rightharpoonup 1_A\leftharpoonup S(h_{(3)}))=<\varphi,h>a.$$

此时, $\underline{v}$ 显然满足左 A-线性, 右 A-线性可证明如下:

$$\begin{aligned}\underline{v}((a\#h)1_Ab)&=\underline{v}((a\#h)b1_A)\\&=\underline{v}((a(h_{(1)}\rightharpoonup b\leftharpoonup S(h_{(3)})\#h_{(2)})1_A)\\&=<\varphi,h_{(2)}>a(h_{(1)}\rightharpoonup 1_A\leftharpoonup S(h_{(3)}))\\&=<\varphi,h>ab=\underline{v}((a\#h)1_A)b.\end{aligned}$$

最终, 由

$$\underline{v}((1_A\#t_{(2)})1_A)((1_A\#S^{-1}(t_{(1)}))1_A)$$

$$
\begin{aligned}
&=(<\varphi,t_{(2)}>1_A\#S^{-1}(t_{(1)}))1_A\\
&=1_A\#1_H,
\end{aligned}
$$

与

$$
\begin{aligned}
&((1_A\#t_{(2)})1_A)\underline{v}((1_A\#S^{-1}(t_{(1)}))1_A)\\
&=(1_A\#t_{(2)})(<\varphi,S^{-1}(t_{(1)})>\\
&=1_A\#1_H,
\end{aligned}
$$

可知结论成立. □

第 7 章　偏 Hopf 余作用的构造

7.1　余交换 Hopf 代数的偏作用

易知泛偏 Hopf 代数 H_{par} 同构于偏 Smash 积 $\underline{A\#H}$, 其中 A 为 H_{par} 的子代数. 本节中, 我们将证明更广义的偏 Smash 积 $\underline{A\#H}$ 亦有 Hopf 代数胚结构.

首先, 我们定义左右源映射与靶映射如下:

$$s_l = t_l = s_r = t_r : \quad \begin{array}{ccc} A & \to & \underline{A\#H} \\ a & \mapsto & a\#1_H \end{array}$$

易知 s 为代数同态, 又由 A 可换知, $t = s$ (可视之为反同态). 并且 s 与 t 的象集在 $\mathcal{H} = \underline{A\#H}$ 中相乘亦可换 (其未必均位于 $A\#H$ 的中心里). 进而 (s_l, t_l) 与 (s_r, t_r) 可诱导 $A\#H$ 上不同的 A-双模结构. 具体地, 两个 A-双模结构分别定义如下:

$$a \triangleright (b\#h) \triangleleft c = s_l(a)t_l(c)(b\#h) = abc\#h, \tag{7.1}$$

与

$$a \blacktriangleright (b\#h) \blacktriangleleft c = (b\#h)s_r(c)t_r(a) = b(h_{(1)} \cdot (ac))\#h_{(2)}. \tag{7.2}$$

事实上, 其满足性质:

$$a \triangleright (b\#h) = (b\#h) \triangleleft a, \qquad a \blacktriangleright (b\#h) = (b\#h) \blacktriangleleft a.$$

接下来, 我们将分别赋予上述两种双模结构以张量积.

引理 7.1　设 H 为余交换 Hopf 代数, A 为交换左偏 H-模代数. 则偏 Smash 积 $\mathcal{H} = \underline{A\#H}$ 有 A-余代数结构与 A-双模结构 (7.1), 其中余代数结构为

$$\begin{aligned} \underline{\Delta}_l(a\#h) &= (a\#h_{(1)}) \otimes_A^l (\mathbf{1}_A\#h_{(2)}), \\ \underline{\epsilon}_l(a\#h) &= a(h \cdot \mathbf{1}_A). \end{aligned}$$

证明　易证 $\underline{\Delta}$ 与 $\underline{\epsilon}$ 均为 A-线性映射且满足余结合性. 下证余单位性. 我们有

$$\begin{aligned} (I \otimes \underline{\epsilon}_l) \circ \underline{\Delta}_l(a\#h) &= (a\#h_{(1)}) \triangleleft (h_{(2)} \cdot \mathbf{1}_A) = a(h_{(2)} \cdot \mathbf{1}_A)\#h_{(1)} \\ &= a(h_{(1)} \cdot \mathbf{1}_A)\#h_{(2)} = a\#h, \end{aligned}$$

与

$$(\underline{\epsilon}_l \otimes I) \circ \underline{\Delta}_l(a\#h) = (a(h_{(1)} \cdot \mathbf{1}_A)) \triangleright (\mathbf{1}_A\#h_{(2)})$$
$$= a(h_{(1)} \cdot \mathbf{1}_A)\#h_{(2)}. = a\#h$$

进而知结论成立. □

引理 7.2　设 A, H 定义如上. 则偏 Smash 积 $\mathcal{H} = \underline{A\#H}$ 有 A-余代数结构. 其中 A-双模结构由 (7.2) 给出, 余乘及余单位定义如下:

$$\underline{\Delta}_r(a\#h) = (a\#h_{(1)}) \otimes_A^r (\mathbf{1}_A\#h_{(2)}),$$
$$\underline{\epsilon}_r(a\#h) = S(h) \cdot a.$$

证明　首先验证余乘为 A-线性的,

$$\underline{\Delta}_r(a \blacktriangleright (b\#h)) = \underline{\Delta}_r(b(h_{(1)} \cdot a)\#h_{(2)}) = b(h_{(1)} \cdot a)\#h_{(2)} \otimes_A^r 1_A\#h_{(3)}$$
$$= a \blacktriangleright (b\#h_{(1)}) \otimes_A^r (1_A\#h_{(2)}) = a \blacktriangleright \underline{\Delta}_r(b\#h).$$

再证余单位亦为 A-线性的,

$$\underline{\epsilon}_r(a \blacktriangleright (b\#h)) = \underline{\epsilon}_r(b(h_{(1)} \cdot a)\#h_{(2)}) = S(h_{(2)}) \cdot (b(h_{(1)} \cdot a))$$
$$= (S(h_{(3)}) \cdot b)(S(h_{(2)}) \cdot (h_{(1)} \cdot a)) = (S(h_{(3)}) \cdot b)(S(h_{(1)})h_{(2)} \cdot a)$$
$$= (S(h) \cdot b)a = a\underline{\epsilon}_r(b\#h).$$

余结合性显然可得. 下证余单位性:

$$(I \otimes \underline{\epsilon}_r) \circ \underline{\Delta}_r(a\#h) = (a\#h_{(1)}) \blacktriangleleft (S(h_{(2)}) \cdot 1_A) = a(h_{(1)} \cdot (S(h_{(3)}) \cdot 1_A))\#h_{(2)}$$
$$= a(h_{(1)} \cdot 1_A)(h_{(2)}S(h_{(4)}) \cdot 1_A)\#h_{(3)}$$
$$= a(h_{(1)} \cdot 1_A)(h_{(2)}S(h_{(3)}) \cdot 1_A)\#h_{(4)}$$
$$= a(h_{(1)} \cdot 1_A)\#h_{(2)} = a\#h,$$

又知

$$(\underline{\epsilon}_r \otimes I) \circ \underline{\Delta}_r(a\#h)$$
$$= (S(h_{(1)}) \cdot a) \blacktriangleright (1_A\#h_{(2)}) = (h_{(2)} \cdot (S(h_{(1)}) \cdot a))\#h_{(3)}$$
$$= (h_{(2)}S(h_{(1)}) \cdot a)(h_{(3)} \cdot 1_A)\#h_{(4)} = (h_{(1)}S(h_{(2)}) \cdot a)(h_{(3)} \cdot 1_A)\#h_{(4)}$$
$$= a(h_{(1)} \cdot 1_A)\#h_{(2)} = a\#h.$$

故结论成立. □

引理 7.3　在上述引理的条件下,

(1) $\underline{\Delta}_l$ 为代数同态且满足左 Takeuchi 张量积:

$$\begin{aligned}&\underline{A\#H}\times_A\underline{A\#H}\\&=\left\{\sum x_i\otimes^l_A y_i\in\underline{A\#H}\otimes^l_A\underline{A\#H}\Big|\sum a\blacktriangleright x_i\otimes^l_A y_i=\sum x_i\otimes^l_A y_i\blacktriangleleft a\,,\ \forall a\in A\right\}.\end{aligned}$$

(2) $\underline{\Delta}_r$ 为代数同态且满足右 Takeuchi 张量积:

$$\begin{aligned}&\underline{A\#H}_A\times\underline{A\#H}\\&=\left\{\sum x_i\otimes^r_A y_i\in\underline{A\#H}\otimes^r_A\underline{A\#H}\Big|\sum a\triangleright x_i\otimes^r_A y_i=\sum x_i\otimes^r_A y_i\triangleleft a\,,\ \forall a\in A\right\}.\end{aligned}$$

证明　仅证 $\underline{(1)}$. 首先任取 $a\#h\in\underline{A\#H}$, $b\in A$, 知有

$$\begin{aligned}&b\blacktriangleright(a\#h_{(1)})\otimes^l_A(\mathbf{1}_A\#h_{(2)})\\&=(a(h_{(1)}\cdot b)\#h_{(2)})\otimes^l_A(\mathbf{1}_A\#h_{(3)})\\&=(a\#h_{(2)})\triangleleft(h_{(1)}\cdot b)\otimes^l_A(\mathbf{1}_A\#h_{(3)})=(a\#h_{(1)})\triangleleft(h_{(2)}\cdot b)\otimes^l_A(\mathbf{1}_A\#h_{(3)})\\&=(a\#h_{(1)})\otimes^l_A(h_{(2)}\cdot b)\triangleright(\mathbf{1}_A\#h_{(3)})=(a\#h_{(1)})\otimes^l_A((h_{(2)}\cdot b)\#h_{(3)})\\&=(a\#h_{(1)})\otimes^l_A(\mathbf{1}_A\#h_{(2)})\blacktriangleleft b.\end{aligned}$$

下证 $\underline{\Delta}_l:\mathcal{H}\to\mathcal{H}\times_A\mathcal{H}$ 为代数同态. 一方面有

$$\underline{\Delta}_l((a\#h)(b\#k))=\underline{\Delta}_l(a(h_{(1)}\cdot b)\#h_{(2)}k)=(a(h_{(1)}\cdot b)\#h_{(2)}k_{(1)})\otimes^l_A(\mathbf{1}_A\#h_{(3)}k_{(2)});$$

另一方面有

$$\begin{aligned}\underline{\Delta}_l(a\#h)\underline{\Delta}_l(b\#k)&=[(a\#h_{(1)})\otimes^l_A(\mathbf{1}_A\#h_{(2)})][(b\#k_{(1)})\otimes^l_A(\mathbf{1}_A\#k_{(2)})]\\&=(a\#h_{(1)})(b\#k_{(1)})\otimes^l_A(\mathbf{1}_A\#h_{(2)})(\mathbf{1}_A\#k_{(2)})\\&=(a(h_{(1)}\cdot b)\#h_{(2)}k_{(1)})\otimes^l_A((h_{(3)}\cdot\mathbf{1}_A)\#h_{(4)}k_{(2)})\\&=(a(h_{(1)}\cdot b)\#h_{(2)}k_{(1)})\otimes^l_A(h_{(3)}\cdot\mathbf{1}_A)\triangleright(\mathbf{1}_A\#h_{(4)}k_{(2)})\\&=(a(h_{(1)}\cdot b)\#h_{(2)}k_{(1)})\triangleleft(h_{(3)}\cdot\mathbf{1}_A)\otimes^l_A(\mathbf{1}_A\#h_{(4)}k_{(2)})\\&=(a(h_{(1)}\cdot b)\#h_{(2)}k_{(1)})\otimes^l_A(\mathbf{1}_A\#h_{(3)}k_{(2)}).\end{aligned}$$

知结论成立. □

引理 7.4　在上述条件下, 对任意的 $x,y\in \underline{A\#H}$, 下列条件成立:

(1) $\underline{\epsilon}_l(1_{\mathcal{H}})=1_A=\underline{\epsilon}_r(1_{\mathcal{H}})$;

(2) $\underline{\epsilon}_l(xy)=\underline{\epsilon}_l(x\blacktriangleleft \underline{\epsilon}_l(y))=\underline{\epsilon}_l(xs(\underline{\epsilon}_l(y)))$;

(3) $\underline{\epsilon}_r(xy)=\underline{\epsilon}_r(\underline{\epsilon}_r(x)\triangleright y)=\underline{\epsilon}_r(s(\underline{\epsilon}_r(x))y)$.

证明　易知 (1) 显然成立. 下证 (2). 取 $x=a\#h$, $y=b\#k$. 进而由

$$\begin{aligned}\underline{\epsilon}_l((a\#h)(b\#k))&=\underline{\epsilon}_l(a(h_{(1)}\cdot b)\#h_{(2)}k)=a(h_{(1)}\cdot b)(h_{(2)}k\cdot \mathbf{1}_A)\\&=a(h_{(1)}\cdot b)(h_{(2)}\cdot \mathbf{1}_A)(h_{(3)}k\cdot \mathbf{1}_A)=a(h_{(1)}\cdot b)(h_{(2)}\cdot (k\cdot \mathbf{1}_A))\\&=a(h\cdot (b(k\cdot \mathbf{1}_A))).\end{aligned}$$

及

$$\begin{aligned}\underline{\epsilon}_l\big((a\#h)\blacktriangleleft \underline{\epsilon}_l(b\#k)\big)&=\underline{\epsilon}_l((a\#h)\blacktriangleleft b(k\cdot \mathbf{1}_A))=\underline{\epsilon}_l(a(h_{(1)}\cdot (b(k\cdot \mathbf{1}_A)))\#h_{(2)})\\&=a(h_{(1)}\cdot (b(k\cdot \mathbf{1}_A)))(h_{(2)}\cdot \mathbf{1}_A)=a(h\cdot (b(k\cdot \mathbf{1}_A))).\end{aligned}$$

可知 (2) 成立. 下证 (3). 取 $x=a\#h$, $y=b\#k$, 我们有

$$\begin{aligned}&\underline{\epsilon}_r((a\#h)(b\#k))\\&=\underline{\epsilon}_r(a(h_{(1)}\cdot b)\#h_{(2)}k)=S(h_{(2)}k)\cdot (a(h_{(1)}\cdot b))\\&=(S(h_{(3)}k_{(2)})\cdot a)(S(h_{(2)}k_{(1)})\cdot (h_{(1)}\cdot b))=(S(h_{(3)}k_{(2)})\cdot a)(S(k_{(1)})S(h_{(1)})h_{(2)}\cdot b)\\&=(S(hk_{(2)})\cdot a)(S(k_{(1)})\cdot b)=(S(k_{(2)})S(h)\cdot a)(S(k_{(1)})\cdot b)\\&=S(k)\cdot ((S(h)\cdot a)b)=\underline{\epsilon}_r((S(h)\cdot a)b\#k)\\&=\underline{\epsilon}_r((S(h)\cdot a)\triangleright (b\#k))=\underline{\epsilon}_r(\underline{\epsilon}_r(a\#h)\triangleright (b\#k)).\end{aligned}$$

命题得证. □

上述结论说明了 $\mathcal{H}=\underline{A\#H}$ 为左右 A-双代数胚. 下面将验证其为 Hopf 代数胚, 对极为

$$\mathcal{S}:\mathcal{H}\to\mathcal{H},\quad \mathcal{S}(a\#h)=(S(h_{(2)})\cdot a)\#S(h_{(1)}),\forall a\#h\in\mathcal{H}.$$

定理 7.1　在上述条件下,

$$(\underline{A\#H},A,s_l,t_l,s_r,t_r\underline{\Delta}_l,\underline{\epsilon}_l,\underline{\Delta}_r,\underline{\epsilon}_r,\mathcal{S})$$

构成 A-Hopf 代数胚.

证明　已证 $(\underline{A\#H}, A, s_l, t_l, \underline{\Delta}_l, \underline{\epsilon}_l)$ 为左 A-双代数胚, $(\underline{A\#H}, A, s_r, t_r, \underline{\Delta}_r, \underline{\epsilon}_r)$ 为右 A-双代数胚, 下证 $\mathcal{S}$ 为反代数同态且满足 Hopf 代数胚的定义. 我们仅证定义中的条件 (3) 与条件 (4)(第 1 章第 4 页).

取 $a, c \in A$, $b\#h \in \underline{A\#H}$, 易知

$$
\begin{aligned}
&\mathcal{S}(t_l(a)(b\#h)t_r(c))\\
=&\mathcal{S}((a\#1_H)(b\#h)(c\#1_H)) = \mathcal{S}(ab(h_{(1)}\cdot c)\#h_{(2)})\\
=&(S(h_{(3)})\cdot(ab(h_{(1)}\cdot c)))\#S(h_{(2)})\\
=&(S(h_{(5)})\cdot a)(S(h_{(4)})\cdot b)(S(h_{(3)})\cdot(h_{(1)}\cdot c))\#S(h_{(2)})\\
=&(S(h_{(5)})\cdot a)(S(h_{(4)})\cdot b)(S(h_{(2)})h_{(3)}\cdot c)\#S(h_{(1)})\\
=&(S(h_{(3)})\cdot a)(S(h_{(2)})\cdot b)c\#S(h_{(1)})\\
=&(c\#1_H)((S(h_{(3)})\cdot b)(S(h_{(2)})\cdot a)\#S(h_{(1)})) = (c\#1_H)((S(h_{(2)})\cdot b)\#S(h_{(1)}))(a\#1_H)\\
=&s_r(c)\mathcal{S}(b\#h)s_l(a).
\end{aligned}
$$

又取 $a\#h \in \underline{A\#H}$, 此时有

$$
\begin{aligned}
&\mu\circ(\mathcal{S}\otimes I)\circ\underline{\Delta}_l(a\#h)\\
=&\mathcal{S}(a\#h_{(1)})(1_A\#h_{(2)}) = ((S(h_{(2)})\cdot a)\#S(h_{(1)}))(1_A\#h_{(3)})\\
=&(S(h_{(3)})\cdot a)(S(h_{(2)})\cdot 1_A)\#S(h_{(1)})h_{(4)} = (S(h_{(3)})\cdot a)\#S(h_{(1)})h_{(2)}\\
=&(S(h)\cdot a)\#1_H = s_r\circ\underline{\epsilon}_r(a\#h),
\end{aligned}
$$

且有

$$
\begin{aligned}
&\mu\circ(I\otimes S)\circ\underline{\Delta}_r(a\#h)\\
=&(a\#h_{(1)})\mathcal{S}(1_A\#h_{(2)}) = (a\#h_{(1)})((S(h_{(3)})\cdot 1_A)\#S(h_{(2)}))\\
=&a(h_{(1)}\cdot(S(h_{(4)})\cdot 1_A))\#h_{(2)}S(h_{(3)}) = a(h_{(1)}\cdot(S(h_{(2)})\cdot 1_A))\#1_H\\
=&a(h_{(1)}\cdot 1_A)(h_{(2)}S(h_{(3)})\cdot 1_A)\#1_H = a(h\cdot 1_A)\#1_H\\
=&s_l\circ\underline{\epsilon}_l(a\#h).
\end{aligned}
$$

□

7.2 偏 Hopf 余模代数

本节中, 我们将回顾偏余模代数的定义并将建立相关的公理体系.

定义 7.1　设 H 为 Hopf 代数. 称单位代数 A 为*右偏 H-余模代数*(或称之为有一个*偏 H-余作用*), 若存在线性映射

$$\begin{array}{rccl}\overline{\rho}: & A & \rightarrow & A\otimes H\\ & a & \mapsto & \overline{\rho}(a)=a^{[0]}\otimes a^{[1]}\end{array}$$

满足条件:

(1) 对任意的 $a,b\in A$, $\overline{\rho}(ab)=\overline{\rho}(a)\overline{\rho}(b)$;

(2) 对任意的 $a\in A$, $(I\otimes\epsilon)\overline{\rho}(a)=a$;

(3) 对任意的 $a\in A$, $(\overline{\rho}\otimes I)\overline{\rho}(a)=[(I\otimes\Delta)\overline{\rho}(a)](\overline{\rho}(\mathbf{1}_A)\otimes 1_H)$.

称上述偏余作用为*对称的*, 若其满足:

(4) 对任意的 $a\in A$, $(\overline{\rho}\otimes I)\rho(a)=(\overline{\rho}(\mathbf{1}_A)\otimes 1_H)[(I\otimes\Delta)\overline{\rho}(a)]$.

设 A, B 均为偏 H-余模代数. 称 $f:A\rightarrow B$ 为偏余模代数同态, 若其为代数同态且满足 $\overline{\rho}_B\circ f=(f\otimes I)\circ\overline{\rho}_A$. 我们将由右偏 H-余模代数做成的范畴记为 $\mathsf{ParCoAct}_H$.

我们以 Sweedler 记号来表示偏余作用:

$$\overline{\rho}(a)=a^{[0]}\otimes a^{[1]},$$

进而有

(1) $(ab)^{[0]}\otimes(ab)^{[1]}=a^{[0]}b^{[0]}\otimes a^{[1]}b^{[1]}$;

(2) $a^{[0]}\epsilon(a^{[1]})=a$;

(3) $a^{[0][0]}\otimes a^{[0][1]}\otimes a^{[1]}=a^{[0]}\mathbf{1}_A^{[0]}\otimes a^{[1]}{}_{(1)}\mathbf{1}_A^{[1]}\otimes a^{[1]}{}_{(2)}$;

(4) $a^{[0][0]}\otimes a^{[0][1]}\otimes a^{[1]}=\mathbf{1}_A^{[0]}a^{[0]}\otimes\mathbf{1}_A^{[1]}a^{[1]}{}_{(1)}\otimes a^{[1]}{}_{(2)}$.

对称地, 可定义*左偏 H-余模代数*.

易知偏余作用 $\overline{\rho}:A\rightarrow A\otimes H$ 为代数同态且 $\overline{\rho}(1_A)$ 为代数 $A\otimes H$ 中的幂等元, 并且对任意的 $a\in A$, 可知有 $\overline{\rho}(a)=\overline{\rho}(a)\overline{\rho}(1_A)=\overline{\rho}(1_A)\overline{\rho}(a)$. 事实上, $\overline{\rho}(1_A)$ 仅为 $\overline{\rho}$ 的象集的中心元, 而非 $A\otimes H$ 的中心元. 易知余作用的象集包含在理想 $A\underline{\otimes}H=(A\otimes H)\overline{\rho}(1_A)$ 中, 并且其上的投射 $\pi:A\otimes H\rightarrow A\underline{\otimes}H$ 定义为 $\overline{\rho}(1_A)=1^{[0]}\otimes 1^{[1]}$.

$A\underline{\otimes}H$ 中的元素可记为

$$x=\sum_i a^i 1^{[0]}\otimes h^i 1^{[1]},\quad 其中\, a^i\in A,\ h^i\in H.$$

下面的例子可见文献 [15].

例 7.1　设 H 为 Hopf 代数, B 为右偏 H-余模代数, 余作用为 $\rho: B\to B\otimes H$. 设 $A\subset B$ 为 B 的单位理想, 则 A 为右偏 H-余模代数, 余作用为 $\overline{\rho}: A\to A\otimes H$, $\overline{\rho}(a)=(1_A\otimes 1_H)\rho(a)$.

命题 7.1　设有 Hopf 代数的对偶对 $\langle -,-\rangle: H\otimes K\to k$, 并且设 A 为对称右偏 K-余模代数. 则映射

$$\begin{array}{rccc} \cdot: & H\otimes A & \to & A \\ & f\otimes a & \mapsto & f\cdot a=\sum a^{[0]}\langle f, a^{[1]}\rangle \end{array}$$

为 H 在 A 上的对称左偏作用. 进而可诱导函子:

$$\Phi: \mathsf{ParCoAct}_K\to {}_H\mathsf{ParAct}.$$

证明　我们仅验证对称的作用与余作用间的对偶性. 对任意的 $a\in A$, $h,k\in H$, 知

$$\begin{aligned} h\cdot(k\cdot a) &= h\cdot(a^{[0]}\langle k, a^{[1]}\rangle = a^{[0][0]}\langle h, a^{[0][1]}\rangle\langle k, a^{[1]}\rangle \\ &= a^{[0]}1^{[0]}\langle h, a^{[1]}{}_{(1)}1^{[1]}\rangle\langle k, a^{[1]}{}_{(2)}\rangle \\ &= a^{[0]}1^{[0]}\langle h_{(1)}, a^{[1]}{}_{(1)}\rangle\langle h_{(2)}, 1^{[1]}\rangle\langle k, a^{[1]}{}_{(2)}\rangle \\ &= a^{[0]}1^{[0]}\langle h_{(1)}k, a^{[1]}\rangle\langle h_{(2)}, 1^{[1]}\rangle \\ &= (h_{(1)}k\cdot a)(h_{(2)}\cdot \mathbf{1}_A), \end{aligned}$$

其中用到定义 7.1 中条件 (3). 另外, 由定义 7.1 中条件 (4) 可得

$$h\cdot(k\cdot a)=(h_{(1)}\cdot\mathbf{1}_A)(h_{(2)}k\cdot a).$$

于是 H 在 A 上的偏作用为对称的. □

又若设 $a\in A$, 记 $a^{[0]}\otimes a^{[1]}=\sum_{i=1}^n a_i\otimes x_i$, 其中 $a_i\in A$, $x_i\in K$. 则对任意的 $h\in H$, 可知 $a\cdot h=\sum_{i=1}^n a_i\langle h_i, x_i\rangle$. 于是有下述定义.

定义 7.2　设 H 为 Hopf 代数, A 为左偏 H-模代数. 称 H 在 A 上的偏作用为*有理的*, 若对于任意的 $a\in A$, 均存在 $n=n(a)\in\mathbb{N}$ 及有限集 $\{a_i,\varphi^i\}_{i=1}^n$, 其中

$a_i \in A$, $\varphi^i \in H^*$, 使得对任意的 $h \in H$, 有

$$h \cdot a = \sum_{i=1}^{n} \varphi^i(h) a_i.$$

我们以 ${}_H\mathsf{ParAct}^r$ 来表示 ${}_H\mathsf{ParAct}$ 的所有有理左偏作用构成的满子范畴.

称 k-模 M 为局部投射的, 若对任意的 $m \in M$, 存在有限对偶基 $\{(e_i, f_i)\}_{i=1,\cdots,n} \in M \otimes M^*$, 使得 $m = \sum_{i=1}^{n} e_i f_i(m)$. 易知 M 在 k 上局部投射且子模 $D \subset M^*$ 为稠密集等价于 M 满足 D- 相关 α- 条件, 即对任意的 k-模 N, 典范态射

$$\alpha_{N,D} : N \otimes M \to \mathrm{Hom}(D, N), \quad \alpha_{N,D}(n \otimes m)(d) = d(m)n$$

为单射 (见文献 [18]).

定理 7.2　设有 Hopf 代数上的非退化对偶对 $\langle -, - \rangle : H \otimes K \to k$, 其中 K 在 k 上局部投射, 设 A 为有理对称左偏 H-模代数. 则 A 可伴有对称右偏 K-余模代数结构, 使得 $\Phi(A)$ 为左偏 H-模代数. 并且上述构造与命题 7.1 中的函子可诱导范畴同构:

$${}_H\mathsf{ParAct}^r \cong \mathsf{ParCoAct}_K.$$

证明　考虑图 7.1

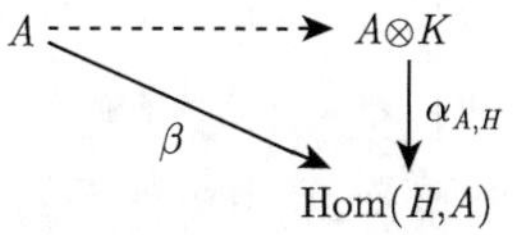

图 7.1

其中 $\beta(a)(h) = h \cdot a$. 由 A 为有理的, 并且 K 在 H^* 中稠密, 故 β 的象集包含于 $\alpha_{A,H}$ 的象集中. 又由 K 在 k 上局部投射且 H 在 K^* 中稠密, 知 $\alpha_{A,H}$ 为单射. 故存在 $\overline{\rho} : A \to A \otimes K$ 使得图可换. 即

$$h \cdot a = (I \otimes \langle h, \_ \rangle)\overline{\rho}(a).$$

与文献 [19] 中类似地, 若假定 k 为域, 上述同构自然成立. 下面仅验证对称的作用与余作用间的对偶性.

首先证定义 7.1 中条件 (3). 取 $h, k \in H$, 则

$$(I \otimes \langle h, \_ \rangle \otimes \langle k, \_ \rangle)((\overline{\rho} \otimes I)\overline{\rho}(a)) = (I \otimes \langle h, \_ \rangle) \sum_{i=1}^{n} \overline{\rho}(a_i)\langle k, x^i \rangle = (I \otimes \langle h, \_ \rangle)\overline{\rho}(k \cdot a)$$

$$
\begin{aligned}
&= h\cdot(k\cdot a) = (h_{(1)}k\cdot a)(h_{(2)}\cdot \mathbf{1}_A) = [(I\otimes\langle h_{(1)}k, \_\rangle)\overline{\rho}(a)][(I\otimes\langle h_{(2)}, \_\rangle)\overline{\rho}(\mathbf{1}_A)]\\
&= [(I\otimes\langle h_{(1)}, \_\rangle\otimes\langle k, \_\rangle)(I\otimes\Delta)\overline{\rho}(a)][((I\otimes\langle h_{(2)}, \_\rangle)\overline{\rho}(\mathbf{1}_A))\otimes 1_H]\\
&= (I\otimes\langle h, \_\rangle\otimes\langle k, \_\rangle)(((I\otimes\Delta)\overline{\rho}(a))(\overline{\rho}(\mathbf{1}_A)\otimes 1_H)).
\end{aligned}
$$

由对偶对的非退化性, 知有

$$(\overline{\rho}\otimes I)\overline{\rho}(a) = ((I\otimes\Delta)\overline{\rho}(a))(\overline{\rho}(\mathbf{1}_A)\otimes 1_H).$$

□

下面的引理可见于文献 [13].

引理 7.5　设 K 为 Hopf 代数, A 为右偏 K-余模代数, 则 $A\underline{\otimes}K = (A\otimes K)\overline{\rho}(1_A)$ 是一个 A-余环, 其结构如下:

$$
\begin{aligned}
&b\cdot(a1^{[0]}\otimes x1^{[0]})\cdot b' = bab'^{[0]}\otimes xb'^{[1]};\\
&\widetilde{\Delta}(a1^{[0]}\otimes x1^{[1]}) = a1^{[0]}\otimes x_{(1)}1^{[1]}\otimes_A 1^{[0']}\otimes x_{(2)}1^{[1']};\\
&\widetilde{\epsilon}(a1^{[0]}\otimes x1^{[1]}) = a\epsilon(x).
\end{aligned}
$$

又若存在 Hopf 代数间的对偶对 $\langle -,-\rangle: H\otimes K\to k$, 其中 H 亦为 Hopf 代数, 则在左对偶环 ${}^*(A\underline{\otimes}K)$ 与 Smash 积 $(A^{op}\#H^{cop})^{op}$ 之间存在代数同构.

现在起, 设 H 为可换 Hopf 代数, A 为可换右偏 H-余模代数, 伴有偏余作用 $\overline{\rho}: A\to A\otimes H$. 此时可定义左源映射与左靶映射 $s=s_l, t=t_l: A\to A\underline{\otimes}H$ 如下:

$$s(a) = a1^{[0]}\otimes 1^{[1]}, \qquad t(a) = \overline{\rho}(a) = a^{[0]}\otimes a^{[1]}.$$

同时定义右源映射与右靶映射 $s_r = t_l$ and $t_r = s_l$. 易知上述映射均为代数同态. $A\underline{\otimes}H$ 上的 A-双模结构定义为

$$a\cdot(b1^{[0]}\otimes h1^{[1]})\cdot c = s_l(a)t_l(c)(b1^{[0]}\otimes h1^{[1]}) = abc^{[0]}1^{[0]}\otimes c^{[1]}1^{[1]} = (b1^{[0]}\otimes h1^{[1]})s_r(c)t_r(a).$$

知引理 7.5 中的余环结构:

$$
\begin{aligned}
&\widetilde{\Delta}(a1^{[0]}\otimes h1^{[1]}) = a1^{[0]}\otimes h_{(1)}1^{[1]}\otimes_A 1^{[0']}\otimes h_{(2)}1^{[1']}\\
&\widetilde{\epsilon}(a1^{[0]}\otimes h1^{[1]}) = a\epsilon(h)
\end{aligned}
$$

亦与左右双代数胚结构相同 (由于 A 与 H 的交换性).

利用公式 (PRHCA3), 知有下列等式成立:

$$\begin{aligned}\widetilde{\Delta}(a1^{[0]}\otimes h1^{[1]})&=a1^{[0]}1^{[0']}\otimes h_{(1)}1^{[1]}{}_{(1)}1^{[1']}\otimes_A 1^{[0'']}\otimes h_{(2)}1^{[1]}{}_{(2)}1^{[1'']}\\&=a1^{[0][0]}1^{[0']}\otimes h_{(1)}1^{[0][1]}1^{[1']}\otimes_A 1^{[0'']}\otimes h_{(2)}1^{[1]}1^{[1'']}\\&=(a1^{[0']}\otimes h_{(1)}1^{[1']})\cdot 1^{[0]}\otimes_A 1^{[0'']}\otimes h_{(2)}1^{[1]}1^{[1'']}\\&=a1^{[0']}\otimes h_{(1)}1^{[1']}\otimes_A 1^{[0]}\cdot(1^{[0'']}\otimes h_{(2)}1^{[1]}1^{[1'']})\\&=a1^{[0']}\otimes h_{(1)}1^{[1']}\otimes_A 1^{[0]}1^{[0'']}\otimes h_{(2)}1^{[1]}1^{[1'']}\\&=a1^{[0']}\otimes h_{(1)}1^{[1']}\otimes_A 1^{[0]}\otimes h_{(2)}1^{[1]}.\end{aligned}$$

进而有如下结论.

引理 7.6　$(A\underline{\otimes}H,A,s_l,t_l,\widetilde{\Delta},\widetilde{\epsilon})$ 为左 A-双代数胚.

证明　易知 $A\underline{\otimes}H$ 为 A-余环, 又由于 A 可换, 故 $A\underline{\otimes}H$ 的 A-双模结构与上述源靶映射相容. 又由 A 与 $A\underline{\otimes}H$ 可换, 知余乘的象集包含于 Takeuchi 张量积, 即

$$(A\underline{\otimes}H)\times_A(A\underline{\otimes}H)=(A\underline{\otimes}H)\otimes_A(A\underline{\otimes}H)$$

中. 进而可得

$$\begin{aligned}&\widetilde{\Delta}(a1^{[0]}\otimes h1^{[1]})\widetilde{\Delta}(b1^{[0']}\otimes k1^{[1']})\\=&(a1^{[0]}\otimes h_{(1)}1^{[1]}\otimes_A 1^{[0']}\otimes h_{(2)}1^{[1']})(b1^{[0'']}\otimes k_{(1)}1^{[1'']}\otimes_A 1^{[0''']}\otimes k_{(2)}1^{[1''']})\\=&(a1^{[0]}\otimes h_{(1)}1^{[1]})(b1^{[0'']}\otimes k_{(1)}1^{[1'']})\otimes_A(1^{[0']}\otimes h_{(2)}1^{[1']})(1^{[0''']}\otimes k_{(2)}1^{[1''']})\\=&ab1^{[0]}\otimes h_{(1)}k_{(1)}1^{[1]}\otimes_A 1^{[0']}\otimes h_{(2)}k_{(2)}1^{[1']}=\widetilde{\Delta}(ab1^{[0]}\otimes hk1^{[1]})\\=&\widetilde{\Delta}((a1^{[0]}\otimes h1^{[1]})(b1^{[0']}\otimes k1^{[1']})).\end{aligned}$$

下证双代数胚的余单位性:

$$\widetilde{\epsilon}(XY)=\widetilde{\epsilon}(Xs(\widetilde{\epsilon}(Y)))=\widetilde{\epsilon}(Xt(\widetilde{\epsilon}(Y))),\qquad\forall X,Y\in A\underline{\otimes}H.$$

一方面有

$$\begin{aligned}&\widetilde{\epsilon}((a1^{[0]}\otimes h1^{[1]})s(\widetilde{\epsilon}(b1^{[0']}\otimes k1^{[1']})))\\=&\widetilde{\epsilon}((a1^{[0]}\otimes h1^{[1]})(b\epsilon(k)1^{[0']}\otimes 1^{[1']}))\\=&\widetilde{\epsilon}(ab\epsilon(k)1^{[0]}\otimes h1^{[1]})=ab\epsilon(h)\epsilon(k)\\=&\widetilde{\epsilon}(ab1^{[0]}\otimes hk1^{[1]})=\widetilde{\epsilon}((a1^{[0]}\otimes h1^{[1]})(b1^{[0']}\otimes k1^{[1']})).\end{aligned}$$

另一方面有

$$\begin{aligned}\widetilde{\epsilon}((a1^{[0]}\otimes h1^{[1]})t(\widetilde{\epsilon}(b1^{[0']}\otimes k1^{[1']})))&=\widetilde{\epsilon}((a1^{[0]}\otimes h1^{[1]})(b^{[0]}\epsilon(k)\otimes b^{[1]}))\\&=\widetilde{\epsilon}(ab^{[0]}\epsilon(k)1^{[0]}\otimes hb^{[1]}1^{[1]})=ab^{[0]}\epsilon(b^{[1]})\epsilon(h)\epsilon(k)\\&=ab\epsilon(h)\epsilon(k)=\widetilde{\epsilon}(ab1^{[0]}\otimes hk1^{[1]})\\&=\widetilde{\epsilon}((a1^{[0]}\otimes h1^{[1]})(b1^{[0']}\otimes k1^{[1']})).\end{aligned}$$

故 $(A\underline{\otimes}H,s,t,\widetilde{\Delta},\widetilde{\epsilon})$ 为 A-双代数胚. □

同理, 由 A 的可换性, 我们亦能得到如下结果.

引理 7.7 $(A\underline{\otimes}H,A,s_r,t_r,\widetilde{\Delta},\widetilde{\epsilon})$ 为右 A-双代数胚.

进而有 $A\underline{\otimes}H$ 上的 Hopf 代数胚结构.

定理 7.3 设 H 为可换 Hopf 代数, A 为可换右偏 H-余模代数. 则代数 $A\underline{\otimes}H=\overline{\rho}(1_A)(A\otimes H)$ 为 A 上的可换 Hopf 代数胚 (称之为偏可裂 Hopf 代数胚). 且偏余作用 $\overline{\rho}$ 为整体的当且仅当 Hopf 代数胚 $A\underline{\otimes}H$ 与可裂 Hopf 代数胚 $A\otimes H$ 同构.

证明 由引理 7.6 与引理 7.7, 可知 $A\underline{\otimes}H$ 为双代数胚. 定义对极 $\tilde{S}$ 如下:

$$\widetilde{S}(a1^{[0]}\otimes h1^{[1]})=a^{[0]}1^{[0]}\otimes a^{[1]}S(h)1^{[1]}.$$

易知其为反代数同态, 且显然满足 Hopf 代数胚定义中的条件 (1) 与条件 (2)(第 1 章第 4 页). 下证条件 (3), 任取 $a,c\in A$, $b1^{[0]}\otimes h1^{[1]}\in A\underline{\otimes}H$, 有

$$\begin{aligned}&\widetilde{S}(t_l(a)(b1^{[0]}\otimes h1^{[1]})t_r(c))\\&=\widetilde{S}(a^{[0]}bc1^{[0]}\otimes a^{[1]}h1^{[1]})\\&=a^{[0][0]}b^{[0]}c^{[0]}1^{[0]}\otimes a^{[0][1]}b^{[1]}c^{[1]}1^{[1]}S(h)S(a^{[1]})\\&=\left(c^{[0]}\otimes c^{[1]}\right)\left(b^{[0]}a^{[0][0]}1^{[0]}\otimes b^{[1]}a^{[0][1]}1^{[1]}S(a^{[1]})S(h)\right)\\&=s_r(c)\left(b^{[0]}1^{[0]}a^{[0]}\otimes b^{[1]}S(h)1^{[1]}a^{[1]}{}_{(1)}S(a^{[1]}{}_{(2)})\right)\\&=s_r(c)\left(b^{[0]}1^{[0]}a^{[0]}\epsilon(a^{[1]})\otimes b^{[1]}S(h)1^{[1]}\right)=s_r(c)\left(b^{[0]}1^{[0]}a\otimes b^{[1]}S(h)1^{[1]}\right)\\&=s_r(c)(b^{[0]}1^{[0]}\otimes b^{[1]}S(h)1^{[1]})s_l(a)=s_r(c)\widetilde{S}(b1^{[0]}\otimes h1^{[1]})s_l(a).\end{aligned}$$

下证条件 (4). 任取 $a1^{[0]}\otimes h1^{[1]}\in A\underline{\otimes}H$, 有

$$\mu\circ(\widetilde{S}\otimes I)\circ\widetilde{\Delta}(a1^{[0]}\otimes h1^{[1]})=\widetilde{S}(a1^{[0]}\otimes h_{(1)}1^{[1]})(1^{[0']}\otimes h_{(2)}1^{[1']})$$

$$
\begin{aligned}
&= (a^{[0]}1^{[0]} \otimes a^{[1]}S(h_{(1)})1^{[1]})(1^{[0']} \otimes h_{(2)}1^{[1']}) \\
&= a^{[0]}1^{[0]} \otimes a^{[1]}S(h_{(1)})h_{(2)}1^{[1]} = a^{[0]}\epsilon(h)1^{[0]} \otimes a^{[1]}1^{[1]} \\
&= s_r(a\epsilon(h)) = s_r \circ \underline{\epsilon}_r(a1^{[0]} \otimes h1^{[1]}),
\end{aligned}
$$

又知

$$
\begin{aligned}
\mu \circ (I \otimes \widetilde{S}) \circ \widetilde{\Delta}(a1^{[0]} \otimes h1^{[1]}) &= (a1^{[0]} \otimes h_{(1)}1^{[1]})\widetilde{S}(1^{[0']} \otimes h_{(2)}1^{[1']}) \\
&= (a1^{[0]} \otimes h_{(1)}1^{[1]})\widetilde{S}(1^{[0']} \otimes S(h_{(2)})1^{[1']}) \\
&= a1^{[0]} \otimes h_{(1)}S(h_{(2)})1^{[1]} = a1^{[0]}\epsilon(h) \otimes 1^{[1]}) \\
&= s_l(a\epsilon(h)) = s_l \circ \underline{\epsilon}_l(a1^{[0]} \otimes h1^{[1]}).
\end{aligned}
$$

故 $A\underline{\otimes}H$ 为 Hopf 代数胚.

又设 $\overline{\rho}: A \to A \otimes H$ 为整体余作用, 则 $\overline{\rho}$ 为单位态射, 即 $\overline{\rho}(1_A) = 1_A \otimes 1_H$. 进而

$$
A\underline{\otimes}H = \overline{\rho}(1_A)(A \otimes H) = A \otimes H.
$$

故 $A \otimes H$ 为可裂 Hopf 代数胚. 又若 $A\underline{\otimes}H = A \otimes H$, 则易知 $\overline{\rho}(1_A) = 1_A \otimes 1_H$, 于是 $\overline{\rho}$ 为整体余作用. □

7.3 偏 Hopf 模余代数

定义 7.3 设 H 为双代数. 称 k-余代数 C 为*左偏 H-模余代数*, 若存在线性映射:

$$
\begin{aligned}
\cdot :\ & H \otimes C \ \to\ C \\
& h \otimes c \ \mapsto\ h \cdot c
\end{aligned}
$$

满足条件:

(1) 对任意的 $h \in H$, $c \in C$, $\Delta(h \cdot c) = (h_{(1)} \cdot c_{(1)}) \otimes (h_{(2)} \cdot c_{(2)})$;

(2) $1_H \cdot c = c$, 其中 $c \in C$;

(3) 对任意的 $h, k \in H$, $c \in C$,

$$
h \cdot (k \cdot c) = (hk_{(1)} \cdot c_{(1)})\epsilon(k_{(2)} \cdot c_{(2)}).
$$

称上述偏模余代数为*对称的*, 若其满足:

(3′) 对任意的 $h, k \in H$, $c \in C$,

$$h \cdot (k \cdot c) = \epsilon(k_{(1)} \cdot c_{(1)})(hk_{(2)} \cdot c_{(2)}).$$

同理可定义右偏 H-模余代数. 继而有如下结论.

命题 7.2 设 H 为双代数, C 为左偏 H-模余代数, 则

(1) 对任意的 $h \in H$, $c \in C$, 我们有

$$h \cdot c = \epsilon(h_{(1)} \cdot c_{(1)})(h_{(2)} \cdot c_{(2)}) = (h_{(1)} \cdot c_{(1)})\epsilon(h_{(2)} \cdot c_{(2)}); \tag{7.3}$$

(2) 对任意的 $h \in H$, $c \in C$, 有

$$\epsilon(h \cdot c) = \epsilon(h_{(1)} \cdot c_{(1)})\epsilon(h_{(2)} \cdot c_{(2)}); \tag{7.4}$$

(3) C 为左 H 模余代数当且仅当对任意的 $h \in H$, $c \in C$, 有 $\epsilon(h \cdot c) = \epsilon(h)\epsilon(c)$.

证明 (1) 由定义 7.3 中条件 (1) 可得. 事实上, 以 $\epsilon \otimes I$ 与 $I \otimes \epsilon$ 作用在条件 (1) 上即可得之.

(2) 由 (1) 可证.

(3) 对任意的 $h \in H$, $c \in C$, 设 $\epsilon(h \cdot c) = \epsilon(h)\epsilon(c)$. 由定义 7.3 中条件 (3) 可知,

$$\begin{aligned} h \cdot (k \cdot c) &= (hk_{(1)} \cdot c_{(1)})\epsilon(k_{(2)} \cdot c_{(2)}) \\ &= (hk_{(1)} \cdot c_{(1)})\epsilon(k_{(2)})\epsilon(c_{(2)}) \\ &= hk \cdot c, \end{aligned}$$

于是 C 为左 H-模余代数. 充分性是显然的. □

注记 7.1 “偏模余代数” 这一概念曾见于文献 [11], 但其与本书的定义是不同的. 本书中此定义源于对群在余代数上的偏作用的研究.

事实上, 群 G 在代数 A 上的偏作用与 Hopf 代数 kG 在 A 上的偏作用是一一对应的. 下面, 我们给出偏余作用的一个类似的性质.

引理 7.8 设有余代数 C 与 D, $\iota : D \to C$ 为余代数同态, 则下列条件等价:

(1) 存在余代数 D' 及余代数同态 $\iota' : D' \to C$, 使得泛态射 $J : D \coprod D' \to C$ 为余代数同构.

(2) 存在 k-线性映射 $P : C \to D$ 满足:

① $P \circ \iota = id_D$,

② $\Delta \circ P = (P \otimes P) \circ \Delta$,

③ $\iota(P(c)) = c_{(1)}\epsilon_D(P(c_{(2)})) = \epsilon_D(P(c_{(1)}))c_{(2)}$, 其中 $c \in C$.

(3) 存在 k-线性映射 $P: C \to D$, 满足:

① $P \circ \iota = id_D$,

② $\Delta \circ P = (P \otimes P) \circ \Delta$,

③ $\Delta(\iota(P(c))) = c_{(1)} \otimes \iota(P(c_{(2)})) = \iota(P(c_{(1)})) \otimes c_{(2)} = \iota(P(c_{(1)})) \otimes \iota(P(c_{(2)}))$, 其中 $c \in C$.

证明　(1) ⇒ (2). 由文献 [20] 命题 1.4.19 可知余代数范畴有余积. 事实上, 若 D 与 D' 均为余代数, 则其余积 $D \coprod D'$ 为伴有如下余乘及余单位的 k-模直和 $D \oplus D'$:

$$\Delta(d, d') = (d_{(1)}, 0) \otimes (d_{(2)}, 0) + (0, d'_{(1)}) \otimes (0, d'_{(2)}),$$

$$\epsilon(d, d') = \epsilon_D(d)\epsilon_{D'}(d'),$$

其中 $d \in D, d' \in D'$. 此处余乘亦可记为 $\Delta(d + d') = \Delta_D(d) + \Delta_{D'}(d')$. 此时易知典范态射 $D \oplus D' \to D$ 满足条件.

(2) ⇒ (3). 我们仅证第三个条件. 任取 $c \in C$, 由 ι 为余代数同态, 可得

$$\begin{aligned}\Delta(\iota(P(c))) &= \iota(P(c)_{(1)}) \otimes \iota(P(c)_{(2)}) = c_{(1)}\epsilon_D(P(c)_{(2)}) \otimes \iota(P(c)_{(3)}) \\ &= c_{(1)} \otimes \epsilon_D(P(c)_{(2)})\iota(P(c)_{(3)}) = c_{(1)} \otimes \iota \circ P(c_{(2)}).\end{aligned}$$

(3) ⇒ (1). 令 $D' = \ker P$. 显然作为 k-模有 $C \cong D \oplus D'$. 又由 (2) 与 (3) 知, $\ker P$ 为 C 的子余代数. 对任意的 $c \in C$, 知 $c = P(c) + c - P(c) = d + d'$, 其中 $d = P(c)$, $d' = c - P(c)$. 进而 $\Delta(c) = \Delta(d) + \Delta(d')$, 又由于 D 与 D' 均为子余代数, 知 C 为 D 与 D' 的余积. □

现在考虑群 G 在余代数 C 上的偏作用.

定义 7.4　(余代数上的偏群作用) 群 G 在余代数 C 上的偏作用包含一族 C 的子余代数 $\{C_g\}_{g\in G}$, 及子余代数同构 $\{\theta_g : C_{g^{-1}} \to C_g\}_{g\in G}$, 满足:

(1) 对任意的 $g \in G$, 余代数 C_g 为 C 的子余代数直和项, 换言之, 存在投射 $P_g : C \to C_g$ 满足引理 7.8;

(2) $C_e = C$ 且 $\theta_e = P_e = id_C$, 其中 e 为 C 的单位;

(3) 对任意的 $g, h \in G$, 下列等式成立:

$$P_h \circ P_g = P_g \circ P_h \tag{7.5}$$

$$\theta_{h^{-1}} \circ P_{g^{-1}} \circ P_h = P_{(gh)^{-1}} \circ \theta_{h^{-1}} \circ P_h \tag{7.6}$$

$$\theta_g \circ \theta_h \circ P_{h^{-1}} \circ P_{(gh)^{-1}} = \theta_{gh} \circ P_{h^{-1}} \circ P_{(gh)^{-1}} \tag{7.7}$$

注记 7.2 上述三个等式实质为群 G 在代数 A 上的偏作用的对偶. 等式 (7.5) 说明此处的代数 A 满足: 每个理想均由 A 中的中心幂等元生成. 由等式 (7.6) 可知, $\theta_{h^{-1}}(C_h \cap C_{g^{-1}}) = C_{(gh)^{-1}} \cap C_{h^{-1}}$. 对任意的 $x \in C_{(gh)^{-1}} \cap C_{h^{-1}}$, 由等式 (7.7) 可知 $\theta_g \circ \theta_h(x) = \theta_{gh}(x)$.

定理 7.4 设 C 为余代数, G 为群. 则 G 在 C 上的偏作用与使得 C 具有对称偏 kG-模余代数结构的映射 $kG \otimes C \to C$ 是一一对应的.

证明 设 C 为偏 kG-模余代数. 对任意的 $g \in G$, 我们以 $\delta_g \in kG$ 来表示其对应的元素. 进而对任意的 $c \in C$, 利用定义 7.3 中条件 (3) 和条件 (3′), 我们有

$$\delta_g \cdot (\delta_{g^{-1}} \cdot c) = \epsilon(\delta_{g^{-1}} \cdot c_{(1)})\delta_g\delta_{g^{-1}} \cdot c_{(2)} = \epsilon(\delta_{g^{-1}} \cdot c_{(1)})c_{(2)} = c_{(1)}\epsilon(\delta_{g^{-1}} \cdot c_{(2)})$$

令 $P_g : C \to C$, 定义如下:

$$P_g(c) = \epsilon(\delta_{g^{-1}} \cdot c_{(1)})c_{(2)} = c_{(1)}\epsilon(\delta_{g^{-1}} \cdot c_{(2)}), \tag{7.8}$$

易知上述线性算子为投射. 又令 $C_g = \operatorname{Im} P_g$, 下证 C_g 为 C 的子余代数:

$$\begin{aligned}\Delta(P_g(c)) &= \Delta(\epsilon(\delta_g \cdot c_{(1)})c_{(2)}) = \epsilon(\delta_g \cdot c_{(1)})c_{(2)} \otimes c_{(3)} = \epsilon(\delta_g \cdot c_{(1)})\epsilon(\delta_g \cdot c_{(2)})c_{(3)} \otimes c_{(4)}\\ &= \epsilon(\delta_g \cdot c_{(1)})c_{(2)}\epsilon(\delta_g \cdot c_{(3)}) \otimes c_{(4)} = \epsilon(\delta_g \cdot c_{(1)})c_{(2)} \otimes \epsilon(\delta_g \cdot c_{(3)})c_{(4)}\\ &= P_g(c_{(1)}) \otimes P_g(c_{(2)}) \in C_g \otimes C_g.\end{aligned}$$

故 C_g 为子余代数. 下证余单位性:

$$P_g(c_{(1)})\epsilon(P_g(c_{(2)})) = \epsilon(\delta_g \cdot c_{(1)})\epsilon(c_{(2)})c_{(3)} = \epsilon(\delta_g \cdot c_{(1)})c_{(2)} = P_g(c)$$

故余单位性成立. 同时易证 $\epsilon(P_g(c_{(1)}))P_g(c_{(2)}) = P_g(c)$.

下证 P_g 满足引理 7.8 中的条件 (2). 首先说明 $\Delta \circ P_g = (P_g \otimes P_g) \circ \Delta$. 事实上,

$$\begin{aligned}(P_g \otimes P_g) \circ \Delta(c) &= P_g(c_{(1)}) \otimes P_g(C_{(2)}) = c_{(1)}\epsilon(\delta_{g^{-1}} \cdot c_{(2)}) \otimes \epsilon(\delta_{g^{-1}} \cdot c_{(3)})c_{(4)}\\ &= c_{(1)}\epsilon(\delta_{g^{-1}} \cdot c_{(2)}) \otimes c_{(3)} = \epsilon(\delta_{g^{-1}} \cdot c_{(1)})c_{(2)} \otimes c_{(3)}\\ &= \Delta(\epsilon(\delta_{g^{-1}} \cdot c_{(1)})c_{(2)}) = \Delta(P_g(c)).\end{aligned}$$

又知, 对任意的 $g \in G$, $c \in C$, 我们有

$$\epsilon(P_g(c_{(1)}))c_{(2)} = \epsilon(\delta_{g^{-1}} \cdot c_{(1)})\epsilon(c_{(2)})c_{(3)} = \epsilon(\delta_{g^{-1}} \cdot c_{(1)})c_{(2)} = P_g(c).$$

同理可证 $P_g(c)=c_{(1)}\epsilon(P_g(c_{(2)}))$.

下证等式 (7.5). 对任意的 $c,g,h\in C$, 由等式 (7.8) 可知,

$$\begin{aligned}P_g\circ P_h(c)&=P_g(c_{(1)}\epsilon(\delta_{h^{-1}}\cdot c_{(2)}))=\epsilon(\delta_{g^{-1}}\cdot c_{(1)(1)})c_{(1)(2)}\epsilon(\delta_{h^{-1}}\cdot c_{(2)})\\&=\epsilon(\delta_{g^{-1}}\cdot c_{(1)})c_{(2)(1)}\epsilon(\delta_{h^{-1}}\cdot c_{(2)(2)})=P_h\circ P_g(c).\end{aligned}$$

故等式 (7.5) 成立.

此时对任意的 $g\in G$, 定义映射 $\theta_g: C_{g^{-1}}\to C_g$, 要求其满足 $\theta_g(P_{g^{-1}}(c))=\delta_g\cdot P_{g^{-1}}(c)$. 则易知 $C_e=C$, $\theta_e=id_C$.

任取 $c\in C$, 则有

$$\begin{aligned}&P_{(gh)^{-1}}\circ\theta h^{-1}\circ P_h(c)\\&=P_{(gh)^{-1}}(\delta_{h^{-1}}\cdot_l c_{(1)})\epsilon(\delta_{h^{-1}}\cdot c_{(2)})=P_{(gh)^{-1}}(\delta_{h^{-1}}\cdot c)\\&=(\delta_{h^{-1}}\cdot c_{(1)})\epsilon(\delta_{gh}\cdot(\delta_{h^{-1}}\cdot c_{(2)}))=(\delta_{h^{-1}}\cdot c_{(1)})\epsilon(\delta_g\cdot c_{(2)})\epsilon(\delta_{h^{-1}}\cdot c_{(3)})\\&=\epsilon(\delta_g\cdot c_{(1)})(\delta_{h^{-1}}\cdot c_{(2)})\epsilon(\delta_{h^{-1}}\cdot c_{(3)}),\end{aligned}$$

又知

$$\begin{aligned}\theta_{h^{-1}}\circ P_{g^{-1}}\circ P_h(c)&=\theta_{h^{-1}}\circ P_h\circ P_{g^{-1}}(c)=\delta_{h^{-1}}\cdot(P_h\circ P_{g^{-1}}(c))\\&=\delta_{h^{-1}}\cdot(P_h(\epsilon(\delta_g\cdot c_{(1)})c_{(2)}))=\delta_{h^{-1}}\cdot(\epsilon(\delta_g\cdot c_{(1)})c_{(2)}\epsilon(\delta_{h^{-1}}\cdot c_{(3)}))\\&=\epsilon(\delta_g\cdot c_{(1)})(\delta_{h^{-1}}\cdot c_{(2)})\epsilon(\delta_{h^{-1}}\cdot c_{(3)}).\end{aligned}$$

故等式 (7.6) 成立. 又任取 $c\in C$, 由

$$\begin{aligned}&\theta_g\circ\theta_h\circ P_{h^{-1}}\circ P_{(gh)^{-1}}(c)\\&=\theta_g(\delta_h\cdot(P_{h^{-1}}(P_{(gh)^{-1}}(c))))=\theta_g(\delta_h\cdot(P_{h^{-1}}(c_{(1)}\epsilon(\delta_{gh}\cdot c_{(2)}))))\\&=\theta_g(\delta_h\cdot(c_{(1)}\epsilon(\delta_h\cdot c_{(2)})\epsilon(\delta_{gh}\cdot c_{(3)})))\\&=\theta_g(\delta_h\cdot(c_{(1)}\epsilon(\epsilon(\delta_h\cdot c_{(2)})(\delta_{gh}\cdot c_{(3)}))))\\&=\theta_g((\delta_h\cdot c_{(1)})\epsilon(\delta_g\cdot(\delta_h\cdot c_{(2)})))=\theta_g(P_{g^{-1}}(\delta_h\cdot c))\\&=\delta_g\cdot(P_{g^{-1}}(\delta_h\cdot c))=(\delta_g\cdot(\delta_h\cdot c_{(1)}))\epsilon(\delta_g\cdot(\delta_h\cdot c_{(2)}))\\&=(\delta_{gh}\cdot c_{(1)})\epsilon(\delta_h\cdot c_{(2)})\epsilon(\delta_g\cdot(\delta_h\cdot c_{(3)}))\\&=(\delta_{gh}\cdot c_{(1)})\epsilon(\delta_g\cdot(\delta_h\cdot c_{(2)}))=(\delta_{gh}\cdot c_{(1)})\epsilon(\delta_{gh}\cdot c_{(2)})\epsilon(\delta_h\cdot c_{(3)})\end{aligned}$$

$$=\theta_{gh}(P_{(gh)^{-1}}(c_{(1)}\epsilon(\delta_h\cdot c_{(2)})))=\theta_{gh}\circ P_{(gh)^{-1}}\circ P_{h^{-1}}(c).$$

故等式 (7.7) 成立.

反之, 设有 G 在 C 上的偏作用 $(\{C_g\}_{g\in G},\{\theta_g:C_{g^{-1}}\to C_g\}_{g\in G})$. 此时定义映射 $\cdot:kG\otimes C\to C$ 为 $\delta_g\cdot c=\theta_g(P_{g^{-1}}(c))$. 则由条件 (2)(第 1 章第 4 页) 可知, 对任意的 $c\in C$,

$$1_{kG}\cdot c=\delta_e\cdot c=c.$$

又由 θ_g 与 $P_{g^{-1}}$ 的定义知

$$\Delta(\delta_g\cdot c)=\Delta(\theta_g(P_{g^{-1}}(c)))=\theta_g(P_{g^{-1}}(c_{(1)}))\otimes\theta_g(P_{g^{-1}}(c_{(2)}))=\delta_g\cdot c_{(1)}\otimes\delta_g\cdot c_{(2)}.$$

进而有

$$\epsilon(\delta_g\cdot c_{(1)})c_{(2)}=\epsilon(\theta_g\circ P_{g^{-1}}(c_{(1)}))c_{(2)}=\epsilon(P_{g^{-1}}(c_{(1)}))c_{(2)}=P_{g^{-1}}(c),\tag{7.9}$$

此处用到 θ_g 为余代数同态, 及 $P_{g^{-1}}$ 的投射性质.

对任意的 $g,h\in G$, $c\in C$, 知

$$\begin{aligned}\delta_g\cdot(\delta_h\cdot c)&=\theta_g\circ P_{g^{-1}}\circ\theta_h\circ P_{h^{-1}}(c)=\theta_g\circ\theta_h\circ P_{(gh)^{-1}}\circ P_{h^{-1}}(c)\\&=\theta_{gh}\circ P_{(gh)^{-1}}\circ P_{h^{-1}}(c)=\delta_{gh}\cdot(P_{h^{-1}}(c))\\&=\delta_{gh}\cdot c_{(1)}\epsilon(\delta_h\cdot c_{(2)})\end{aligned}$$

此处用到等式 (7.6)、等式 (7.7) 及等式 (7.9). 进而 C 为偏 kG-模余代数. 其余显然可证. □

例 7.2　设 C 为左 H-模余代数, 模作用为 $\triangleright:H\otimes C\to C$. 设 $D\subseteq C$ 为子余代数, $P:C\to D$ 为投射且对任意的 $c\in C$, 满足:

$$P(c)=c_{(1)}\epsilon(P(c_{(2)}))=\epsilon(P(c_{(1)}))c_{(2)},\tag{7.10}$$

进而下述映射:

$$\begin{aligned}\cdot:\ H\otimes D&\ \to\ D\\ h\otimes d&\ \mapsto\ h\cdot d=P(h\triangleright d)\end{aligned}$$

为对称偏作用, 此时 D 为对称左偏 H-模余代数.

事实上, 任取 $d\in D$, 我们有

$$1_H\cdot c=P(1_H\triangleright d)=P(d)=d.$$

知定义 7.3 中条件 (1) 成立. 又对任意的 $h \in H$, $d \in D$, 知

$$\begin{aligned}\Delta(h \cdot d) &= \Delta(P(h \triangleright d)) = (P \otimes P) \circ \Delta(h \triangleright d)\\ &= (P \otimes P)((h_{(1)} \triangleright c_{(1)}) \otimes (h_{(2)} \triangleright c_{(2)}))\\ &= (h_{(1)} \cdot c_{(1)}) \otimes (h_{(2)} \cdot c_{(2)}).\end{aligned}$$

知定义 7.3 中条件 (2) 成立. 又对任意的 $h, k \in H$, $d \in D$, 由

$$\begin{aligned}h \cdot (k \cdot d) &= P(h \triangleright (P(k \triangleright d))) = P(h \triangleright (k_{(1)} \triangleright c_{(1)}))\epsilon(P(k_{(2)} \triangleright c_{(2)}))\\ &= P(hk_{(1)} \triangleright c_{(1)})\epsilon(P(k_{(2)} \triangleright c_{(2)})) = (hk_{(1)} \cdot c_{(1)})\epsilon(k_{(2)} \cdot c_{(2)}).\end{aligned}$$

知定义 7.3 中条件 (3) 成立. 最后, 其对称性由等式 (7.10) 易证.

若 A 为右 H-余模代数, 知 $A\underline{\otimes}H$ 为 A-余环. 事实上, 若 C 为左偏 H-模余代数, 则 $H \otimes C$ 的某个子空间必具有 C- 环结构.

定义 7.5　设 C 为余代数, 一个C- 环即 C-双模做成的张量范畴 $({}^{C}\mathcal{M}^{C}, \square^{C}, C)$ 中的余代数对象.

命题 7.3　设 H 为双代数, C 为对称左偏 H-模代数, 则子空间

$$\underline{H \otimes C} = \{\underline{h \otimes c} = \epsilon(h_{(1)} \cdot c_{(1)})h_{(2)} \otimes c_{(2)} \in H \otimes C\},$$

为 C- 环.

证明　首先易知对任意的 $h \in H$, $c \in C$, 由等式 7.4 知

$$\underline{h \otimes c} = \underline{\epsilon(h_{(1)} \cdot c_{(1)})h_{(2)} \otimes c_{(2)}}. \tag{7.11}$$

知 $\underline{H \otimes C}$ 的左 C-余模结构定义为

$$\lambda : \underline{H \otimes C} \to C \otimes \underline{H \otimes C}, \quad \lambda(\underline{h \otimes c}) = h_{(1)} \cdot c_{(1)} \otimes \underline{h_{(2)} \otimes c_{(2)}}.$$

由定义 7.3 中条件 (1) 知 $(I \otimes \lambda) \circ \lambda = (\Delta \otimes I) \circ \lambda$, 又有等式 (7.11), 即可得 $(\epsilon \otimes I) \circ \lambda = I$.

此时右余模结构为 $\rho : \underline{H \otimes C} \to \underline{H \otimes C} \otimes C$, $\rho(\underline{h \otimes c}) = \underline{h \otimes c_{(1)}} \otimes c_{(2)}$, 满足 $(\rho \otimes I) \circ \rho = (I \otimes \Delta) \circ \rho$, 及 $(I \otimes \epsilon) \circ \rho = I$. 于是有 $\underline{H \otimes C} \in {}^{C}\mathcal{M}^{C}$.

又知余张量积 $\underline{H \otimes C}\square^{C}\underline{H \otimes C}$(即态射 $\rho \otimes I$ 与 $I \otimes \lambda$ 的等值子) 即 $\underline{H \otimes C} \otimes \underline{H \otimes C}$ 中由以下元素生成的子空间:

$$\sum_i \underline{h^i \otimes c^i} \otimes \underline{k^i \otimes d^i},$$

且满足:

$$\sum_i \underline{h^i \otimes c^i_{(1)}} \otimes c^i_{(2)} \otimes \underline{k^i \otimes d^i} = \sum_i \underline{h^i \otimes c^i} \otimes k^i_{(1)} \cdot d^i_{(1)} \otimes \underline{k^i_{(2)} \otimes d^i_{(2)}}. \tag{7.12}$$

其乘法 $\mu : \underline{H \otimes C} \square^C \underline{H \otimes C} \to \underline{H \otimes C}$ 定义为

$$\sum_i (\underline{h^i \otimes c^i})(\underline{k^i \otimes d^i}) = \sum_i \underline{\epsilon(h^i_{(1)} \cdot c^i)\epsilon(k^i_{(1)} \cdot d^i_{(1)}) h^i_{(2)} k^i_{(2)} \otimes d^i_{(2)}}$$

易知 μ 为满足结合性的 C-双模同态. 单位 $\eta : C \to \underline{H \otimes C}$ 定义为: $\eta(c) = \underline{1_H \otimes c}$. 可证其亦为双模同态. 一方面有

$$\begin{aligned}\lambda \circ \eta(c) &= \lambda(\underline{1_H \otimes c}) = 1_H \cdot c_{(1)} \otimes \underline{1_H \otimes c_{(2)}} \\ &= c_{(1)} \otimes \underline{1_H \otimes c_{(2)}} = c_{(1)} \otimes \eta(c_{(2)}) \\ &= (I \otimes \eta)(c_{(1)} \otimes c_{(2)}) = (I \otimes \eta) \circ \Delta(c),\end{aligned}$$

另一方面有

$$\begin{aligned}\rho \circ \eta(c) &= \rho(\underline{1_H \otimes c}) = \underline{1_H \otimes c_{(1)}} \otimes c_{(2)} \\ &= \eta(c_{(1)}) \otimes c_{(2)} = (\eta \otimes I)(c_{(1)} \otimes c_{(2)}) \\ &= (\eta \otimes I) \circ \Delta(c).\end{aligned}$$

故为双模同态.

又知 $(\eta \otimes I) \circ \lambda$ 与 $(I \otimes \eta) \circ \rho$ 的象集均包含于余张量积 $\underline{H \otimes C} \square^C \underline{H \otimes C}$. 事实上, 由 η 为双余线性, 我们有

$$\begin{aligned}(\rho \otimes I) \circ (\eta \otimes I) \circ \lambda &= (\eta \otimes I \otimes I) \circ (\Delta \otimes I) \circ \lambda = (\eta \otimes I \otimes I) \circ (I \otimes \lambda) \circ \lambda \\ &= (I \otimes \lambda) \circ (\eta \otimes I) \circ \lambda\end{aligned}$$

同理可证 $(I \otimes \eta) \circ \rho$. 此时, 考虑

$$\mu \circ (\eta \otimes I) \circ \lambda = I = \mu \circ (I \otimes \eta) \circ \rho = I,$$

即可知结论成立. □

命题 7.4　设 H 与 K 均为双代数, $\langle , \rangle : K \otimes H \to k$ 为对偶对. 设 A 为左 H-余模代数, 且有左偏余作用 $\lambda : A \to H \otimes A$, 设 C 为左偏 K-模余代数. 又

设存在对偶对 $(\ ,\ ): C\otimes A\to k$, 满足对任意的 $x\in C$, $\xi\in K$, $a\in A$, 均有 $(\xi\cdot x,a)=\langle \xi,a^{[-1]}\rangle\left(x,a^{[0]}\right)$. 则存在 A-余环 $H\underline{\otimes}A=\lambda(1_A)(H\otimes A)$ 与 C- 环 $\underline{K\otimes C}$ 间的对偶对.

证明　由命题 7.3 易得. □

定理 7.5　设有线性映射 $\cdot_l: H\otimes C\to C$ 与 $\cdot_r: A\otimes H\to A$, 满足对任意的 $a\in A$, $h\in H$, $c\in C$, 下列条件成立:

$$(a\cdot_r h,c)=(a,h\cdot_l c), \tag{7.13}$$

则 $(C,\cdot_l)$ 为 (对称) 左偏 H-模余代数当且仅当 $(A,\cdot_r)$ 为 (对称) 右偏 H-模代数.

特别地, 对任一 (对称) 左 H-模余代数 C, 其线性对偶 $A=C^*$ 为 (对称) 右偏 H-模代数, 公式 (7.13) 即偏作用.

证明　下证 $\cdot_r: A\otimes H\to A$ 定义了 A 上的右偏模代数结构当且仅当 $\cdot_l: H\otimes C\to C$ 定义了 C 上的左偏模余代数结构. 为此, 任取 $a\in A$, $c\in C$, 只须有定义 6.1 中条件 (1)~(3) 与定义 7.3 中条件 (1)~(3) 一一对应即可. 我们仅证明其中的一个. 其余同理可得. 若 A 为右偏 H-模代数, 知有

$$\begin{aligned}(a,h\cdot_l(k\cdot_l c))&=((a\cdot_r h)\cdot_r k,c)=((a\cdot_r hk_{(1)})(1_A\cdot_r k_{(2)}),c)\\&=((a\cdot_r hk_{(1)}),c_{(1)})((1_A\cdot_r k_{(2)}),c_{(2)})=(a,hk_{(1)}\cdot_l c_{(1)})(1_A,k_{(2)}\cdot_l c_{(2)})\\&=(a,hk_{(1)}\cdot_l c_{(1)})\epsilon(k_{(2)}\cdot_l c_{(2)})=(a,(hk_{(1)}\cdot_l c_{(1)})\epsilon(k_{(2)}\cdot_l c_{(2)}))\end{aligned}$$

进而 $(k\cdot_l c)=(hk_{(1)}\cdot_l c_{(1)})\epsilon(k_{(2)}\cdot_l c_{(2)})$, 于是 C 为左偏 H-模余代数. □

定理 7.6　设 $\langle -,-\rangle: H\otimes K\to k$ 为 Hopf 代数 H, K 间的对偶对, $(-,-): A\otimes C\to k$ 为余代数 C 与代数 A 之间的非退化对偶对, A 为对称左偏 K-余模代数, 其偏余作用为 $\lambda: A\to K\otimes A$, $\lambda(a)=a^{[-1]}\otimes a^{[0]}$. 设有线性映射 $\cdot: H\otimes C\to C$, 满足对任意的 $a\in A$, $c\in C$, $h\in H$, 均有

$$(a,h\cdot c)=\left\langle h,a^{[-1]}\right\rangle(a^{[0]},c),$$

则 $(C,\cdot)$ 为对称左偏 H-模余代数.

证明　下证 $\cdot$ 满足定义 7.3 中条件 (3′). 任取 $a\in A$, $c\in C$, $h,k\in H$, 知

$$(a,h\cdot(k\cdot c))=\langle h,a^{[-1]}\rangle\left(a^{[0]},k\cdot c\right)=\langle h,a^{[-1]}\rangle\langle k,a^{[0][-1]}\rangle\left(a^{[0][0]},c\right)$$
$$=\langle h,{a^{[-1]}}_{(1)}\rangle\langle k,1^{[-1]}{a^{[-1]}}_{(2)}\rangle\left(1^{[0]}a^{[0]},c\right)$$

$$
\begin{aligned}
&= \langle h, a^{[-1]}{}_{(1)}\rangle\langle k_{(1)}, 1^{[-1]}\rangle\langle k_{(2)}, a^{[-1]}{}_{(2)}\rangle \left(1^{[0]}c_{(1)}\right)\left(a^{[0]}, c_{(2)}\right)\\
&= \left(1, k_{(1)}\cdot c_{(1)}\right)\langle hk_{(2)}, a^{[-1]}\rangle \left(a^{[0]}, c_{(2)}\right) = \epsilon(k_{(1)}\cdot c_{(1)})\left(a, hk_{(2)}\cdot c_{(2)}\right)\\
&= \left(a, \epsilon(k_{(1)}\cdot c_{(1)})(hk_{(2)}\cdot c_{(2)})\right),
\end{aligned}
$$

于是有 $h\cdot(k\cdot c) = \epsilon(k_{(1)}\cdot c_{(1)})(hk_{(2)}\cdot c_{(2)})$. 其余公式同理可证. □

7.4　偏余模余代数与偏余 Smash 余积

定义 7.6　Hopf 代数 H 在余代数 C 上的*左偏余作用*是指线性映射

$$
\begin{aligned}
\lambda:\ C &\rightarrow H\otimes C\\
c &\mapsto c^{[-1]}\otimes c^{[0]}
\end{aligned}
$$

对任意的 $c\in C$, 满足条件:

(1) $(I\otimes\Delta)\circ\lambda(c) = c_{(1)}{}^{[-1]}c_{(2)}{}^{[-1]}\otimes c_{(1)}{}^{[0]}\otimes c_{(2)}{}^{[0]}$;

(2) $(\epsilon\otimes I)\circ\lambda(c) = c$;

(3) $(I\otimes\lambda)\circ\lambda(c) = c_{(1)}{}^{[-1]}\epsilon(c_{(1)}{}^{[0]})c_{(2)}{}^{[-1]}{}_{(1)}\otimes c_{(2)}{}^{[-1]}{}_{(2)}\otimes c_{(2)}{}^{[0]}$.

称余代数 C 为*左偏 H-余模余代数*. 又若

(3′) 对任意的 $c\in C$, 有

$$
(I\otimes\lambda)\circ\lambda(c) = c_{(1)}{}^{[-1]}{}_{(1)}c_{(2)}{}^{[-1]}\epsilon(c_{(2)}{}^{[0]})\otimes c_{(1)}{}^{[-1]}{}_{(2)}\otimes c_{(1)}{}^{[0]}.
$$

则称上述偏余作用为*对称的*.

同理可定义 (对称) 右偏余模余代数.

易知任一 H-余模余代数均为左偏 H-余模余代数. 事实上, 条件 (1) 与条件 (2) 显然成立. 又由

$$
c^{[-1]}\epsilon(c^{[0]}) = \epsilon(c)1_H \tag{7.14}
$$

其中 $c\in C$, 知条件 (3) 成立. 进而

$$
\begin{aligned}
(I\otimes\lambda)\circ\lambda(c) &= c_{(1)}{}^{[-1]}\epsilon(c_{(1)}{}^{[0]})c_{(2)}{}^{[-1]}{}_{(1)}\otimes c_{(2)}{}^{[-1]}{}_{(2)}\otimes c_{(2)}{}^{[0]}\\
&= \epsilon(c_{(1)})c_{(2)}{}^{[-1]}{}_{(1)}\otimes c_{(2)}{}^{[-1]}{}_{(2)}\otimes c_{(2)}{}^{[0]} = c^{[-1]}{}_{(1)}\otimes c^{[-1]}{}_{(2)}\otimes c^{[0]}\\
&= (\Delta\otimes I)\circ\lambda(c).
\end{aligned}
$$

这就验证了左偏 H-余模余代数满足等式 (7.14), 故其为 (整体)H-余模余代数.

文献 [21] 给出了左偏 H-余模余代数的定义, 但在其定义中的最后一个公式, 其仅考虑了非对称情形. 我们将重点考察对称偏 (余) 作用情形.

例 7.3 设 D 为左 H-余模余代数, 余作用为 $\delta: D \to H \otimes D$(记为 $\delta(d) = d^{(-1)} \otimes d^{(0)}$), I 为 D 的右余理想, 满足 $C = D/I$ 为余代数. 此时可定义 H 在 C 上的偏余作用为 $\lambda(\bar{d}) = {d_{(2)}}^{(-1)} \otimes \epsilon_C(\overline{d_{(1)}})\overline{{d_{(2)}}^{(0)}}$.

引理 7.9 设 H 为双代数, C 为左偏 H-余模余代数, 余作用为 $\lambda: C \to H \otimes C$(记为 $\lambda(c) = c^{[-1]} \otimes c^{[0]}$). 则对任意的 $c \in C$, 有

$$\begin{aligned}{c_{(1)}}^{[-1]}\epsilon({c_{(1)}}^{[0]}){c_{(2)}}^{[-1]} \otimes {c_{(2)}}^{[0]} &= {c_{(1)}}^{[-1]}{c_{(2)}}^{[-1]}\epsilon({c_{(2)}}^{[0]}) \otimes {c_{(1)}}^{[0]} \\ &= c^{[-1]} \otimes c^{[0]}.\end{aligned}$$

证明 首先, 由左偏余模余代数定义中的公式 (1), 我们有

$$c^{[-1]} \otimes {c^{[0]}}_{(1)} \otimes {c^{[0]}}_{(2)} = {c_{(1)}}^{[-1]}{c_{(2)}}^{[-1]} \otimes {c_{(1)}}^{[0]} \otimes {c_{(2)}}^{[0]}. \tag{7.15}$$

以 $(I \otimes \epsilon \otimes I)$ 作用在公式 (7.15) 上, 即可得

$$c^{[-1]} \otimes \epsilon({c^{[0]}}_{(1)}){c^{[0]}}_{(2)} = {c_{(1)}}^{[-1]}{c_{(2)}}^{[-1]} \otimes \epsilon({c_{(1)}}^{[0]}){c_{(2)}}^{[0]},$$

继而有

$$c^{[-1]} \otimes c^{[0]} = {c_{(1)}}^{[-1]}\epsilon({c_{(1)}}^{[0]}){c_{(2)}}^{[-1]} \otimes {c_{(2)}}^{[0]}.$$

同理可验证其余公式. □

推论 7.1 设 H 为双代数, C 为左偏 H-余模余代数, 余作用为 $\lambda: C \to H \otimes C$ (记为 $\lambda(c) = c^{[-1]} \otimes c^{[0]}$). 则映射 $\psi: C \to H$(定义为 $\psi(c) = c^{[-1]}\epsilon(c^{[0]})$) 在卷积代数 $\mathrm{Hom}_k(C, H)$ 中为幂等元.

证明 首先以 $(I \otimes \epsilon)$ 作用在引理 7.9 中的公式上, 可知,

$$\psi(c) = c^{[-1]}\epsilon(c^{[0]}) = {c_{(1)}}^{[-1]}\epsilon({c_{(1)}}^{[0]}){c_{(2)}}^{[-1]}\epsilon({c_{(2)}}^{[0]}) = \psi(c_{(1)})\psi(c_{(2)}) = \psi * \psi(c),$$

于是 ψ 在卷积下为幂等元. □

设 C 为左偏 H-余模余代数. 考虑张量积 $C \otimes H$ 的由如下元素生成的子空间 $\underline{C \rtimes H}$:

$$c \rtimes h = c_{(1)} \otimes {c_{(2)}}^{[-1]}\epsilon({c_{(2)}}^{[0]})h.$$

进而由推论 7.1 可知,

$$c \rtimes h = c_{(1)} \rtimes {c_{(2)}}^{[-1]}\epsilon({c_{(2)}}^{[0]})h.$$

命题 7.5　设 H 为双代数, C 为左偏 H-余模余代数. 则 $\underline{C \rtimes H}$ 为余代数, 其余乘为

$$\widehat{\Delta}(c \rtimes h) = c_{(1)} \rtimes c_{(2)}{}^{[-1]} h_{(1)} \otimes c_{(2)}{}^{[0]} \rtimes h_{(2)},$$

余单位为

$$\widehat{\epsilon}(c \rtimes h) = \epsilon_C(c)\epsilon_H(h).$$

我们称之为偏余 Smash 余积.

证明　首先验证余单位性. 易知

$$\begin{aligned}(I \otimes \widehat{\epsilon}) \circ \widehat{\Delta}(c \rtimes h) &= (I \otimes \widehat{\epsilon})(c_{(1)} \rtimes c_{(2)}{}^{[-1]} h_{(1)} \otimes c_{(2)}{}^{[0]} \rtimes h_{(2)}) \\ &= c_{(1)} \rtimes c_{(2)}{}^{[-1]} \epsilon(c_{(2)}{}^{[0]}) h_{(1)} \epsilon(h_{(2)}) \\ &= c_{(1)} \rtimes c_{(2)}{}^{[-1]} \epsilon(c_{(2)}{}^{[0]}) h = c \rtimes h.\end{aligned}$$

且有

$$\begin{aligned}(\widehat{\epsilon} \otimes I) \circ \widehat{\Delta}(c \rtimes h) &= (\widehat{\epsilon} \otimes I)(c_{(1)} \rtimes c_{(2)}{}^{[-1]} h_{(1)} \otimes c_{(2)}{}^{[0]} \rtimes h_{(2)}) \\ &= \epsilon(c_{(1)}) \epsilon(c_{(2)}{}^{[-1]}) c_{(2)}{}^{[0]} \rtimes \epsilon(h_{(1)}) h_{(2)} \\ &= \epsilon(c_{(1)}) c_{(2)} \rtimes h = c \rtimes h.\end{aligned}$$

故余单位性成立.

同时, 由

$$\begin{aligned}&(\widehat{\Delta} \otimes I) \circ \widehat{\Delta}(c \rtimes h) = (\widehat{\Delta} \otimes I)(c_{(1)} \rtimes c_{(2)}{}^{[-1]} h_{(1)} \otimes c_{(2)}{}^{[0]} \rtimes h_{(2)}) \\ =\, & c_{(1)} \rtimes c_{(2)}{}^{[-1]} c_{(3)}{}^{[-1]}{}_{(1)} h_{(1)} \otimes c_{(2)}{}^{[0]} \rtimes c_{(3)}{}^{[-1]}{}_{(2)} h_{(2)} \otimes c_{(3)}{}^{[0]} \rtimes h_{(3)}.\end{aligned}$$

及

$$\begin{aligned}&(I \otimes \widehat{\Delta}) \circ \widehat{\Delta}(c \rtimes h) = (I \otimes \widehat{\Delta})(c_{(1)} \rtimes c_{(2)}{}^{[-1]} h_{(1)} \otimes c_{(2)}{}^{[0]} \rtimes h_{(2)}) \\ =\, & c_{(1)} \rtimes c_{(2)}{}^{[-1]} h_{(1)} \otimes c_{(2)}{}^{[0]}{}_{(1)} \rtimes {c_{(2)}{}^{[0]}{}_{(2)}}^{[-1]} h_{(2)} \otimes {c_{(2)}{}^{[0]}{}_{(2)}}^{[0]} \rtimes h_{(3)} \\ =\, & c_{(1)} \rtimes c_{(2)}{}^{[-1]} c_{(3)}{}^{[-1]} h_{(1)} \otimes c_{(2)}{}^{[0]} \rtimes c_{(3)}{}^{[0][-1]} h_{(2)} \otimes c_{(3)}{}^{[0][0]} \rtimes h_{(3)} \\ =\, & c_{(1)} \rtimes c_{(2)}{}^{[-1]} c_{(3)}{}^{[-1]} \epsilon(c_{(3)}{}^{[0]}) c_{(4)}{}^{[-1]}{}_{(1)} h_{(1)} \otimes c_{(2)}{}^{[0]} \rtimes c_{(4)}{}^{[-1]}{}_{(2)} h_{(2)} \otimes c_{(4)}{}^{[0]} \rtimes h_{(3)} \\ =\, & c_{(1)} \rtimes c_{(2)}{}^{[-1]} \epsilon(c_{(2)}{}^{[0]}{}_{(2)}) c_{(3)}{}^{[-1]}{}_{(1)} h_{(1)} \otimes c_{(2)}{}^{[0]}{}_{(1)} \rtimes c_{(3)}{}^{[-1]}{}_{(2)} h_{(2)} \otimes c_{(3)}{}^{[0]} \rtimes h_{(3)} \\ =\, & c_{(1)} \rtimes c_{(2)}{}^{[-1]} c_{(3)}{}^{[-1]}{}_{(1)} h_{(1)} \otimes c_{(2)}{}^{[0]} \rtimes c_{(3)}{}^{[-1]}{}_{(2)} h_{(2)} \otimes c_{(3)}{}^{[0]} \rtimes h_{(3)},\end{aligned}$$

知余结合性成立. □

定理 7.7　设 H 为双代数, $(-,-):A\otimes C\to k$ 为从余代数 C 到代数 A 的非退化对偶对. 设线性映射 $\lambda:C\to H\otimes C$ 与 $\rho:A\to A\otimes H$(分别定义为 $\lambda(c)=c^{[-1]}\otimes c^{[0]}$, 与 $\rho(a)=a^{[0]}\otimes a^{[1]}$) 对任意的 $a\in A$, $c\in C$ 满足条件:

$$\left(a^{[0]},c\right)a^{[1]}=c^{[-1]}\left(a,c^{[0]}\right), \tag{7.16}$$

则 A 为右 H-余模代数当且仅当 C 为左 H-余模余代数.

证明　设 A 为对称右 H-余模代数, 任取 $a\in A$, $c\in C$, 知

$$\begin{aligned}&c^{[-1]}\otimes c^{[0][-1]}\left(a,c^{[0][0]}\right)\\&=c^{[-1]}\otimes\left(a^{[0]},c^{[0]}\right)a^{[1]}=\left(a^{[0][0]},c\right)a^{[0][1]}\otimes a^{[1]}\\&=\left(a^{[0]}1^{[0]},c\right)a^{[1]}{}_{(1)}1^{[1]}\otimes a^{[1]}{}_{(2)}=\left(a^{[0]},c_{(1)}\right)\left(1^{[0]},c_{(2)}\right)a^{[1]}{}_{(1)}1^{[1]}\otimes a^{[1]}{}_{(2)}\\&=\left(a^{[0]},c_{(1)}\right)a^{[1]}{}_{(1)}c_{(2)}{}^{[-1]}\left(1,c_{(2)}{}^{[0]}\right)\otimes a^{[1]}{}_{(2)}\\&=c_{(1)}{}^{[-1]}{}_{(1)}\left(a,c_{(1)}{}^{[0]}\right)a^{[1]}{}_{(1)}c_{(2)}{}^{[-1]}\epsilon(c_{(2)}{}^{[0]})\otimes c_{(1)}{}^{[-1]}{}_{(2)}\\&=c_{(1)}{}^{[-1]}{}_{(1)}a^{[1]}{}_{(1)}c_{(2)}{}^{[-1]}\epsilon(c_{(2)}{}^{[0]})\otimes c_{(1)}{}^{[-1]}{}_{(2)}\left(a,c_{(1)}{}^{[0]}\right).\end{aligned}$$

又由非退化性, 知

$$c^{[-1]}\otimes c^{[0][-1]}\otimes c^{[0][0]}=c_{(1)}{}^{[-1]}{}_{(1)}a^{[1]}{}_{(1)}c_{(2)}{}^{[-1]}\epsilon(c_{(2)}{}^{[0]})\otimes c_{(1)}{}^{[-1]}{}_{(2)}\otimes c_{(1)}{}^{[0]}.$$

故结论成立. □

定理 7.8　设有 Hopf 代数对偶对 $\langle -,-\rangle:H\otimes K\to k$, 并且设 C 为左偏 K-余模余代数. 则在映射

$$\begin{aligned}\cdot:\ C\otimes H&\ \to\ C\\ c\otimes h&\ \mapsto\ \sum\left\langle h,c^{[-1]}\right\rangle c^{[0]}\end{aligned}$$

下, C 为右偏 H-模余代数. 进而其可诱导从左偏 K-余模代数范畴到右偏 H-模余代数范畴的函子. 又若对偶对 $\langle -,-\rangle$ 非退化, 则上述函子为从左偏 K-余模代数范畴到有理右偏 H-模余代数范畴的同构.

证明　显然. □

定理 7.9　设 $\langle -,-\rangle:H\otimes K\to k$ 为 Hopf 代数 H 与 K 间的对偶对, 并且 $(-,-):A\otimes C\to k$ 为代数 A 与余代数 C 间的非退化对偶对. 又若 C 为左 K-余

模余代数, 余作用为 $\rho: C \to K \otimes C,\ \rho(c) = c^{[-1]} \otimes c^{[0]}$, 则 A 为左偏 H-模代数, 偏作用为

$$(h \cdot a, c) = \left\langle h, c^{[-1]} \right\rangle (a, c^{[0]}),$$

其中 $a \in A, c \in C, h \in H$. 此时,

(1) 在上述条件下, 代数 $\underline{A\#H}$ 与余代数 $\underline{C \rtimes K}$ 间存在对偶对 $\langle\!\langle -, - \rangle\!\rangle : \underline{A\#H} \otimes \underline{C \rtimes K} \to k$, 满足 $\langle\!\langle a\#h, x \rtimes \xi \rangle\!\rangle = (a(h_{(1)} \cdot 1_A), x)\langle h_{(2)}, \xi\rangle$;

(2) 若 H 与 K 间的对偶对为非退化的, 则在 A 的有理左 H 模代数结构与 C 的左 K-余模余代数结构之间存在一一对应.

证明　由定理 7.8 直接可得. □

第 8 章 Hopf 代数的扭曲偏作用

本章中我们总是假定 κ 为单位结合交换环, 涉及的代数、余代数及张量积总是在 κ 上.

8.1 对称扭曲偏作用

设 $A=(A,\cdot,\omega)$ 为扭曲偏 H-模代数. 易知 $f_1(h,k)=(h\cdot\mathbf{1}_A)\varepsilon(k)$ 及 $f_2(h,k)=(hk\cdot\mathbf{1}_A)$ 均为 $\mathrm{Hom}(H\otimes H,A)$ 中关于卷积运算的幂等元, 并且同时知 $\mathbf{e}$ 为 $\mathrm{Hom}(H,A)$ 中的幂等元 (此时 $f_1(h,k)=\mathbf{e}(h)\varepsilon(k)$).

设 f_1 与 f_2 均为 $\mathrm{Hom}(H\otimes H,A)$ 中的中心元. 此时扭曲偏作用的定义 1.9 中等式 (1.4) 即变为

$$\sum\omega(h_{(1)},k_{(1)})(h_{(2)}k_{(2)}\cdot\mathbf{1}_A)=\sum(h_{(1)}k_{(1)}\cdot\mathbf{1}_A)\omega(h_{(2)},k_{(2)})=\omega(h,k),$$

又由命题 1.3 知

$$\sum\omega(h_{(1)},k)(h_{(2)}\cdot\mathbf{1}_A)=\sum(h_{(1)}\cdot\mathbf{1}_A)\omega(h_{(2)},k)=\omega(h,k).$$

于是 ω 属于由 f_1*f_2 生成的理想 $\langle f_1*f_2\rangle\subset\mathrm{Hom}(H\otimes H,A)$ 中. 显然 f_1*f_2 为 $\langle f_1*f_2\rangle$ 中的单位元且有 $\mathbf{e}\in\mathrm{Hom}(H,A)$.

定义 8.1 设 $A=(A,\cdot,\omega)$ 为扭曲偏 H-模代数. 称偏作用为对称的, 若

(1) f_1 与 f_2 为 $\mathrm{Hom}(H\otimes H,A)$ 中心元;

(2) ω 为正则余循环且在理想 $\langle f_1*f_2\rangle\subset\mathrm{Hom}(H\otimes H,A)$ 中可逆, 即 ω 满足等式 (1.16) 与等式 (1.17), 并且有卷积逆 ω';

(3) $\sum(h\cdot(k\cdot\mathbf{1}_A))=\sum(h_1\cdot\mathbf{1}_A)(h_2k\cdot\mathbf{1}_A)$, 其中 $h,k\in H$.

事实上 $\omega':H\otimes H\to A$ 满足如下条件:

$$\sum\omega'(h_{(1)},k_{(1)})(h_{(2)}\cdot\mathbf{1}_A)=\omega'(h,k)=\sum\omega'(h_{(1)},k_{(1)})(h_{(2)}k_{(2)}\cdot\mathbf{1}_A),\tag{8.1}$$

且 ω' 与 ω 在 $\langle f_1*f_2\rangle$ 中互逆当且仅当

$$(\omega*\omega')(h,k)=(\omega'*\omega)(h,k)=\sum(h_{(1)}\cdot\mathbf{1}_A)(h_{(2)}k\cdot\mathbf{1}_A).\tag{8.2}$$

由等式 (8.1) 及等式 (8.2) 可知, ω' 亦为正则的, 即满足对任意的 $h \in H$, 有 $\omega'(1_H, h) = \omega'(h, 1_H) = h \cdot \mathbf{1}_A$. 进一步地, 由等式 (1.3), 我们还可得到:

$$h \cdot (k \cdot a) = \sum \omega(h_{(1)}, k_{(1)})(h_{(2)}k_{(2)} \cdot a)\omega'(h_{(3)}, k_{(3)}) \tag{8.3}$$

其中 $h, k \in H$, $a \in A$. 易证若定义 8.1 中的前两个条件及等式 (8.3) 成立, 则定义 8.1 中的第三个条件亦成立.

以 ω' 左乘等式 (8.3), 又由 $\mathbf{e}$ 为中心元, 我们得到:

$$\begin{aligned}
&\sum \omega'(h_{(1)}, k_{(1)})(h_{(2)} \cdot (k_{(2)} \cdot a)) \\
&= (\omega' * \omega)(h_{(1)}, k_{(1)})(h_{(2)}k_{(2)} \cdot a)\omega'(h_{(3)}, k_{(3)}) \\
&= (h_{(1)} \cdot \mathbf{1}_A)(h_{(2)}k_{(1)} \cdot \mathbf{1}_A)(h_{(3)}k_{(2)} \cdot a)\omega'(h_{(4)}, k_{(3)}) \\
&= \sum (h_{(1)}k_{(1)} \cdot a)(h_{(2)} \cdot \mathbf{1}_A)\omega'(h_{(3)}, k_{(2)}) \\
&\overset{(8.1)}{=} \sum (h_{(1)}k_{(1)} \cdot a)\omega'(h_{(2)}, k_{(2)}).
\end{aligned}$$

进而 ω' 满足对任意的 $h, k \in H$, $a \in A$, 有

$$\sum \omega'(h_{(1)}, k_{(1)})(h_{(2)} \cdot (k_{(2)} \cdot a)) = \sum (h_{(1)}k_{(1)} \cdot a)\omega'(h_{(2)}, k_{(2)}). \tag{8.4}$$

引理 8.1　设 $\mathcal{S}$ 为半群, v, e, e' 为 $\mathcal{S}$ 中的元素. 若存在 $v' \in \mathcal{S}$ 满足条件

$$vv' = e, \quad v'v = e' \text{及} v'e = v', \tag{8.5}$$

则 v' 是唯一的.

证明　设 v' 满足等式 (8.5). 进而由于

$$e'v' = (v'v)v' = v'(vv') = v'e = v',$$

知 v' 亦满足

$$e'v' = v'. \tag{8.6}$$

又若 v'' 也满足等式 (8.5). 则由等式 (8.5) 及等式 (8.6) 可知

$$v'' = v''e = v''(vv') = (v''v)v' = e'v' = v'.$$

□

命题 8.1　设 $(A, \cdot, (\omega, \omega'))$ 为对称扭曲偏 H-模代数. 则

$$h \cdot \omega(k,m) = \sum \omega(h_{(1)}, k_{(1)})\omega(h_{(2)}k_{(2)}, m_{(1)})\omega'(h_{(3)}, k_{(3)}m_{(2)}), \tag{8.7}$$

$$h \cdot \omega'(k,m) = \sum \omega(h_{(1)}, k_{(1)}m_{(1)})\omega'(h_{(2)}k_{(2)}, m_{(2)})\omega'(h_{(3)}, k_{(3)}). \tag{8.8}$$

证明　以 ω' 右乘等式 (1.17), 得到

$$\begin{aligned}&\sum(h_{(1)} \cdot \omega(k_{(1)}, m_{(1)}))(\omega * \omega')(h_{(2)}, k_{(2)}m_{(2)})\\ =&\sum \omega(h_{(1)}, k_{(1)})\omega(h_{(2)}k_{(2)}, m_{(1)})\omega'(h_{(2)}, k_{(2)}m_{(2)}),\end{aligned}$$

又知

$$\begin{aligned}&\sum(h_{(1)} \cdot (\omega(k_{(1)}, m_{(1)}))(h_{(2)} \cdot (k_{(2)}m_{(2)} \cdot \mathbf{1}_A))\\ =&\, h \cdot \left(\sum \omega(k_{(1)}, m_{(1)})(k_{(2)}m_{(2)} \cdot \mathbf{1}_A)\right) = h \cdot \omega(k,m),\end{aligned}$$

可证等式 (8.7). 下证等式 (8.8), 由引理 8.1, 考虑元素

$$\begin{aligned}v(h,k,m) &= h \cdot \omega(k,m),\\ e(h,k,m) &= e'(h \otimes k \otimes m) = (h \cdot (k \cdot (m \cdot \mathbf{1}_A)))\\ &= \sum h \cdot [(k_{(1)} \cdot \mathbf{1}_A)(k_{(2)}m \cdot \mathbf{1}_A)].\end{aligned}$$

知

$$\begin{aligned}v'(h,k,m) &= h \cdot \omega'(k,m),\\ v''(h,k,m) &= \sum \omega(h_{(1)}, k_{(1)}m_{(1)})\omega'(h_{(2)}k_{(2)}, m_{(2)})\omega'(h_{(3)}, k_{(3)})\end{aligned}$$

满足:

$$v * v' = e, \quad v' * v = e, \quad v' * e = v'$$

及

$$v * v'' = e, \quad v'' * v = e, \quad v'' * e = v'',$$

于是由引理 8.1 知 $v' = v''$. 进而得到:

$$e(h,k,m) = \sum h \cdot [(k_{(1)} \cdot \mathbf{1}_A)(k_{(2)}m \cdot \mathbf{1}_A)]$$

$$=\sum(h_{(1)}\cdot\mathbf{1}_A)(h_{(2)}k_{(1)}\cdot\mathbf{1}_A)(h_{(3)}k_{(2)}m\cdot\mathbf{1}_A).$$

下证 v' 满足题意. 事实上我们有

$$(v'*e)(h,k,m)=h[\cdot(\omega'(k,m))(k\cdot(m\cdot\mathbf{1}_A))]=h\cdot(\omega'(k,m))=v'(h\otimes k\otimes m).$$

此时结合等式 (8.7) 及 e 的中心性质, 我们下面考虑 $v*v''$,

$$\begin{aligned}
&(v*v'')(h,k,m)\\
=\ &\sum\underbrace{(h_{(1)}\cdot\omega(k_{(1)},m_{(1)}))\omega(h_{(2)},k_{(2)}m_{(2)})}\omega'(h_{(3)}k_{(3)},m_{(3)})\omega'(h_{(4)},k_{(4)})\\
\overset{(1.17)}{=}&\sum\omega(h_{(1)},k_{(1)})\omega(h_{(2)}k_{(2)},m_{(1)})\omega'(h_{(3)},k_{(3)}m_{(2)})\omega'(h_{(4)},k_{(4)})\\
\overset{(8.2)}{=}&\sum\omega(h_{(1)},k_{(1)})(h_{(2)}k_{(2)}\cdot(m\cdot\mathbf{1}_A))\omega'(h_{(3)},k_{(3)})\\
=\ &(h\cdot(k\cdot(m\cdot\mathbf{1}_A)))=e(h,k,m).
\end{aligned}$$

取 $m\in H$, 知线性映射 $\nu_m: H\otimes H\to A$, $h\otimes k\mapsto\omega(h,km)$ 为 $\mathrm{Hom}(H\otimes H,A)$ 中的元素, 并且与 f_2 可换, 即对任意的 $h,k,m\in H$, 我们有

$$\sum\omega(h_{(1)},k_{(1)}m)(h_{(2)}k_{(2)}\cdot\mathbf{1}_A)=\sum(h_{(1)}k_{(1)}\cdot\mathbf{1}_A)\omega(h_{(2)},k_{(2)}m),\tag{8.9}$$

再考虑 $v''*v$:

$$\begin{aligned}
&(v''*v)(h\otimes k\otimes m)\\
=\ &\sum\omega(h_{(1)},k_{(1)}m_{(1)})\omega'(h_{(2)}k_{(2)},m_{(2)})\omega'(h_{(3)},k_{(3)})\,(h_{(4)}\cdot\omega(k_{(4)},m_{(3)}))\\
\overset{(8.7)}{=}&\sum\omega(h_{(1)},k_{(1)}m_{(1)})\omega'(h_{(2)}k_{(2)},m_{(2)})\,\underbrace{\omega'(h_{(3)},k_{(3)})\omega(h_{(4)},k_{(4)})}\\
&\times\omega(h_{(5)}k_{(5)},m_{(3)})\omega'(h_{(6)},k_{(6)}m_{(4)})\\
=\ &\sum\omega(h_{(1)},k_{(1)}m_{(1)})\omega'(h_{(2)}k_{(2)},m_{(2)})(h_{(3)}\cdot\mathbf{1}_A)(h_{(4)}k_{(3)}\cdot\mathbf{1}_A)\\
&\times\omega(h_{(5)}k_{(4)},m_{(3)})\omega'(h_{(6)},k_{(5)}m_{(4)})\\
=\ &\sum\underbrace{\omega(h_{(1)},k_{(1)}m_{(1)})(h_{(2)}\cdot\mathbf{1}_A)}\overbrace{\omega'(h_{(3)}k_{(2)},m_{(2)})(h_{(4)}k_{(3)}\cdot\mathbf{1}_A)}\\
&\times\omega(h_{(5)}k_{(4)},m_{(3)})\omega'(h_{(6)},k_{(5)}m_{(4)})\\
=\ &\sum\omega(h_{(1)},k_{(1)}m_{(1)})\,\underbrace{\omega'(h_{(2)}k_{(2)},m_{(2)})\omega(h_{(3)}k_{(3)},m_{(3)})}\,\omega'(h_{(4)},k_{(4)}m_{(4)})\\
=\ &\sum\omega(h_{(1)},k_{(1)}m_{(1)})(h_{(2)}k_{(2)}\cdot\mathbf{1}_A)\,\underbrace{(h_{(3)}k_{(3)}m_{(2)}\cdot\mathbf{1}_A)\omega'(h_{(4)},k_{(4)}m_{(3)})}
\end{aligned}$$

$$\begin{aligned}
&= \sum \omega(h_{(1)}, k_{(1)}m_{(1)})(h_{(2)}k_{(2)} \cdot \mathbf{1}_A)\omega'(h_{(3)}, k_{(3)}m_{(2)}) \\
&\overset{(8.9)}{=} \sum (h_{(1)}k_{(1)} \cdot \mathbf{1}_A)\omega(h_{(2)}, k_{(2)}m_{(1)})\omega'(h_{(3)}, k_{(3)}m_{(2)}) \\
&= \sum (h_{(1)} \cdot \mathbf{1}_A)(h_{(2)}k_{(1)} \cdot \mathbf{1}_A)(h_{(3)}k_{(2)}m \cdot \mathbf{1}_A) = e(h,k,m).
\end{aligned}$$

最后, 知 $v'' * e$ 满足:

$$\begin{aligned}
&v'' * e(h,k,m) = \\
&= \sum \omega(h_{(1)}, k_{(1)}m_{(1)})\omega'(h_{(2)}k_{(2)}, m_{(2)})\underbrace{\omega'(h_{(3)}, k_{(3)})(h_{(4)} \cdot \mathbf{1}_A)} \\
&\quad \times \underbrace{(h_{(5)}k_{(4)} \cdot \mathbf{1}_A)(h_{(6)}k_{(5)}m_{(3)} \cdot \mathbf{1}_A)} \\
&= \sum \omega(h_{(1)}, k_{(1)}m_{(1)})\omega'(h_{(2)}k_{(2)}, m_{(2)})\omega'(h_{(3)}, k_{(3)})(h_{(4)}k_{(4)} \cdot (m_{(3)} \cdot \mathbf{1}_A)) \\
&\overset{(8.3)}{=} \sum \omega(h_{(1)}, k_{(1)}m_{(1)})\omega'(h_{(2)}k_{(2)}, m_{(2)})\underbrace{\omega'(h_{(3)}, k_{(3)})\omega(h_{(4)}, k_{(4)})} \\
&\quad \times (h_{(5)}k_{(5)}m_{(3)} \cdot \mathbf{1}_A)\omega'(h_{(6)}, k_{(6)}) \\
&= \sum \omega(h_{(1)}, k_{(1)}m_{(1)})\omega'(h_{(2)}k_{(2)}, m_{(2)})(h_{(3)} \cdot \mathbf{1}_A)(h_{(4)}k_{(3)} \cdot \mathbf{1}_A) \\
&\quad \times (h_{(5)}k_{(4)}m_{(3)} \cdot \mathbf{1}_A)\omega'(h_{(6)}, k_{(5)}) \\
&= \sum \underbrace{\omega(h_{(1)}, k_{(1)}m_{(1)})(h_{(2)} \cdot \mathbf{1}_A)}\overbrace{\omega'(h_{(3)}k_{(2)}, m_{(2)})(h_{(4)}k_{(3)} \cdot \mathbf{1}_A)(h_{(5)}k_{(4)}m_{(3)} \cdot \mathbf{1}_A)} \\
&\quad \times \omega'(h_{(6)}, k_{(5)}) \\
&= \sum \omega(h_{(1)}, k_{(1)}m_{(1)})\omega'(h_{(2)}k_{(2)}, m_{(2)})\omega'(h_{(3)}, k_{(3)}) = v''(h,k,m).
\end{aligned}$$

进而知结论成立. □

例 8.1 在例 1.2 的条件下, 设 $u: H \otimes H \to B$ 为正则可逆余循环, 其卷积逆为 u^{-1}. 又若 B 有非平凡的中心幂等元 $\mathbf{1}_A$, 由例 1.2, 理想 $A = \mathbf{1}_A B$ 为扭曲偏 H-模: 其中偏作用及 ω 定义为

$$\begin{aligned}
h \cdot a &= \mathbf{1}_A(h \triangleright a) \\
\omega(h,k) &= \sum (h_{(1)} \cdot \mathbf{1}_A)u(h_{(2)}, k_{(1)})(h_{(3)}k_{(2)} \cdot \mathbf{1}_A).
\end{aligned}$$

设 $f_1(h \otimes k) = (h \cdot \mathbf{1}_A)\varepsilon(k)$, $f_2(h \otimes k) = (hk \cdot \mathbf{1}_A)$ 为 $\mathrm{Hom}(H \otimes H, A)$ 的中心元. 此时映射 $h \otimes k \mapsto \mathbf{1}_A u(h,k)$ 与 $h \otimes k \mapsto \mathbf{1}_A u(h,k)$ 均与 $\mathbf{e}$, f_2, 可换, 且显然有

$$\omega'(h,k) = \sum (h_{(1)}k_{(1)} \cdot \mathbf{1}_A)u^{-1}(h_{(2)}, k_{(2)})(h_{(3)} \cdot \mathbf{1}_A)$$

为 ω 在 $\langle f_1 * f_2\rangle$ 中的逆元. 又由

$$\begin{aligned}
h\cdot(k\cdot a)&=\mathbf{1}_A(h\rhd(\mathbf{1}_A(k\rhd a)))=\mathbf{1}_A(h\rhd(\mathbf{1}_A(k\rhd a)\mathbf{1}_A))\\
&=\mathbf{1}_A\sum(h_{(1)}\rhd\mathbf{1}_A)(h_{(2)}\rhd(k\rhd a))(h_{(3)}\rhd\mathbf{1}_A)\\
&=\mathbf{1}_A\sum(h_{(1)}\rhd\mathbf{1}_A)u(h_{(2)},k_{(1)})(h_{(3)}k_{(2)}\rhd a)u^{-1}(h_{(4)},k_{(3)})(h_{(5)}\rhd\mathbf{1}_A)\\
&=\mathbf{1}_A\sum(h_{(1)}\rhd\mathbf{1}_A)u(h_{(2)},k_{(1)})(h_{(3)}k_{(2)}\rhd\mathbf{1}_A)(h_{(4)}k_{(3)}\rhd a)\\
&\quad\times(h_{(5)}k_{(3)}\rhd\mathbf{1}_A)u^{-1}(h_{(6)},k_{(4)})(h_{(7)}\rhd\mathbf{1}_A)\\
&=\sum\underbrace{(h_{(1)}\cdot\mathbf{1}_A)u(h_{(2)},k_{(1)})(h_{(3)}k_{(2)}\cdot\mathbf{1}_A)}(h_{(4)}k_{(3)}\cdot a)\\
&\quad\times\underbrace{(h_{(5)}k_{(3)}\cdot\mathbf{1}_A)u^{-1}(h_{(6)},k_{(4)})(h_{(7)}\cdot\mathbf{1}_A)}\\
&=\sum\omega(h_{(1)},k_{(1)})(h_{(2)}k_{(2)}\cdot a)\omega'(h_{(3)},k_{(3)}),
\end{aligned}$$

可知

$$\begin{aligned}
h\cdot(k\cdot\mathbf{1}_A)&=\sum\omega(h_{(1)},k_{(1)})(h_{(2)}k_{(2)}\cdot\mathbf{1}_A)\omega'(h_{(3)},k_{(3)})\\
&=\sum\omega(h_{(1)},k_{(1)})\omega'(h_{(2)},k_{(2)})=\sum(h_{(1)}\cdot\mathbf{1}_A)(h_{(2)}k\cdot\mathbf{1}_A),
\end{aligned}$$

结论成立. □

定理 8.1 设 A 为单位代数, H 为 Hopf 代数, 其在 A 上有两个对称扭曲偏作用: $h\otimes a\mapsto h\cdot a$, 及 $h\otimes a\mapsto h\bullet a$, 对应的余循环分别为 ω, 与 σ. 若存在代数同构:

$$\Phi: A\#_\omega H\ \to\ A\#_\sigma H$$

满足左 A-线性及右 H-余线性, 则存在线性映射 $u,v\in\mathrm{Hom}(H,A)$, 满足对任意的 $h,k\in H$, $a\in A$, 有

(1) $u*v(h)=h\cdot\mathbf{1}_A$,

(2) $u(h)=\sum u(h_{(1)})(h_{(2)}\cdot\mathbf{1}_A)=\sum(h_{(1)}\cdot\mathbf{1}_A)u(h_{(2)})$,

(3) $h\bullet a=\sum v(h_{(1)})(h_{(2)}\cdot a)u(h_{(3)})$,

(4) $\sigma(h,k)=\sum v(h_{(1)})(h_{(2)}\cdot v(k_{(1)}))\omega(h_{(3)},k_{(2)})u(h_{(4)}k_{(3)})$,

(5) $\Phi(a\#_\omega h)=\sum au(h_{(1)})\#_\sigma h_{(2)}$.

反之, 若存在 $u,v\in\mathrm{Hom}(H,A)$ 满足上述 (1), (2), (3), (4), 并且 $u(1_H)=v(1_H)=\mathbf{1}_A$, 则 (5) 中定义的 Φ 为代数同构.

证明 ($\Rightarrow$) 知交叉积上的左 A-模结构由左乘诱导如下:

$$a\blacktriangleright(b\#h)=(a\#1_H)(b\#h)=ab\#h,$$

右 H-余模结构为 $\rho=\mathrm{I}_A\otimes\Delta$. 令 $\Phi:A\#_\omega H\to A\#_\sigma H$ 为代数同构且满足 A-线性和 H-余线性. 此时定义 $u,v\in\mathrm{Hom}(H,A)$ 如下:

$$u(h)=(\mathrm{I}_A\otimes\varepsilon)\Phi(1_A\#_\omega h)\qquad 和 \qquad v(h)=(\mathrm{I}_A\otimes\varepsilon)\Phi^{-1}(1_A\#_\sigma h).$$

下证其满足 (1)~(5). 先来验证 (5). 对任意的 $a\in A$, $h\in H$, 我们有

$$\begin{aligned}\Phi(a\#_\omega h)&=a\blacktriangleright((\Phi(\mathbf{1}_A\#_\omega h)))\\&=a\blacktriangleright\{(\mathrm{I}_A\otimes\varepsilon\otimes\mathrm{I}_H)(\mathrm{I}_A\otimes\Delta)\Phi(\mathbf{1}_A\#_\omega h)\}\\&=a\blacktriangleright\left\{(\mathrm{I}_A\otimes\varepsilon\otimes\mathrm{I}_H)\Phi\otimes\mathrm{I}_H)\left(\sum\mathbf{1}_A\#_\omega h_{(1)}\right)\otimes h_{(2)})\right\}\\&=a\blacktriangleright\left\{(\mathrm{I}_A\otimes\varepsilon)\Phi\left(\sum\mathbf{1}_A\#_\omega h_{(1)}\right)\otimes h_{(2)}\right\}\\&=a\blacktriangleright\left(\sum u(h_{(1)})\#_\sigma h_{(2)}\right)=\sum au(h_{(1)})\#_\sigma h_{(2)}.\end{aligned}$$

同理可知:

$$\Phi^{-1}(a\#_\sigma h)=\sum av(h_{(1)})\#_\omega h_{(2)}.$$

故有 $u(1_H)=v(1_H)=\mathbf{1}_A$.

下证 (1). 事实上,

$$\begin{aligned}\sum(h_{(1)}\cdot\mathbf{1}_A)\#_\omega h_{(2)}&=\mathbf{1}_A\#_\omega h=\Phi^{-1}(\Phi(\mathbf{1}_A\#_\omega h))\\&=\Phi^{-1}\left(\sum u(h_{(1)})\#_\sigma h_{(2)}\right)\\&=\sum u(h_{(1)})v(h_{(2)})\#_\omega h_{(3)}.\end{aligned}$$

以 $(\mathrm{Id}\otimes\varepsilon)$ 作用之, 得

$$\sum u(h_{(1)})v(h_{(2)})=h\cdot\mathbf{1}_A.$$

故有

$$\sum v(h_{(1)})u(h_{(2)})=h\bullet\mathbf{1}_A.$$

再证 (2). 以 $\mathrm{I}_A\otimes\varepsilon$ 作用于等式:

$$\begin{aligned}\sum u(h_{(1)})\#_\sigma h_{(2)}&=\Phi(\mathbf{1}_A\#_\omega h)=\Phi\left(\sum(h_{(1)}\cdot\mathbf{1}_A)\#_\omega h_{(2)}\right)\\&=\sum(h_{(1)}\cdot\mathbf{1}_A)u(h_{(2)})\#_\sigma h_{(3)}.\end{aligned}$$

此时由扭曲偏作用的对称性即可得 (2).

再证 (3) 与 (4). 由 Φ^{-1} 与 Φ 为代数同态, 知

$$\Phi^{-1}((a\#_\sigma h)(b\#_\sigma k)) = \Phi^{-1}(a\#_\sigma h)\Phi^{-1}(b\#_\sigma k),$$

有

$$\begin{aligned}&\sum a(h_{(1)}\bullet b)\sigma(h_{(2)},k_{(1)})v(h_{(3)}k_{(2)})\#_\omega h_{(4)}k_{(3)}\\=&\sum av(h_{(1)})(h_{(2)}\cdot(bv(k_{(1)})))\omega(h_{(3)},k_{(2)})\#_\omega h_{(4)}k_{(3)}.\end{aligned}$$

以 $\mathrm{I}_A\otimes\varepsilon$ 作用之, 即可得

$$\sum a(h_{(1)}\bullet b)\sigma(h_{(2)},k_{(1)})v(h_{(3)}k_{(2)}) = \sum av(h_{(1)})(h_{(2)}\cdot(bv(k_{(1)})))\omega(h_{(3)},k_{(2)}). \tag{8.10}$$

取 $a=\mathbf{1}_A$, $k=1_H$, 此时知

$$\sum(h_{(1)}\bullet b)v(h_{(2)}) = \sum v(h_{(1)})(h_{(2)}\cdot b).$$

进而得到

$$\sum(h_{(1)}\bullet b)v(h_{(2)})u(h_{(3)}) = \sum v(h_{(1)})(h_{(2)}\cdot b)u(h_{(3)}),$$

又由 $v*u(h)=h\bullet\mathbf{1}_A$, 即可知

$$h\bullet b = \sum v(h_{(1)})(h_{(2)}\cdot b)u(h_{(3)}).$$

此时, 再令 $a=b=\mathbf{1}_A$, 考虑等式 (8.10), 可得:

$$\sum\sigma(h_{(1)},k_{(1)})v(h_{(2)}k_{(2)}) = \sum v(h_{(1)})(h_{(2)}\cdot v(k_{(1)}))\omega(h_{(3)},k_{(2)}).$$

故

$$\sum\sigma(h_{(1)},k_{(1)})v(h_{(2)}k_{(2)})u(h_{(3)}k_{(3)}) = \sum v(h_{(1)})(h_{(2)}\cdot v(k_{(1)}))\omega(h_{(3)},k_{(2)})u(h_{(4)}k_{(3)}).$$

又由

$$\sigma(h,k) = \sum\sigma(h_{(1)},k_{(1)})(h_{(2)}k_{(2)}\bullet\mathbf{1}_A),$$

即可得

$$\sigma(h,k) = \sum v(h_{(1)})(h_{(2)}\cdot v(k_{(1)}))\omega(h_{(3)},k_{(2)})u(h_{(4)}k_{(3)}).$$

($\Leftarrow$) 反之, 设 $u, v \in \mathrm{Hom}(H, A)$, 满足性质 (1)~(4). 下证如下定义的 Φ : $A\#_\omega H \to A\#_\sigma H$:

$$\Phi(a\#_\omega h) = \sum au(h_{(1)})\#_\sigma h_{(2)}$$

为代数同态.

显然有 $\Phi(\mathbf{1}_A\#_\omega 1_H) = \mathbf{1}_A\#_\sigma 1_H$. 此时,

$$\begin{aligned}
&\Phi(a\#_\omega h)\Phi(b\#_\omega k)\\
=&\sum(au(h_{(1)})\#_\sigma h_{(2)})(bu(k_{(1)})\#_\sigma k_{(2)})\\
=&\sum au(h_{(1)})(h_{(2)}\bullet(bu(k_{(1)})))\sigma(h_{(3)},k_{(2)})\#_\sigma h_{(4)}k_{(3)}\\
=&\sum au(h_{(1)})v(h_{(2)})(h_{(3)}\cdot(bu(k_{(1)})))u(h_{(4)})v(h_{(5)})(h_{(6)}\cdot v(k_{(2)}))\\
&\times\omega(h_{(7)},k_{(3)})u(h_{(8)}k_{(4)})\#_\sigma h_{(9)}k_{(5)}\\
=&\sum a(h_{(1)}\cdot b)(h_{(2)}\cdot u(k_{(1)}))(h_{(3)}\cdot v(k_{(2)}))\omega(h_{(4)},k_{(3)})u(h_{(5)}k_{(4)})\#_\sigma h_{(6)}k_{(5)}\\
=&\sum a(h_{(1)}\cdot b)(h_{(2)}\cdot(u(k_{(1)})v(k_{(2)})))\omega(h_{(3)},k_{(3)})u(h_{(4)}k_{(4)})\#_\sigma h_{(5)}k_{(5)}\\
=&\sum a(h_{(1)}\cdot b)(h_{(2)}\cdot(k_{(1)}\cdot\mathbf{1}_A))\omega(h_{(3)},k_{(2)})u(h_{(4)}k_{(3)})\#_\sigma h_{(5)}k_{(4)}\\
=&\sum a(h_{(1)}\cdot b)\omega(h_{(2)},k_{(1)})u(h_{(3)}k_{(2)})\#_\sigma h_{(4)}k_{(3)}\\
=&\Phi\left(\sum a(h_{(1)}\cdot b)\omega(h_{(2)},k_{(1)})\#_\omega h_{(3)}k_{(2)}\right)\\
=&\Phi((a\#_\omega h)(b\#_\omega k)).
\end{aligned}$$

故其保持乘法.

下证 Φ 可逆. 定义 $\Psi: A\#_\sigma H \to A\#_\omega H$ 为

$$\Psi(a\#_\sigma h) = \sum av(h_{(1)})\#_\omega h_{(2)}.$$

此时有

$$\Psi(\Phi(a\#_\omega h)) = \sum au(h_{(1)})v(h_{(2)})\#_\omega h_{(3)} = \sum a(h_{(1)}\cdot\mathbf{1}_A)\#_\omega h_{(2)} = a\#_\omega h.$$

又由 (2) 与 (3), 可知 $v * u(h) = h\bullet\mathbf{1}_A$, 进而

$$\Phi(\Psi(a\#_\sigma h)) = \sum av(h_{(1)})u(h_{(2)})\#_\sigma h_{(3)} = \sum a(h_{(1)}\bullet\mathbf{1}_A)\#_\sigma h_{(2)} = a\#_\sigma h.$$

故 $\Psi = \Phi^{-1}$. □

8.2 偏 Cleft 扩张

定义 8.2 设 B 为右 H-余模代数, 余作用为 $\rho: B \to B \otimes H$. 设 A 为 B 的子代数. 称 $A \subset B$ 为一个 H-扩张, 若 $A = B^{coH}$. 称 H-扩张 $A \subset B$ 为偏 Cleft 扩张, 若存在线性映射 $\gamma, \gamma': H \to B$ 满足:

(1) $\gamma(1_H) = 1_B$,

(2) 图 8.1 可换:

图 8.1

(3) $(\gamma * \gamma') \circ M$ 为卷积代数 $\mathrm{Hom}(H \otimes H, A)$ 的中心元, 其中 $M: H \otimes H \to H$ 为乘法, 且满足对任意的 $h \in H$, $(\gamma' * \gamma)(h)$ 与 A 中每个元均可换;

同时对任意的 $b \in B$, $h, k \in H$, 有下列条件成立:

(4) $\sum b_{(0)}\gamma'(b_{(1)})\gamma(b_{(2)}) = b$,

(5) $\gamma(h)e_k = \sum e_{h_{(1)}k}\gamma(h_{(2)})$,

(6) $\gamma'(k)\tilde{e}_h = \sum \tilde{e}_{hk_{(1)}}\gamma'(k_{(2)})$,

(7) $\sum \gamma(hk_{(1)})\tilde{e}_{k_{(2)}} = \sum e_{h_{(1)}}\gamma(h_{(2)}k)$,

其中 $e_h = (\gamma * \gamma')(h)$, $\tilde{e}_h = (\gamma' * \gamma)(h)$.

由 (2) 可知对任意的 $h \in H$, 有 $(\gamma * \gamma')(h) \in A$, 故 (3) 是有意义的, 且 $\gamma * \gamma' \in \mathrm{Hom}(H, A)$.

注记 8.1 设 $\gamma: G \to \mathcal{B}$ 为群 G 到 κ- 代数 $\mathcal{B}$ 的偏表示, 即其满足 $\gamma(1_G) = 1_B$, $\gamma(g)\gamma(s)\gamma(s^{-1}) = \gamma(gs)\gamma(s^{-1})$ 及 $\gamma(g^{-1})\gamma(g)\gamma(s) = \gamma(g)\gamma(gs)$, 其中 $g, s \in G$. 进而由文献 [22] 可知有

$$\gamma(g)e_r = e_{gr}\gamma(g),$$

其中 $e_g = \gamma(g)\gamma(g^{-1})$. 于是其对应了在条件 (5) 中, 令 $H = \kappa G$ 时的情形: 事实上, 令 $\gamma'(g) = \gamma(g^{-1})$, $\tilde{e}_g = e_{g^{-1}}$, 即可得

$$\gamma'(g)\tilde{e}_s = \tilde{e}_{sg}\gamma'(g) \quad 且 \quad \gamma(gs)\tilde{e}_s = e_g\gamma(gs),$$

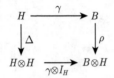

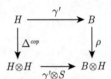

其中 $g, s \in G$.

若其为 Cleft 扩张, 知 γ 卷积可逆, 此时上述 γ' 即为 γ 的卷积逆. 故通常意义下的 Cleft 扩张亦为偏 Cleft 扩张.

对于上述偏 Cleft 扩张, 知有

$$\gamma'(1_H) = 1_B, \tag{8.11}$$

进而由定义 8.6 中的条件 (2) 可知

$$1_B = \sum (1_B)_{(0)}\, \gamma'((1_B)_{(1)})\, \gamma((1_B)_{(2)}) = (1_B)\gamma'(1_H)\gamma(1_H) = \gamma'(1_H).$$

又由图 8.1 知 γ 为余模同态, 故 $\rho^2(\gamma(h)) = (\mathrm{I}_A \otimes \Delta)\rho(\gamma(h)) = \sum \gamma(h_{(1)}) \otimes h_{(2)} \otimes h_{(3)}$. 利用定义 8.6 中的条件 (4), 令 $b = \gamma(h)$, 可得

$$\gamma * \gamma' * \gamma = \gamma. \tag{8.12}$$

我们以 γ' 右乘上式, 可得 $\gamma * \gamma'$ 为幂等元. 再以 γ' 左乘上式, 得 $\gamma' * \gamma$ 亦为幂等元. 又任取线性映射 $\tau \in \mathrm{Hom}(H, A)$, 其可诱导 $\mathrm{Hom}(H \otimes H, A)$ 中的映射 $h \otimes k \mapsto \tau(h)$, 进而由定义 8.6 中的条件 (3) 可知 $(\gamma * \gamma') * \tau = \tau * (\gamma * \gamma')$.

注记 8.2　对于上述偏 Cleft 扩张, $\gamma * \gamma'$ 为卷积代数 $\mathrm{Hom}(H, A)$ 中的中心幂等元.

引理 8.2　定义 8.2 中的 γ' 满足等式:

$$\gamma' * \gamma * \gamma' = \gamma'. \tag{8.13}$$

证明　令 $\overline{\gamma} = \gamma' * \gamma * \gamma'$. 由 $\gamma' * \gamma$ 为幂等元,

$$\begin{aligned}
\overline{\gamma} * \gamma * \overline{\gamma} &= (\gamma' * \gamma * \gamma') * \gamma * (\gamma' * \gamma * \gamma') \\
&= (\gamma' * \gamma) * (\gamma' * \gamma) * (\gamma' * \gamma) * \gamma' \\
&= \gamma' * \gamma * \gamma' = \overline{\gamma}.
\end{aligned}$$

下证 $(\gamma, \overline{\gamma})$ 满足定义 8.2 中的条件 (1)~(7). 知条件 (1) 是显然的. 又由

$$\begin{aligned}
\rho(\overline{\gamma}(h)) &= \sum \rho(\gamma'(h_{(1)})\gamma(h_{(2)})\gamma'(h_{(3)})) = \sum \rho(\gamma'(h_{(1)}))\rho(\gamma(h_{(2)}))\rho(\gamma'(h_{(3)})) \\
&= \sum (\gamma'(h_{(2)}) \otimes S(h_{(1)}))(\gamma(h_{(3)}) \otimes h_{(4)})(\gamma'(h_{(6)}) \otimes S(h_{(5)})) \\
&= \sum \gamma'(h_{(2)})\gamma(h_{(3)})\gamma'(h_{(6)}) \otimes S(h_{(1)})h_{(4)}S(h_{(5)})
\end{aligned}$$

$$=\sum\gamma'(h_{(2)})\gamma(h_{(3)})\gamma'(h_{(4)})\otimes S(h_{(1)})$$
$$=\sum\overline{\gamma}(h_{(2)})\otimes S(h_{(1)})=(\overline{\gamma}\otimes S)\Delta^{cop}(h).$$

知条件 (2) 成立. 由

$$\gamma*\overline{\gamma}=\gamma*\gamma',\quad \overline{\gamma}*\gamma=\gamma'*\gamma. \tag{8.14}$$

知条件 (3) 成立. 任取 $b\in B$, 由

$$\sum b_{(0)}\overline{\gamma}(b_{(1)})\gamma(b_{(2)})=\sum b_{(0)}\gamma'(b_{(1)})(\gamma(b_{(2)})\gamma'(b_{(3)})\gamma(b_{(4)}))$$
$$=\sum b_{(0)}\gamma'(b_{(1)})\gamma(b_{(2)})=b.$$

知条件 (4) 成立. 下证定义 8.2 中的条件 (5)~(7) 成立.

由 $e_h=(\gamma*\bar{\gamma})(h)$, 利用等式 (8.14), 知 $\tilde{e}_h=(\bar{\gamma}*\gamma)(h)$. 因此我们仅须证条件 (6). 事实上,

$$\bar{\gamma}(k)\tilde{e}_h=\gamma'(k_{(1)})e_{k_{(2)}}\tilde{e}_h\overset{(3)}{=}\gamma'(k_{(1)})\tilde{e}_he_{k_{(2)}}\overset{(6)}{=}\tilde{e}_{hk_{(1)}}\gamma'(k_{(2)})e_{k_{(3)}}=\tilde{e}_{hk_{(1)}}\bar{\gamma}(k_{(2)}),$$

此时由 $e_k\in A$, 知结论成立. □

已知 ρ 为代数同态, 以条件 (4) 作用在 $b=\gamma(h)\gamma(k)$ 及 $b=\gamma(h)\gamma(k)a$ 上, 可知对任意的 $a\in A=B^{coH}$, $h,k\in H$, 我们有

$$\gamma(h)\gamma(k)=\sum\gamma(h_{(1)})\gamma(k_{(1)})\gamma'(h_{(2)}k_{(2)})\gamma(h_{(3)}k_{(3)}), \tag{8.15}$$
$$\gamma(h)\gamma(k)a=\sum\gamma(h_{(1)})\gamma(k_{(1)})a\gamma'(h_{(2)}k_{(2)})\gamma(h_{(3)}k_{(3)}). \tag{8.16}$$

令 $k=1_H$, 即可知

$$\gamma(h)a=\sum\gamma(h_{(1)})a\gamma'(h_{(2)})\gamma(h_{(3)}). \tag{8.17}$$

命题 8.2　若 $(A,\cdot,(\omega,\omega'))$ 为对称扭曲偏 H-模代数, 则 $A\subset A\#_{(\alpha,\omega)}H$ 为偏 cleft H-扩张.

证明　知 $A\#_{(\alpha,\omega)}H$ 为右余模代数, 其余模结构为: $\rho=(I\otimes\Delta):A\#_{(\alpha,\omega)}H\to(A\#_{(\alpha,\omega)}H)\otimes H$. 易证 $(A\#_{(\alpha,\omega)}H)^{coH}=A\otimes 1_H=A$.

考虑映射 $\gamma,\gamma':H\to A\#_{(\alpha,\omega)}H$, 其中

$$\gamma(h)=\mathbf{1}_A\#h=(\mathbf{1}_A\otimes h)(\mathbf{1}_A\otimes 1_H), \tag{8.18}$$
$$\gamma'(h)=\sum\omega'(S(h_{(2)}),h_{(3)})\#S(h_{(1)}). \tag{8.19}$$

易知 $\gamma(1_H) = \mathbf{1}_A\#1_H = 1_{A\#_{(\alpha,\omega)}H}$, 于是条件 (1) 成立. 又由 ρ 的定义知 $\rho\gamma = (\gamma\otimes I)\Delta$, 进而可得

$$\begin{aligned}\rho\gamma'(h) &= \sum \rho(\omega'(S(h_{(2)}), h_{(3)})\#S(h_{(1)})) = \sum(\omega'(S(h_{(3)}), h_{(4)})\#S(h_{(2)}) \otimes S(h_{(1)})\\ &= \sum \gamma'(h_{(2)}) \otimes S(h_{(1)}) = (\gamma'\otimes S)\Delta^{cop}(h),\end{aligned}$$

故条件 (2) 成立. 又知

$$\begin{aligned}(\gamma*\gamma')(h) &= \sum(\mathbf{1}_A\#h_{(1)})(\omega'(S(h_{(3)}), h_{(4)})\#S(h_{(2)}))\\ &= \sum(h_{(1)}\cdot\omega'(S(h_{(6)}), h_{(7)}))\omega(h_{(2)}, S(h_{(5)}))\#\underbrace{h_{(3)}S(h_{(4)})}\\ &= \sum(h_{(1)}\cdot\omega'(S(h_{(4)}), h_{(5)}))\omega(h_{(2)}, S(h_{(3)}))\#1_H\\ &\overset{(8.8)}{=} \sum\omega(h_{(1)}, \underbrace{S(h_{(8)})h_{(9)}})\omega'(h_{(2)}S(h_{(7)}), h_{(10)})\\ &\quad\times\underbrace{\omega'(h_{(3)}, S(h_{(6)}))\omega(h_{(4)}, S(h_{(5)}))}\#1_H\\ &\overset{(8.2),(1.16)}{=} \sum(h_{(1)}\cdot\mathbf{1}_A)\underbrace{\omega'(h_{(2)}S(h_{(6)}), h_{(7)})(h_{(3)}\cdot\mathbf{1}_A)}\overbrace{(h_{(4)}S(h_{(5)})}\cdot\mathbf{1}_A)\#1_H\\ &\overset{(8.1)}{=} \sum(h_{(1)}\cdot\mathbf{1}_A)\omega'(\underbrace{h_{(2)}S(h_{(3)})}, h_{(4)})\#1_H = (h\cdot\mathbf{1}_A)\#1_H.\end{aligned}$$

于是 $(\gamma*\gamma')(hk) = f_2(h,k)\#1_H$ 且 $(\gamma*\gamma')\circ M$ 为 $\mathrm{Hom}(H\otimes H, A)$ 的中心元. 又由 $(\gamma*\gamma')(h)$ 与任一 $a\in A$ 均可换, 故此时有映射 $\tau_a: H\to A$, 满足 $\tau_a(h) = \varepsilon(h)a$ 且 $\mathbf{e}(h) = (h\cdot\mathbf{1}_A)$ 为 $\mathrm{Hom}(H, A)$ 的中心元. 又知

$$(h\cdot\mathbf{1}_A)a = \sum(h_{(1)}\cdot\mathbf{1}_A)\varepsilon(h_{(2)})a = (\mathbf{e}*\tau_a)(h) = (\tau_a*\mathbf{e})(h) = a(h\cdot\mathbf{1}_A).$$

从而

$$\begin{aligned}\gamma'*\gamma(h) &= (\omega'(S(h_{(2)}), h_{(3)})\#S(h_{(1)}))(\mathbf{1}_A\#h_{(4)})\\ &= \omega'(S(h_{(4)}), h_{(5)})(S(h_{(3)})\cdot\mathbf{1}_A)\omega(S(h_{(2)}), h_{(6)})\#S(h_{(1)})h_{(7)}\\ &= \omega'(S(h_{(3)}), h_{(4)})\omega(S(h_{(2)}), h_{(5)})\#S(h_{(1)})h_{(6)}\\ &= (S(h_{(3)})h_{(4)}\cdot\mathbf{1}_A)(S(h_{(2)})\cdot\mathbf{1}_A)\#S(h_{(1)})h_{(5)}\\ &= (S(h_{(2)})\cdot\mathbf{1}_A)\#S(h_{(1)})h_{(3)},\end{aligned}$$

故

$$(\gamma'*\gamma)(h)(a\#1_H) = \sum((S(h_{(2)})\cdot\mathbf{1}_A)\#S(h_{(1)})h_{(3)})(a\#1_H)$$

$$
\begin{aligned}
&= \sum (S(h_{(4)}) \cdot \mathbf{1}_A)(S(h_{(3)})h_{(5)} \cdot a)\omega(S(h_{(2)})h_{(6)}, 1_H)\#S(h_{(1)})h_{(7)} \\
&= \sum \underbrace{(S(h_{(4)})h_{(5)} \cdot a)(S(h_{(3)}) \cdot \mathbf{1}_A)}\omega(S(h_{(2)})h_{(6)}, 1_H)\#S(h_{(1)})h_{(7)} \\
&= \sum a(S(h_{(3)}) \cdot \mathbf{1}_A)\omega(S(h_{(2)})h_{(4)}, 1_H)\#S(h_{(1)})h_{(5)} \\
&= \sum a\omega(\underbrace{S(h_{(3)})h_{(4)}}, 1_H)(S(h_{(2)}) \cdot \mathbf{1}_A)\#S(h_{(1)})h_{(5)} \\
&= \sum a(S(h_{(2)}) \cdot \mathbf{1}_A)\#S(h_{(1)})h_{(3)} \\
&= \sum (a\#1_H)((S(h_{(2)}) \cdot \mathbf{1}_A)\#S(h_{(1)})h_{(3)}) = (a\#1_H)(\gamma' * \gamma)(h),
\end{aligned}
$$

这就证明了条件 (3).

下证条件 (4). 令 $b = a\#h \in A\#_{(\alpha,\omega)}H$. 以 $\rho^2 = (\mathrm{I}_A \otimes \Delta)\rho$ 作用在 b 上:

$$
\sum b_{(0)} \otimes b_{(1)} \otimes b_{(2)} = \sum (a\#h_{(1)}) \otimes h_{(2)} \otimes h_{(3)},
$$

进而有

$$
\begin{aligned}
&\sum b_{(0)}\gamma'(b_{(1)})\gamma(b_{(2)}) = \sum (a\#h_{(1)})\gamma'(h_{(2)})\gamma(h_{(3)}) \\
= \;& \sum (a\#h_{(1)})(\omega'(S(h_{(3)}) \otimes h_{(4)})\#S(h_{(2)}))(\mathbf{1}_A\#h_{(5)}) \\
= \;& \sum (a\#1_H)\underbrace{(\mathbf{1}_A\#h_{(1)})(\omega'(S(h_{(3)}) \otimes h_{(4)})\#S(h_{(2)}))}(\mathbf{1}_A\#h_{(5)}) \\
\overset{(8.16),(8.17)}{=} \;& \sum (a\#1_H)(\gamma * \gamma')(h_{(1)})(\mathbf{1}_A\#h_{(2)}) \\
= \;& \sum (a\#1_H)((h_{(1)} \cdot \mathbf{1}_A)\#1_H)(\mathbf{1}_A\#h_{(2)}) = a\#h = b.
\end{aligned}
$$

故条件 (4) 成立. 下证条件 (5), 由条件 (3) 可知:

$$
\begin{aligned}
\sum e_{h_{(1)}k}\gamma(h_{(2)}) &= \sum (h_{(1)}k \cdot \mathbf{1}_A\#1_H)(\mathbf{1}_A\#h_{(2)}) \overset{(8.16)}{=} \sum (h_{(1)}k \cdot \mathbf{1}_A)(h_{(2)} \cdot \mathbf{1}_A)\#h_{(3)} \\
&= \sum (h_{(1)} \cdot (k \cdot \mathbf{1}_A))\#h_{(2)} = \sum (h_{(1)} \cdot (k \cdot \mathbf{1}_A))(h_{(2)} \cdot \mathbf{1}_A)\#h_{(3)} \\
&= (\mathbf{1}_A\#h)(k \cdot \mathbf{1}_A\#1_H) = \gamma(h)(\gamma * \gamma')(k) = \gamma(h)e_k.
\end{aligned}
$$

故条件 (5) 成立.

下证条件 (6):

$$
\begin{aligned}
\gamma'(h)\tilde{e}_k &= \Big(\sum \omega'(S(h_{(2)}), h_{(3)})\#S(h_{(1)})\;(\sum S(k_{(2)}) \cdot \mathbf{1}_A\#S(k_{(1)})k_{(3)}\Big) \\
&= \sum \omega'(S(h_{(4)}), h_{(5)})\underbrace{(S(h_{(3)}) \cdot (S(k_{(3)}) \cdot \mathbf{1}_A))}\omega(S(h_{(2)}), \\
&\quad S(k_{(2)})k_{(4)})\#S(h_{(1)})S(k_{(1)})k_{(5)}
\end{aligned}
$$

$$= \sum \underbrace{\omega'(S(h_{(5)}), h_{(6)})(S(h_{(4)}) \cdot \mathbf{1}_A)}(S(h_{(3)})S(k_{(3)}) \cdot \mathbf{1}_A)\omega(S(h_{(2)}), S(k_{(2)})k_{(4)})\#S(h_{(1)})S(k_{(1)})k_{(5)}$$

$$\overset{(8.1)}{=} \sum \omega'(S(h_{(4)}), h_{(5)}) \underbrace{(S(h_{(3)})S(k_{(3)}) \cdot \mathbf{1}_A)\omega(S(h_{(2)}), S(k_{(2)})k_{(4)})} \#S(h_{(1)})S(k_{(1)})k_{(5)}.$$

对于 $m \in H$, 考虑映射 $\tau_m : H \otimes H \to A,\ h \otimes k \mapsto \omega(h, km)$. 又由 f_2 为中心元, 知:

$$\sum (S(h_{(2)})S(k_{(2)}) \cdot \mathbf{1}_A)\omega(S(h_{(1)}), S(k_{(1)})m) = (f_2 * \tau_m)(S(h) \otimes S(k))$$
$$= (\tau_m * f_2)(S(h) \otimes S(k)) = \sum \omega(S(h_{(2)}), S(k_{(2)})m)(S(h_{(1)})S(k_{(1)}) \cdot \mathbf{1}_A),$$

进而有

$$\begin{aligned}
&\gamma'(h)\tilde{e}_k \\
=& \sum \omega'(S(h_{(4)}), h_{(5)})\omega(S(h_{(3)}), \underbrace{S(k_{(3)})k_{(4)}})(S(h_{(2)})S(k_{(2)}) \cdot \mathbf{1}_A)\#S(h_{(1)})S(k_{(1)})k_{(5)} \\
=& \sum \underbrace{\omega'(S(h_{(4)}), h_{(5)})(S(h_{(3)}) \cdot \mathbf{1}_A)}\ (S(h_{(2)})S(k_{(2)}) \cdot \mathbf{1}_A)\#S(h_{(1)})S(k_{(1)})k_{(3)} \\
\overset{(8.1)}{=}& \sum \omega'(S(h_{(3)}), h_{(4)})\ (S(h_{(2)})S(k_{(2)}) \cdot \mathbf{1}_A)\#S(h_{(1)})S(k_{(1)})k_{(3)}.
\end{aligned}$$

知 $\mathbf{e} * \mu_{l,m,n} = \mu_{l,m,n} * \mathbf{e}$, 考虑其在 $S(kh)$ 上的作用, 知

$$(S(k_{(2)}h_{(2)})\cdot\mathbf{1}_A)\ [(S(k_{(1)}h_{(1)})l)\cdot\omega'(m,n)] = [(S(k_{(2)}h_{(2)})l)\cdot\omega'(m,n)]\ (S(k_{(1)}h_{(1)})\cdot\mathbf{1}_A). \tag{8.20}$$

同理, 定义映射 $\nu_{m,n} : H \to A,\ h \mapsto \omega(hm, n)$, 亦可得

$$(S(k_{(2)}h_{(2)}) \cdot \mathbf{1}_A)\ \omega(S(k_{(1)}h_{(1)})m, n) = \omega(S(k_{(2)}h_{(2)})m, n)\ (S(k_{(1)}h_{(1)}) \cdot \mathbf{1}_A). \tag{8.21}$$

于是

$$\begin{aligned}
&\sum \tilde{e}_{kh_{(1)}}\gamma'(h_{(2)}) \\
=& \left[\sum (S(k_{(2)}h_{(2)}) \cdot \mathbf{1}_A)\#S(k_{(1)}h_{(2)})k_{(3)}h_{(3)}\right]\ \left[\sum \omega'(S(h_{(5)}), h_{(6)})\#S(h_{(4)})\right] \\
=& \sum (S(k_{(4)}h_{(4)}) \cdot \mathbf{1}_A)\ \ [S(k_{(3)}h_{(3)})k_{(5)}h_{(5)} \cdot \omega'(S(h_{(10)}), h_{(11)}))] \\
&\times \omega(S(k_{(2)}h_{(2)})k_{(6)}h_{(6)}, S(h_{(9)}))\#S(k_{(1)}h_{(1)})k_{(7)}\ \underbrace{h_{(7)}S(h_{(8)})} \\
=& \sum (S(k_{(4)}h_{(4)}) \cdot \mathbf{1}_A)\ \ [S(k_{(3)}h_{(3)})k_{(5)}h_{(5)} \cdot \omega'(S(h_{(8)}), h_{(9)}))]
\end{aligned}$$

$$\times\,\omega(S(k_{(2)}h_{(2)})k_{(6)}h_{(6)},S(h_{(7)}))S(k_{(1)}h_{(1)})k_{(7)}$$

$$\overset{(8.20)}{=}\sum[\underbrace{S(k_{(4)}h_{(4)})k_{(5)}h_{(5)}}\cdot\omega'(S(h_{(8)}),h_{(9)}))]\ (S(k_{(3)}h_{(3)})\cdot\mathbf{1}_A)$$

$$\times\,\omega(S(k_{(2)}h_{(2)})k_{(6)}h_{(6)},S(h_{(7)}))\#S(k_{(1)}h_{(1)})k_{(7)}$$

$$=\sum\omega'(S(h_{(6)}),h_{(7)}))\,\underbrace{(S(k_{(3)}h_{(3)})\cdot\mathbf{1}_A)\omega(S(k_{(2)}h_{(2)})k_{(4)}h_{(4)},S(h_{(5)}))}\#S(k_{(1)}h_{(1)})k_{(5)}$$

$$=\sum\omega'(S(h_{(6)}),h_{(7)}))\omega(\underbrace{S(k_{(3)}h_{(3)})k_{(4)}h_{(4)}},S(h_{(5)}))(S(k_{(2)}h_{(2)})\cdot\mathbf{1}_A)\#S(k_{(1)}h_{(1)})k_{(5)}$$

$$=\sum\underbrace{\omega'(S(h_{(4)}),h_{(5)}))(S(h_{(3)})\cdot\mathbf{1}_A)}(S(k_{(2)}h_{(2)})\cdot\mathbf{1}_A)\#S(k_{(1)}h_{(1)})k_{(3)}$$

$$=\sum\omega'(S(h_{(3)}),h_{(4)}))(S(h_{(2)})S(k_{(2)})\cdot\mathbf{1}_A)\#S(h_{(1)})S(k_{(1)})k_{(3)},$$

这就证明了条件 (6).

下证条件 (7). 由 f_2 为中心元可知:

$$\sum\gamma(hk_{(1)})\tilde{e}_{k_{(2)}}=\sum(\mathbf{1}_A\#hk_{(1)})\ [(S(k_3)\cdot\mathbf{1}_A)\#S(k_{(2)}k_{(4)})]$$

$$=\sum(h_{(1)}k_{(1)}\cdot(S(k_{(6)})\cdot\mathbf{1}_A))\,\omega(h_{(2)}k_{(2)},S(k_{(5)})k_{(7)})\#h_{(3)}\,\underbrace{k_{(3)}S(k_{(4)})}\,k_{(8)}$$

$$=\sum(h_{(1)}k_{(1)}\cdot(S(k_{(4)})\cdot\mathbf{1}_A))\,\omega(h_{(2)}k_{(2)},S(k_{(3)})k_{(5)})\#h_{(3)}k_{(6)}$$

$$=\sum\underbrace{(h_{(1)}k_{(1)}\cdot\mathbf{1}_A)((h_{(2)}k_{(2)}S(k_{(5)})\cdot\mathbf{1}_A)}\ \omega(h_{(3)}k_{(3)},S(k_{(4)})k_{(6)})\#h_{(4)}k_{(7)}$$

$$=\sum(h_{(1)}k_{(1)}S(k_{(5)})\cdot\mathbf{1}_A)(h_{(2)}k_{(2)}\cdot\mathbf{1}_A)\ \omega(h_{(3)}k_{(3)},S(k_{(4)})k_{(6)})\#h_{(4)}k_{(7)}$$

$$=\sum(h_{(1)}k_{(1)}S(k_{(5)})\cdot\mathbf{1}_A)\ \underbrace{(h_{(2)}k_{(2)}\cdot\mathbf{1}_A)\omega(h_{(3)}k_{(3)},S(k_{(4)})k_{(6)})}\ \#h_{(4)}k_{(7)}$$

$$=\sum\underbrace{(h_{(1)}k_{(1)}S(k_{(4)})\cdot\mathbf{1}_A)\omega(h_{(2)}k_{(2)},S(k_{(3)})k_{(5)})}\ \#h_{(3)}k_{(6)}$$

$$=\sum\omega(h_{(1)}k_{(1)},\underbrace{S(k_{(4)})k_{(5)}})\ (h_{(2)}\,\underbrace{k_{(2)}S(k_{(3)})}\cdot\mathbf{1}_A)\#h_{(3)}k_{(6)}$$

$$=\sum(h_{(1)}k_{(1)}\cdot\mathbf{1}_A)(h_{(2)}\cdot\mathbf{1}_A)\#h_{(3)}k_{(2)}=\sum(h_{(1)}\cdot\mathbf{1}_A)\ (h_{(2)}k_{(1)}\cdot\mathbf{1}_A)\#h_{(3)}k_{(2)}$$

$$=\sum(h_{(1)}\cdot\mathbf{1}_A)\ \omega(1_H,h_{(2)}k_{(1)})\#h_{(3)}k_{(2)}\overset{(??)}{=}\sum((h_{(1)}\cdot\mathbf{1}_A)\#1_H)\ (\mathbf{1}_A\#h_{(2)}k)$$

$$=\sum e_{h_{(1)}}\gamma(h_{(2)}k).$$

故结论成立. □

定理 8.2 设 B 为 H-余模代数, $A=B^{coH}$. 则 A 为对称扭曲偏 H-模代数, 且 H-扩张 $A\subset B$ 为偏 Cleft 扩张当且仅当 B 同构于偏交叉积 $A\#_{(\alpha,\omega)}H$.

证明 若存在 $\gamma,\gamma':H\to B$ 使得 B 为偏 cleft 的, 则由命题 8.2, (γ,γ') 可诱

导 $A=B^{coH}$ 上的扭曲偏作用如下: 对任意的 $h,k\in H$, $a\in A$,

$$h\cdot a=\sum\gamma(h_{(1)})a\gamma'(h_{(2)}),$$
$$\omega(h,k)=\sum\gamma(h_{(1)})\gamma(k_{(1)})\gamma'(h_{(2)}k_{(2)}),$$
$$\omega'(h,k)=\sum\gamma(h_{(1)}k_{(1)})\gamma'(k_{(2)})\gamma'(h_{(2)}).$$

首先由

$$\begin{aligned}\rho(h\cdot a)&=\sum\rho(\gamma(h_{(1)}))\rho(a)\rho(\gamma'(h_{(2)}))\\&=\sum(\gamma(h_{(1)})\otimes h_{(2)})(a\otimes 1_H)(\gamma'(h_{(4)})\otimes S(h_{(3)}))\\&=\sum(\gamma(h_{(1)})a\gamma'(h_{(4)})\otimes h_{(2)}S(h_{(3)})\\&=\sum(\gamma(h_{(1)})a\gamma'(h_{(2)})\otimes 1_H\\&=(h\cdot a)\otimes 1_H,\end{aligned}$$

知 $a\in B^{coH}=A$. 下证对任意的 $h,k\in H$, $\omega(h,k)$ 与 $\omega'(h,k)$ 均属于 A. 事实上, 由以下等式即可证得

$$\begin{aligned}\rho(\omega(h,k))&=\sum(\gamma(h_{(1)})\otimes h_{(2)})(\gamma(k_{(1)})\otimes k_{(2)})(\gamma'(h_{(4)}k_{(4)})\otimes S(h_{(3)}k_{(3)}))\\&=\sum\gamma(h_{(1)})\gamma(k_{(1)})\gamma'(h_{(2)}k_{(2)})\otimes 1_H\\&=\omega(h,k)\otimes 1_H,\end{aligned}$$

同理可证 $\omega'(h,k)$ 亦然.

易知 $1_B=\mathbf{1}_A$, 又由 $\gamma(1_H)=1_B=\mathbf{1}_A=\gamma'(1_H)$, 知对任意的 $a\in A$, 有 $1_H\cdot a=a$. 任取 $h,k\in H$, $a,b\in A$, 可知

$$\begin{aligned}h\cdot ab&=\sum\underbrace{\gamma(h_{(1)})a}b\gamma'(h_{(2)})\\&\overset{(8.17)}{=}\sum\gamma(h_{(1)})a\gamma'(h_{(2)})\gamma(h_{(3)})b\gamma'(h_{(4)})\\&=\sum(h_{(1)}\cdot a)(h_{(2)}\cdot b).\end{aligned}$$

可得

$$\begin{aligned}h\cdot(k\cdot a)&=\sum\underbrace{\gamma(h_{(1)})\gamma(k_{(1)})a}\gamma'(k_{(2)})\gamma'(h_{(2)})\\&\overset{(8.16)}{=}\sum\underbrace{\gamma(h_{(1)})\gamma(k_{(1)})}a\gamma'(h_{(2)}k_{(2)})\gamma(h_{(3)}k_{(3)})\gamma'(k_{(4)})\gamma'(h_{(4)})\end{aligned}$$

$$\begin{aligned}&\overset{(8.15)}{=}\sum[\gamma(h_{(1)})\gamma(k_{(1)})\gamma'(h_{(2)}k_{(2)})]\gamma(h_{(3)}k_{(3)})a\gamma'(h_{(4)}k_{(4)})\times\\&\qquad\times[\gamma(h_{(5)}k_{(5)})\gamma'(k_{(6)})\gamma'(h_{(6)})]\\&=\sum\omega(h_{(1)},k_{(1)})(h_{(2)}k_{(2)}\cdot a)\omega'(h_{(3)},k_{(3)}).\end{aligned}$$

又知

$$\omega(h,1_H)=\sum\gamma(h_{(1)})\gamma(1_H)\gamma'(h_{(2)})=\gamma(h_{(1)})\gamma'(h_{(2)})=h\cdot\mathbf{1}_A,$$

且 $\omega(1_H,h)=h\cdot\mathbf{1}_A$, 这就验证了 ω 为正则的. 此时

$$\sum\omega(h_{(1)},k)(h_{(2)}\cdot\mathbf{1}_A)=\sum(h_{(1)}\cdot\mathbf{1}_A)\omega(h_{(2)},k)=\omega(h,k),\tag{8.22}$$

又由 $h\cdot\mathbf{1}_A=(\gamma*\gamma')(h)$, 且 $\mathbf{e}=\gamma*\gamma'$ 在 $\mathrm{Hom}(H,A)$ 的中心, 故:

$$\begin{aligned}\sum\omega(h_{(1)},k)(h_{(2)}\cdot\mathbf{1}_A)&=\sum(h_{(1)}\cdot\mathbf{1}_A)\omega(h_{(2)},k)\\&=\sum\underbrace{\gamma(h_{(1)})\gamma'(h_{(2)})\gamma(h_{(3)})}\gamma(k_{(1)})\gamma'(h_{(4)}k_{(2)})\\&\overset{(8.12)}{=}\sum\gamma(h_{(1)})\gamma(k_{(1)})\gamma'(h_{(2)}k_{(2)})=\omega(h,k).\end{aligned}$$

结合等式 (8.13), 这就验证了

$$\sum\omega'(h_{(1)},k)(h_{(2)}\cdot\mathbf{1}_A)=\sum(h_{(1)}\cdot\mathbf{1}_A)\omega'(h_{(2)},k)=\omega(h,k).\tag{8.23}$$

且还可得到:

$$\begin{aligned}(\omega*\omega')(h\otimes k)&=\sum\underbrace{\gamma(h_{(1)})\gamma(k_{(1)})\gamma'(h_{(2)}k_{(2)})\gamma(h_{(3)}k_{(3)})}\gamma'(k_{(4)})\gamma'(h_{(4)})\\&\overset{(8.15)}{=}\sum\gamma(h_{(1)})\gamma(k_{(1)})\gamma'(k_{(2)})\gamma'(h_{(2)})=h\cdot(k\cdot\mathbf{1}_A).\end{aligned}$$

下面考虑 $\omega'*\omega$. 由条件 (6) 及条件 (7), 可知

$$\begin{aligned}&(\omega'*\omega)(h\otimes k)\\&=\sum\gamma(h_{(1)}k_{(1)})\gamma'(k_{(2)})\underbrace{\gamma'(h_{(2)})\gamma(h_{(3)})}\gamma(k_{(3)})\gamma'(h_{(4)}k_{(4)})\\&=\sum\gamma(h_{(1)}k_{(1)})\underbrace{\gamma'(k_{(2)})\tilde{e}_{h_{(2)}}}\gamma(k_{(3)})\gamma'(h_{(3)}k_{(4)})\\&\overset{\text{条件 (6)}}{=}\sum\underbrace{\gamma(h_{(1)}k_{(1)})\tilde{e}_{h_{(2)}k_{(2)}}}\gamma'(k_{(3)})\gamma(k_{(4)})\gamma'(h_{(3)}k_{(5)})\\&\overset{(8.13)}{=}\sum\gamma(h_{(1)}k_{(1)})\gamma'(k_{(2)})\gamma(k_{(3)})\gamma'(h_{(2)}k_{(4)})\end{aligned}$$

$$
\begin{aligned}
&= \sum \underbrace{\gamma(h_{(1)}k_{(1)})\tilde{e}_{k_{(2)}}}\gamma'(h_{(2)}k_{(3)}) \overset{(6)}{=} \sum e_{h_{(1)}}\gamma(h_{(2)}k_{(1)})\gamma'(h_{(3)}k_{(2)})\\
&= \sum \gamma(h_{(1)})\gamma'(h_{(2)})\gamma(h_{(3)}k_{(1)})\gamma'(h_{(4)}k_{(2)}) = \sum (h_{(1)}\cdot \mathbf{1}_A)(h_{(2)}k\cdot \mathbf{1}_A).
\end{aligned}
$$

进而考虑等式 (1.3):

$$
\begin{aligned}
&\sum (h_{(1)}\cdot (k_{(1)}\cdot a))\omega(h_{(2)},k_{(2)})\\
=&\sum \omega(h_{(1)},k_{(1)})(h_{(2)}k_{(2)}\cdot a)\omega'(h_{(3)},k_{(3)})\omega(h_{(4)},k_{(4)})\\
=&\sum \omega(h_{(1)},k_{(1)})(h_{(2)}k_{(2)}\cdot a)(h_{(3)}\cdot \mathbf{1}_A)(h_{(4)}k_{(3)}\cdot \mathbf{1}_A)\\
=&\sum \underbrace{\omega(h_{(1)},k_{(1)})(h_{(2)}\cdot \mathbf{1}_A)}\underbrace{(h_{(3)}k_{(2)}\cdot a)(h_{(4)}k_{(3)}\cdot \mathbf{1}_A)}\\
=&\sum \omega(h_{(1)},k_{(1)})(h_{(2)}k_{(2)}\cdot a).
\end{aligned}
$$

同理可得如下关于 ω' 的等式:

$$
\sum \omega'(h_{(1)},k_{(1)})(h_{(2)}\cdot (k_{(2)}\cdot a)) = \sum (h_{(1)}k_{(1)}\cdot a)\omega'(h_{(2)},k_{(2)}). \tag{8.24}
$$

此时以 ω' 左乘

$$
h\cdot (k\cdot a) = \sum \omega(h_{(1)},k_{(1)})(h_{(2)}k_{(2)}\cdot a)\omega'(h_{(3)},k_{(3)})
$$

由 $\mathbf{e}$ 为中心元及等式 (8.23), 可得

$$
\begin{aligned}
&\sum \omega'(h_{(1)},k_{(1)})(h\cdot (k\cdot a))\\
=&\sum (\omega' * \omega)(h_{(1)},k_{(1)})(h_{(2)}k_{(2)}\cdot a)\omega'(h_{(3)},k_{(3)})\\
=&\sum (h_{(1)}\cdot \mathbf{1}_A)\underbrace{(h_{(2)}k_{(1)}\cdot \mathbf{1}_A)(h_{(3)}k_{(2)}\cdot a)}\omega'(h_{(4)},k_{(3)})\\
=&\sum (h_{(1)}\cdot \mathbf{1}_A)(h_{(2)}k_{(1)}\cdot a)\omega'(h_{(3)},k_{(2)})\\
=&\sum (h_{(1)}k_{(1)}\cdot a)\underbrace{(h_{(2)}\cdot \mathbf{1}_A)\omega'(h_{(3)},k_{(2)})}\\
=&\sum (h_{(1)}k_{(1)}\cdot a)\omega'(h_{(2)},k_{(2)}),
\end{aligned}
$$

又由条件 (5) 和条件 (3), 可知

$$
\begin{aligned}
h\cdot (k\cdot \mathbf{1}_A) &= \sum \gamma(h_{(1)})e_k\gamma'(h_{(2)}) = \sum e_{h_{(1)}k}\gamma(h_{(2)})\gamma'(h_{(3)})\\
&= \sum (h_{(1)}k\cdot \mathbf{1}_A)(h_{(2)}\cdot \mathbf{1}_A) = \sum (h_{(1)}\cdot \mathbf{1}_A)(h_{(2)}k\cdot \mathbf{1}_A),
\end{aligned}
$$

进一步地, 以 ω 在右侧吸收 $hk\cdot\mathbf{1}_A$, 可知

$$\begin{aligned}\sum\omega(h_{(1)},k_{(1)})(h_{(2)}k_{(2)}\cdot\mathbf{1}_A) &= \sum\gamma(h_{(1)})\gamma(k_{(1)})\underbrace{\gamma'(h_{(2)}k_{(2)})\gamma(h_{(3)}k_{(3)})\gamma'(h_{(4)}k_{(4)})}\\ &\overset{(8.13)}{=}\sum\gamma(h_{(1)})\gamma(k_{(1)})\gamma'(h_{(4)}k_{(4)})=\omega(h,k),\end{aligned}$$

于是等式 (1.4) 成立. 又由式 (1.3), 可知

$$\sum(h_{(1)}\cdot(k_{(1)}\cdot\mathbf{1}_A))\omega(h_{(2)},k_{(2)})=\sum\omega(h_{(1)},k_{(1)})(h_{(2)}k_{(2)}\cdot\mathbf{1}_A)=\omega(h,k).$$

此时可得 $\omega(h,k)$ 双侧吸收 $h\cdot k\cdot\mathbf{1}_A$, $h\cdot\mathbf{1}_A$ 及 $hk\cdot\mathbf{1}_A$. 进而 ω 包含于理想 $\langle f_1*f_2\rangle$ 中.

由条件 (6) 可知 ω' 右吸收 $(h\cdot(k\cdot\mathbf{1}_A))$ 如下:

$$\begin{aligned}&\sum\omega'(h_{(1)},k_{(1)})(h_{(2)}\cdot(k_{(2)}\cdot\mathbf{1}_A))\\ =&\sum\gamma(h_{(1)}k_{(1)})\gamma'(k_{(2)})\gamma'(h_{(2)})\gamma(h_{(3)})\gamma(k_{(3)})\gamma'(k_{(4)})\gamma'(h_{(4)})\\ =&\sum\gamma(h_{(1)}k_{(1)})\underbrace{\gamma'(k_{(2)})\tilde{e}_{h_{(2)}}}\gamma(k_{(3)})\gamma'(k_{(4)})\gamma'(h_{(3)})\\ =&\sum\underbrace{\gamma(h_{(1)}k_{(1)})\tilde{e}_{h_{(2)}k_{(2)}}}\underbrace{\gamma'(k_{(3)})\gamma(k_{(4)})\gamma'(k_{(5)})}\gamma'(h_{(3)})\\ \overset{(8.12),(8.13)}{=}&\sum\gamma(h_{(1)}k_{(1)})\gamma'(k_{(2)})\gamma'(h_{(2)})=\omega'(h,k),\end{aligned}$$

结合式 (8.23) 及 $\mathbf{e}$ 为中心元, 可知有

$$\sum\omega'(h_{(1)}),k_{(1)})(h_{(2)}k_{(2)}\cdot\mathbf{1}_A)=\omega'(h,k),$$

又由等式 (8.24),

$$\omega'(h,k)=\sum\omega'(h_{(1)},k_{(1)})(h_{(2)}\cdot(k_{(2)}\cdot\mathbf{1}_A))=\sum(h_{(1)}k_{(1)}\cdot\mathbf{1}_A)\omega'(h_{(2)},k_{(2)}).$$

于是 ω' 亦两侧吸收 $h\cdot k\cdot\mathbf{1}_A$, $h\cdot\mathbf{1}_A$, 及 $hk\cdot\mathbf{1}_A$. 进而等式 (8.1) 成立, 即 $\omega'\in\langle f_1*f_2\rangle$.

下证 ω 满足余循环条件 (1.17). 由 $\gamma'*\gamma$ 与 A 中任一元可换, 知

$$\begin{aligned}&\sum[h_{(1)}\cdot\omega(k_{(1)},l_{(1)})]\,\omega(h_{(2)},k_{(2)}l_{(2)})\\ =&\sum\gamma(h_{(1)})\omega(k_{(1)},l_{(1)})[(\gamma'*\gamma)(h_{(2)})]\gamma(k_{(3)}l_{(3)})\gamma'(h_{(3)}k_{(2)}l_{(2)})\\ =&\sum\underbrace{\gamma(h_{(1)})[(\gamma'*\gamma)(h_{(2)})]}\omega(k_{(1)},l_{(1)})\gamma(k_{(3)}l_{(3)})\gamma'(h_{(3)}k_{(2)}l_{(2)})\\ \overset{(8.12)}{=}&\sum\gamma(h_{(1)})\underbrace{\gamma(k_{(1)})\gamma(l_{(1)})\gamma'(k_{(2)}l_{(2)})\gamma(k_{(3)}l_{(3)})}\gamma'(h_{(2)}k_{(4)}l_{(4)})\end{aligned}$$

$$\stackrel{(8.15)}{=} \sum \underbrace{\gamma(h_{(1)})\,\gamma(k_{(1)})}\gamma(l_{(1)})\gamma'(h_{(2)}k_{(2)}l_{(2)})$$
$$\stackrel{(8.15)}{=} \sum[\gamma(h_{(1)})\,\gamma(k_{(1)})\gamma'(h_{(2)}k_{(2)})][\gamma(h_{(3)}k_{(3)})\gamma(l_{(1)})\gamma'(h_{(4)}k_{(4)}l_{(2)})]$$
$$= \sum \omega(h_{(1)},k_{(1)})\,\omega(h_{(2)}k_{(2)},l).$$

这就证明了 $A=(A,\cdot,\omega,\omega')$ 为对称扭曲偏 H-模代数.

最后, 我们来证

$$\begin{aligned}\Phi: A\#_{(\alpha,\omega)}H &\rightarrow B\\ a\#h &\mapsto a\gamma(h)\end{aligned}$$

为代数同构, 并且其逆为

$$\begin{aligned}\Psi: B &\rightarrow A\#_{(\alpha,\omega)}H\\ b &\mapsto \sum b_{(0)}\gamma'(b_{(1)})\#b_{(2)}\end{aligned}$$

事实上, 由如下等式

$$\begin{aligned}\Phi(a\#h)\Phi(b\#k) &= a\gamma(h)b\gamma(k)\\ &\stackrel{(8.17)}{=} \sum a\gamma(h_{(1)})b\gamma'(h_{(2)})\gamma(h_{(3)})\gamma(k)\\ &\stackrel{(8.15)}{=} \sum a[\gamma(h_{(1)})b\gamma'(h_{(2)})][\gamma(h_{(3)})\gamma(k_{(1)})\gamma'(h_{(4)}k_{(2)})]\\ &\quad\times\gamma(h_{(5)}k_{(3)})\\ &= \sum a(h_{(1)}\cdot b)\omega(h_{(2)}\otimes k_{(1)}))\gamma(h_{(3)}k_{(2)})\\ &= \Phi(\sum a(h_{(1)}\cdot b)\omega(h_{(2)}\otimes k_{(1)}))\#h_{(3)}k_{(2)})\\ &= \Phi((a\#h)\Phi(b\#k))\end{aligned}$$

可知 Φ 为代数同态.

下证 $\Psi=\Phi^{-1}$. 一方面, 由于 $\sum b_{(0)}\gamma'(b_{(1)})$ 属于 A, 于是可得

$$\rho(\sum b_{(0)}\gamma'(b_{(1)}))=\sum\rho(b_{(0)})(\rho\circ\gamma')(b_{(1)})$$
$$=\sum b_{(0)}(\gamma'(b_{(3)})\otimes b_{(1)}S(b_{(2)})=\sum b_{(0)}\gamma(b_{(1)})\otimes 1_H.$$

此时由条件 (4) 即可得 $\Phi\Psi=Id_B$. 另一方面, 任取 $a\#h\in A\#_{(\alpha,\omega)}H$, 由 γ 为余模同态及 $A=B^{coH}$ 可知

$$\begin{aligned}\Psi(\Phi(a\#h)) = \Psi(a\gamma(h)) &= \sum a\gamma(h_{(1)})\gamma'(h_{(2)})\#h_{(3)} \\ &= \sum a(h_{(1)} \cdot \mathbf{1}_A)\#h_{(2)} = a\#h.\end{aligned}$$

□

第 9 章　弱 Hopf 代数的偏作用

9.1　偏　作　用

本节中, 我们总是假定 H 为弱 Hopf 代数.

定义 9.1　设 A 为代数. H 在 A 上的 (整体)作用是指一个线性映射 $\triangleright: H \otimes A \to A$, 使得对任意的 $a, b \in A$, $h, k \in H$, 下列条件成立:

(1) $1_H \triangleright a = a$,

(2) $h \triangleright ab = (h_1 \triangleright a)(h_2 \triangleright b)$,

(3) $h \triangleright (k \triangleright a) = hk \triangleright a$.

此时, 称 A 为一个H-模代数.

此处我们并不要求 A 有单位元. 事实上, 弱双代数 H 在单位代数 A 上的作用满足上述条件条件 (1)~(3), 且满足条件:

$$h \triangleright 1_A = \varepsilon_L(h) \triangleright 1_A.$$

若 H 为弱 Hopf 代数, 则上述条件可由条件 (1)~(3) 诱导得到.

引理 9.1　设 A 为 H-模代数. 则对任意的 $h \in H$, 有

$$h \triangleright 1_A = \varepsilon_L(h) \triangleright 1_A.$$

证明　事实上我们有

$$\begin{aligned}
\varepsilon_L(h) \triangleright 1_A &= h_1 S(h_2) \triangleright 1_A \\
&\overset{(3)}{=} h_1 \triangleright (1_A(S(h_2) \triangleright 1_A)) \\
&\overset{(2)}{=} (h_1 \triangleright 1_A)(h_2 S(h_3) \triangleright 1_A) \\
&= (1_1 h \triangleright 1_A)(1_2 \triangleright 1_A) \\
&\overset{(3)}{=} (1_1 \triangleright (h \triangleright 1_A))(1_2 \triangleright 1_A) \\
&\overset{(2)}{=} 1_H \triangleright (h \triangleright 1_A) 1_A \\
&\overset{(1)}{=} h \triangleright 1_A.
\end{aligned}$$

于是结论成立. □

定义 9.2　设 A 为代数. H 在 A 上的偏作用是指线性映射 $\cdot: H\otimes A\to A$, 对任意的 $a,b\in A$, $h,k\in H$, 满足条件:

(1) $1_H\cdot a=a$,

(2) $h\cdot ab=(h_1\cdot a)(h_2\cdot b)$,

(3) $h\cdot(k\cdot a)=(h_1\cdot 1_A)(h_2k\cdot a)$.

此时称 A 为偏 H-模代数.

称 $\cdot$ 为对称的 (或称 A 为对称偏 H-模代数), 若下列条件成立:

(4) $h\cdot(k\cdot a)=(h_1k\cdot a)(h_2\cdot 1_A)$.

注记 9.1　若条件 (1) 成立, 则定义 9.2 中的条件 (2) 与条件 (3) 等价于:

$$h\cdot(a(k\cdot b))=(h_1\cdot a)(h_2k\cdot b).$$

同理, 条件 (2) 与条件 (4) 等价于:

$$h\cdot((k\cdot a)b)=(h_1k\cdot a)(h_2\cdot b).$$

引理 9.2　设 A 为偏 H-模代数. 则 A 为 H-模代数当且仅当对任意的 $h\in H$, 有 $h\cdot 1_A=\varepsilon_L(h)\cdot 1_A$.

证明　设对任意的 $h\in H$, 有 $h\cdot 1_A=\varepsilon_L(h)\cdot 1_A$. 则有

$$\begin{aligned}h\cdot(g\cdot a)&=(h_1\cdot 1_A)(h_2g\cdot a)\\&=(\varepsilon_L(h_1)\cdot 1_A)(h_2g\cdot a)\\&=(h_1S(h_2)\cdot 1_A)(h_3g\cdot a)\\&=(S(1_1)\cdot 1_A)(1_2hg\cdot a)\\&=(\varepsilon_L(S(1_1))\cdot 1_A)(1_2hg\cdot a)\\&=(\varepsilon_L(\varepsilon_R(1_1))\cdot 1_A)(1_2hg\cdot a)\\&=(\varepsilon_R(1_1)\cdot 1_A)(1_2hg\cdot a)\\&=(1_1\cdot 1_A)(1_2hg\cdot a)\\&=1_H\cdot(hg\cdot a)=hg\cdot a,\end{aligned}$$

对任意的 $g,h\in H$ 均成立. 命题得证. □

引理 9.3　设 A 为偏 H-模代数, $x \in H$. 若 $w \in H_R$ (或 $w \in H_L$ 且上述偏作用为对称的), 则对任意的 $h \in H$, $a \in A$, 有

$$w \cdot (h \cdot a) = wh \cdot a.$$

证明　设 $w \in H_R$. 此时

$$\begin{aligned} w \cdot (h \cdot a) &= (w_1 \cdot 1_A)(w_2 h \cdot a) \\ &= (1_1 \cdot 1_A)(1_2 wh \cdot a) \\ &= 1_H \cdot (wh \cdot a) = wh \cdot a. \end{aligned}$$

又若偏作用为对称的, 且 $w \in H_L$, 则有

$$\begin{aligned} w \cdot (h \cdot a) &= (w_1 h \cdot a)(w_2 \cdot 1_A) \\ &= (1_1 wh \cdot 1_A)(1_2 \cdot a) \\ &= 1_H \cdot (wh \cdot a) = wh \cdot a. \end{aligned}$$

□

引理 9.4　设 A 为偏 H-模代数, $h, k \in H$, $a, b \in A$. 则

$$(h \cdot a)(k \cdot b) = (1_1 h \cdot a)(1_2 k \cdot b).$$

证明　事实上,

$$\begin{aligned} (h \cdot a)(k \cdot b) &= 1_H \cdot [(h \cdot a)(k \cdot b)] \\ &= (1_1 \cdot h \cdot a)(1_2 \cdot k \cdot b) \\ &= (1_1 \cdot h \cdot a)(1_2 \cdot 1_A)(1_3 \cdot k \cdot b) \\ &= (1_1 \cdot h \cdot a)(1_2 k \cdot b) \\ &= (1_1 h \cdot a)(1_2 k \cdot b) \end{aligned}$$

命题得证. □

引理 9.5　设 A 为偏 H-模代数, $a, b \in A$, $z \in H$.

(1) 若 $z \in H_L$, 则 $(z \cdot a)b = z \cdot ab$.

(2) 若 $z \in H_R$, 则 $a(z \cdot b) = z \cdot ab$.

特别地, $(H_L \cdot A)$ 为 A 的右理想, $(H_R \cdot A)$ 为 A 的左理想.

证明　(1) 若 $z \in H_L$,

$$\begin{aligned}(z\cdot a)b &= (z\cdot a)(1_H\cdot b)\\ &= (1_1 z\cdot a)(1_2\cdot b)\\ &= (z_1\cdot a)(z_2\cdot b) = z\cdot ab\end{aligned}$$

(2) 若 $z \in H_R$,

$$\begin{aligned}a(z\cdot b) &= (1_H\cdot a)(z\cdot b)\\ &= (1_1\cdot a)(1_2 z\cdot b)\\ &= (z_1\cdot a)(z_2\cdot b) = z\cdot ab\end{aligned}$$

显然可知 $(H_L\cdot A)$ 为 A 的右理想, $(H_R\cdot A)$ 为 A 的左理想. □

推论 9.1　设 A 为偏 H-模代数, $h, z \in H$, $a \in A$.

(1) 若 $z \in H_L$, 则 $(z\cdot 1_A)(h\cdot a) = z\cdot(h\cdot a)$. 又若此时作用为对称的, 则 $z\cdot(h\cdot a) = zh\cdot a$.

(2) 若 $z \in H_R$, 则 $(h\cdot a)(z\cdot 1_A) = zh\cdot a$ □

引理 9.6　设 A 为偏 H-模代数, 则对任意的 $h, k \in H$, $a, b \in A$, 下列条件成立:

(1) $(h\cdot a)(k\cdot b) = h_1\cdot(a(S(h_2)k\cdot b))$.

(2) 若作用为对称的且对极 S 为双射, 则

$$(h\cdot a)(k\cdot b) = k_2\cdot((S^{-1}(k_1)h\cdot a)b).$$

证明　设 $h, k \in H$, $a, b \in A$. 则有

(1)

$$\begin{aligned}h_1\cdot a(S(h_2)k\cdot b) &= (h_1\cdot a)(h_2\cdot(S(h_3)k\cdot b))\\ &= (h_1\cdot a)(h_2\cdot 1_A)(h_3 S(h_4)k\cdot b)\\ &= (h_1\cdot a)(h_2 S(h_3)k\cdot b)\\ &= (1_1 h\cdot a)(1_2 k\cdot b) = (h\cdot a)(k\cdot b).\end{aligned}$$

(2) 由 S 可逆, 可知对任意的 $k \in H$, 有

$$k_2 S^{-1}(k_1)\otimes k_3 = 1_1\otimes 1_2 k. \tag{9.1}$$

进而有

$$
\begin{aligned}
k_2\cdot(S^{-1}(k_1)h\cdot a)b &= (k_2\cdot(S^{-1}(k_1)h\cdot a))(k_3\cdot b)\\
&\overset{\text{对称性}}{=} (k_2S^{-1}(k_1)h\cdot a)(k_3\cdot 1_A)(k_4\cdot b)\\
&= (k_2S^{-1}(k_1)h\cdot a)(k_3\cdot b)\\
&\overset{(9.1)}{=} (1_1h\cdot a)(1_2k\cdot b)=(h\cdot a)(k\cdot b)
\end{aligned}
$$

□

9.2　偏群胚作用

偏群胚作用由 D. Bagio 与 A. Paques 在文献 [23] 中引入. 本节将主要讨论群胚代数的对称偏作用与群胚的整体化偏作用之间的对应关系.

定义 9.3　称非空集 G 为**群胚**, 若其带有部分二元运算且满足如下性质:

(1) 对任意的 $g,h,l\in G$, $g(hl)$ 存在当且仅当 $(gh)l$ 存在且此时其相等.

(2) $g(hl)$ 存在当且仅当 gh 与 hl 均存在.

(3) $g\in G$, 则存在 (唯一) 的元素 $d(g),r(g)\in G$, 使得 $gd(g)$ 与 $r(g)g$ 存在且 $gd(g)=g=r(g)g$.

(4) 对于 $g\in G$, 存在 $g^{-1}\in G$, 使得 $d(g)=g^{-1}g$, $r(g)=gg^{-1}$.

由上述定义易证 g^{-1} 的唯一性, 且满足 $(g^{-1})^{-1}=g$. 知 gh 存在当且仅当 $d(g)=r(h)$, 当且仅当 $h^{-1}g^{-1}$ 存在, 并且此时 $(gh)^{-1}=h^{-1}g^{-1}$, $r(gh)=r(g)$, $d(gh)=d(h)$.

称 $e\in G$ 为 G 的**单位**, 若存在 $g\in G$, 使得 $e=d(g)$(故 $e=r(g^{-1})$). 以 G_0 表示 G 中所有单位的集合. 易知对任意的 $e\in G_0$, 均有 $e=e^{-1}=d(e)=r(e)$.

定义 9.4[23]　群胚 G 在代数 A 上的**偏作用**是指如下二元组:

$$\alpha=(\{\alpha_g\}_{g\in G},\{D_g\}_{g\in G}),$$

使得对任意的 $e\in G_0$, $g\in G$, D_e 为 A 的理想 D_g 为 $D_{r(g)}$ 的理想且 $\alpha_g\colon D_{g^{-1}}\to D_g$ 为代数同构, 满足:

(1) $\alpha_e=I_{D_e}$, 为 D_e 上的恒等态射,

(2) $\alpha_h^{-1}(D_{g^{-1}}\cap D_h)\subseteq D_{(gh)^{-1}}$,

(3) $\alpha_g(\alpha_h(x))=\alpha_{gh}(x)$, 其中 $x\in\alpha_{h^{-1}}(D_{g^{-1}}\cap D_h)$,

对任意的 $e \in G_0$, $g, h \in G$, 均有 $d(g) = r(h)$.

下述引理的证明可见文献 [23].

引理 9.7 设 $\alpha = (\{\alpha_g\}_{g\in G}, \{D_g\}_{g\in G})$ 为群胚 G 在代数 A 上的偏作用. 则:

(1) 对任意的 $g \in G$, ${\alpha_g}^{-1} = \alpha_{g^{-1}}$;

(2) 若 $d(g) = r(h)$, 则 $\alpha_g(D_{g^{-1}} \cap D_h) = D_g \cap D_{gh}$. □

设 G 为群胚, 群胚代数 $\Bbbk G$ 是指基为 $\{\delta_g \mid g \in G\}$ 的 $\Bbbk$-空间, 其乘法满足对任意的 $g, h \in G$, 有

$$\delta_g\delta_h = \begin{cases} \delta_{gh}, & \text{此时} \quad d(g) = r(h) \\ 0, & \text{其他情形} \end{cases}$$

易验证 $\Bbbk G$ 为代数且 $1_{\Bbbk G} = \sum_{e\in G_0} \delta_e$ 为单位元当且仅当 G_0 为有限集 [24]. 此时, $\Bbbk G$ 有如下余代数结构:

$$\Delta(\delta_g) = \delta_g \otimes \delta_g \quad \text{且} \quad \varepsilon(\delta_g) = 1_{\Bbbk},$$

易知在上述结构下, 定义对极 S: $S(g) = g^{-1}$, 则 $\Bbbk G$ 为弱 Hopf 代数.

下设 G_0 为有限集, 且 $\alpha = (\{\alpha_g\}_{g\in G}, \{D_g\}_{g\in G})$ 为 G 在 $A = \bigoplus\limits_{e\in G_0} D_e$ 上的偏作用. 设理想 D_g 中有单位元 1_g. 知此时对任意的 $g \in G$, 1_g 均为 A 的中心元 (易证 D_g 亦为 A 的理想), 进而可得对任意的 $x \in D_{h^{-1}} \bigcap D_{(gh)^{-1}}$, 当 $d(g) = r(h)$ 时, 有

$$\alpha_g(\alpha_h(x1_{h^{-1}})1_{g^{-1}}) = \alpha_{gh}(x1_{(gh)^{-1}})1_g. \tag{9.2}$$

引理 9.8 上述符号下, 我们有

$$\Bbbk G \otimes A \stackrel{\cdot}{\to} A$$
$$\delta_g \otimes a \mapsto \alpha_g(a1_{g^{-1}})$$

为 $\Bbbk G$ 在 A 上的对称偏作用.

证明 事实上, 易知 · 为良定义的线性映射. 又知

(1) 对任意的 $a \in A$,

$$\begin{aligned} 1_{\Bbbk G} \cdot a &= \sum_{e\in G_0} \delta_e \cdot a \\ &= \sum_{e\in G_0} \alpha_e(a1_{e^{-1}}) \\ &= \sum_{e\in G_0} a1_e \end{aligned}$$

$$=a1_A=a.$$

(2) 对任意的 $g\in G$, $a,b\in A$,

$$\begin{aligned}\delta_g\cdot ab&=\alpha_g(ab1_{g^{-1}})\\&=\alpha_g(a1_{g^{-1}})\alpha_g(b1_{g^{-1}})\\&=(\delta_g\cdot a)(\delta_g\cdot b).\end{aligned}$$

(3) 对任意的 $g,h\in G$, $a\in A$, 若 $d(g)\neq r(h)$, 则 $D_{g^{-1}}\bigcap D_h=0=\delta_g\delta_h$, 且

$$\delta_g\cdot(\delta_h\cdot a)=\alpha_g(\alpha_h(a1_{h^{-1}})1_{g^{-1}})=0=(\delta_g\cdot 1_A)(\delta_g\delta_h\cdot a).$$

若 $d(g)=r(h)$, 则

$$\begin{aligned}\delta_g\cdot(\delta_h\cdot a)&=\alpha_g(\alpha_h(a1_{h^{-1}})1_{g^{-1}})\\&\overset{(9.2)}{=}\alpha_{gh}(a1_{(gh)^{-1}})1_g\\&=(\delta_g\cdot 1_A)(\delta_{gh}\cdot a)\\&=(\delta_g\cdot 1_A)(\delta_g\delta_h\cdot a).\end{aligned}$$

对任意的 $g\in G$, 由于 $1_g=\delta_g\cdot 1_A$ 为中心元, 故该偏作用为对称的. □

引理 9.8 的逆命题为以下定理, 其推广了文献 [25] 中的性质 2.2.

定理 9.1　设 A 为代数, G 为群胚且满足 G_0 为有限集, 则下列条件等价:

(1) 存在 G 在 A 上的偏作用 $\alpha=(\{\alpha_g\}_{g\in G},\{D_g\}_{g\in G})$, 使得理想 D_g 有单位元且满足 $A=\bigoplus\limits_{e\in G_0}D_e$.

(2) A 为对称偏 $\Bbbk G$-模代数.

证明　(1)⇒(2) 由引理 9.8 可证.

(2)⇒(1) 设 $D_g=\delta_g\cdot A$, $1_g=\delta_g\cdot 1_A$, 且设对任意的 $g\in G$, $x\in D_{g^{-1}}$, 有 $\alpha_g\colon D_{g^{-1}}\to D_g$(其中 $\alpha_g(x)=\delta_g\cdot x$). 下面分步骤来完成所需结论.

在步骤 1, 2, 3 中, 我们将验证对任意的 $g\in G$, $e\in G_0$, D_g 为 $D_{r(g)}$ 的理想, D_e 为 A 的理想, 且 α_g 为代数同构; 步骤 4 中, 将验证定义 9.4 中的公式 (1)~(3); 步骤 5 中, 将验证 $A=\bigoplus\limits_{e\in G_0}D_e$.

步骤 1: 首先, 对任意的 $g\in G$, 由 1_g 在 A 中为中心幂等元, 且 $D_g=1_gA$, 故 D_g 为 A 的单位理想. 此时, 可得 $(1_g)^2=(\delta_g\cdot 1_A)(\delta_g\cdot 1_A)=\delta_g\cdot 1_A=1_g$, 以及

$$1_ga=(\delta_g\cdot 1_A)a$$

$$
\begin{aligned}
&= 1_{\Bbbk G} \cdot (\delta_g \cdot 1_A)a \\
&= \sum_{e \in G_0} (\delta_e \delta_g \cdot 1_A)(\delta_e \cdot 1_A)(\delta_e \cdot a) \\
&= (\delta_{r(g)} \delta_g \cdot 1_A)(\delta_{r(g)} \cdot a) \\
&= (\delta_g \cdot 1_A)(\delta_g \delta_{g^{-1}} \cdot a) \\
&= (\delta_g \delta_{g^{-1}} \cdot a)(\delta_g \cdot 1_A) \\
&= (\delta_{r(g)} \cdot a)(\delta_{r(g)} \delta_g \cdot 1_A) \\
&= \sum_{e \in G_0} \delta_e \cdot (a(\delta_g \cdot 1_A)) \\
&= a(\delta_g \cdot 1_A) = a 1_g.
\end{aligned}
$$

由此可知对任意的 $g \in G$, $a \in A$,

$$
(\delta_g \cdot 1_A)a = \delta_g \cdot \delta_{g^{-1}} \cdot a = a(\delta_g \cdot 1_A). \tag{9.3}
$$

于是

$$
D_g = \delta_g \cdot A = (\delta_g \cdot 1_A)(\delta_g \cdot A) \subseteq 1_g A = (\delta_g \cdot 1_A)A \overset{(9.3)}{=} \delta_g \cdot \delta_{g^{-1}} \cdot A \subseteq \delta_g \cdot A = D_g,
$$

这就证明了 $D_g = 1_g A$.

步骤 2: 下证对任意的 $g \in G$, 有 $D_g = D_{r(g)} 1_g$(进而 D_g 为 $D_{r(g)}$ 的理想). 由等式 (9.3) 及 $\cdot$ 的对称性可知:

$$
\begin{aligned}
D_g &= (\delta_g \cdot 1_A)A \\
&\overset{(9.3)}{=} \delta_g \cdot \delta_{g^{-1}} \cdot A \\
&= (\delta_g \delta_{g^{-1}} \cdot A)(\delta_g \cdot 1_A) \\
&= (\delta_{r(g)} \cdot A)(\delta_g \cdot 1_A) = D_{r(g)} 1_g.
\end{aligned}
$$

步骤 3: 下证对任意的 $g \in G$, α_g 为代数同构. 显然 α_g 为良定义的线性映射. 于是对任意的 $g \in G$, 只需 α_g 为乘性的且满足 $\alpha_g^{-1} = \alpha_{g^{-1}}$. 此时对任意的 $a, b \in A$, 有

$$
\begin{aligned}
\alpha_g(ab1_{g^{-1}}) &= \delta_g \cdot ab1_{g^{-1}} \\
&= (\delta_g \cdot a1_{g^{-1}})(\delta_g \cdot b1_{g^{-1}}) \\
&= \alpha_g(a1_{g^{-1}})\alpha_g(b1_{g^{-1}}).
\end{aligned}
$$

对任意的 $e \in G_0$, 下证 α_e 为 D_e 的单位: 对任意的 $h \in G$, $a, b \in A$, 知

$$(\delta_h \cdot a)b = (\delta_h \cdot a)(\delta_h \cdot 1_A)b \overset{(9.3)}{=} (\delta_h \cdot a)(\delta_h \cdot \delta_{h^{-1}} \cdot b) = \delta_h \cdot (a(\delta_{h^{-1}} \cdot b)) \tag{9.4}$$

于是对任意的 $e \in G_0$, $a \in A$, 我们有

$$\begin{aligned} a1_e &= (1_{\Bbbk G} \cdot a)1_e \\ &= \sum_{e' \in G_0} (\delta_{e'} \cdot a)(\delta_e \cdot 1_A) \\ &\overset{(9.4)}{=} \sum_{e' \in G_0} \delta_{e'} \cdot (a(\delta_{e'} \cdot \delta_e \cdot 1_A)) \qquad (\text{令 } b = \delta_e \cdot 1_A) \\ &= \sum_{e' \in G_0} \delta_{e'} \cdot (a(\delta_{e'}\delta_e \cdot 1_A)(\delta_{e'} \cdot 1_A)) \\ &= \delta_e \cdot (a(\delta_e \cdot 1_A)) \\ &= \delta_e \cdot a1_e \\ &= \alpha_e(a1_e). \end{aligned}$$

于是知 α_e 为 D_e 的单位.

最后, 对任意的 $a \in D_g$, 知

$$\begin{aligned} \alpha_g(\alpha_{g^{-1}}(a)) &= \delta_g \cdot (\delta_{g^{-1}} \cdot a) \\ &= (\delta_g\delta_{g^{-1}} \cdot a)(\delta_g \cdot 1_A) \\ &= (\delta_{r(g)} \cdot a)1_g \\ &= (\delta_{r(g)} \cdot a1_{r(g)})1_g \\ &= a1_{r(g)}1_g = a. \end{aligned}$$

步骤 4: 下证 $\alpha = (\{D_g\}_{g\in G}, \{\alpha_g\}_{g\in G})$ 为 G 在 A 上的偏群胚作用. 只需验证 α 满足定义 9.4 中的条件 (1)~(3). 其中条件 (1) 由步骤 3 可直接得到.

对于定义 9.4 中的条件 (2), 对任意的 $h, g \in G$, 若 $d(g) = r(h)$, $a \in A$, 我们有

$$\begin{aligned} \alpha_{h^{-1}}(a1_{g^{-1}}1_h) &= \alpha_{h^{-1}}(a1_h)\alpha_{h^{-1}}(1_{g^{-1}}1_h) \\ &\overset{(9.2)}{=} \alpha_{h^{-1}}(a1_h)1_{h^{-1}}1_{(gh)^{-1}} \in D_{(gh)^{-1}}, \end{aligned}$$

于是 $\alpha_{h^{-1}}(D_{g^{-1}} \cap D_h) \subseteq D_{(gh)^{-1}}$.

下证定义 9.4 中的条件 (3). 由条件 (2) 可知, 若 $x \in \alpha_{h^{-1}}(D_{g^{-1}} \cap D_h)$, 则存在 $a \in A$ 满足 $\alpha_h(x) \in D_{g^{-1}}$, $x = a1_{h^{-1}}1_{(gh)^{-1}}$, 于是元素 $\alpha_g\alpha_h(x)$ 与 $\alpha_{gh}(x)$ 存在且属

于 $D_g\bigcap D_{gh}$, 故

$$\begin{aligned}\alpha_g(\alpha_h(x)) &= \alpha_g(\delta_h\cdot a1_{h^{-1}}1_{(gh)^{-1}})\\ &= \delta_g\cdot(\delta_h\cdot a1_{h^{-1}}1_{(gh)^{-1}})\\ &= (\delta_g\delta_h\cdot a1_{h^{-1}}1_{(gh)^{-1}})(\delta_g\cdot 1_A)\\ &= (\delta_{gh}\cdot a1_{h^{-1}}1_{(gh)^{-1}})(\delta_g\cdot 1_A)\\ &= \alpha_{gh}(x)1_g=\alpha_{gh}(x).\end{aligned}$$

步骤 5: 下证 $A=\bigoplus\limits_{e\in G_0}D_e$. 事实上, 对任意的 $e\neq f$, 由

$$A=1_{\Bbbk G}\cdot A=\sum_{e\in G_0}\delta_e\cdot A=\sum_{e\in G_0}D_e$$

及

$$1_e1_f=(\delta_e\cdot 1_A)(\delta_f\cdot 1_A)\overset{(9.3)}{=}\delta_e\cdot(\delta_e\cdot\delta_f\cdot 1_A)=\delta_e\cdot((\delta_e\cdot 1_A)(\delta_e\delta_f\cdot 1_A))=0,$$

可知 $D_e\cap(\sum\limits_{\substack{f\in G_0\\ f\neq e}}D_f)=0$. 故结论成立. □

9.3 偏作用的整体化

本节中我们将讨论弱 Hopf 代数的任一偏作用都可以从整体偏作用中得到. 我们以 $\cdot$ 表示偏作用, 以 $\triangleright$ 表示整体作用.

引理 9.9　设 B 为 H-模代数, 模作用为 $\triangleright$: $H\otimes B\to B$. 设 A 为 B 的右理想且为伴有单位元 1_A 的代数. 则线性映射 $\cdot$: $H\otimes A\to A$,

$$h\cdot a=1_A(h\triangleright a)$$

为 H 在 A 上的偏作用.

证明　对任意的 $a,b\in A$, $g,h\in H$, 知

(1) $1_H\cdot a=1_A(1_H\triangleright a)=1_Aa=a$;

(2) $h\cdot(ab)=1_A(h\triangleright ab)=1_A(h_1\triangleright a)(h_2\triangleright b)=1_A(h_1\triangleright a)1_A(h_2\triangleright b)=(h_1\cdot a)(h_2\cdot b)$;

(3) $h\cdot(g\cdot a)=1_A(h\triangleright(g\cdot a))=1_A(h\triangleright 1_A(g\triangleright a))=1_A(h_1\triangleright 1_A)(h_2g\triangleright a)=1_A(h_1\triangleright 1_A)1_A(h_2g\triangleright a)=(h_1\cdot 1_A)(h_2g\cdot a))$.

故结论成立. □

称上述定义的 H 在 A 上的偏作用为由 $\triangleright$ 诱导的导出偏作用.

定义 9.5　设 A 为偏 H-模代数. 称二元组 (B,θ) 为A 的整体化, 若 B 关于 $\triangleright\colon H\otimes B\to B$ 为 H-模代数, 并且满足:

(1) $\theta\colon A\to B$ 为代数同态, 并且 $\theta(A)$ 为 B 的右理想.

(2) A 上的偏作用与 $\theta(A)$ 的导出偏作用等价. 换言之, 有

$$\theta(h\cdot a)=h\cdot\theta(a)=\theta(1_A)(h\triangleright\theta(a)).$$

(3) B 为由 $\theta(A)$ 生成的 H-模代数, 即 $B=H\triangleright\theta(A)$.

与在引理 9.9 中类似, 上述定义并不要求 B 有单位元. 下面讨论整体化的存在性. 令 $\mathcal{F}=Hom(H,A)$ 为卷积代数, 知其在作用 $(h\triangleright f)(k)=f(kh)$(其中 $f\in\mathcal{F}$, $h,k\in H$) 下可做成 H-模代数. 定义映射 $\varphi\colon A\to\mathcal{F}$, $\varphi(a)\colon h\mapsto h\cdot a$, 令 $B=H\triangleright\varphi(A)$. 此时我们有如下结论.

命题 9.1　二元组 (B,φ) 为 A 的整体化.

证明　(1) 下证对任意的 $h\in H$, $a\in A$, 有 $\varphi(h\cdot a)=\varphi(1_A)*(h\triangleright\varphi(a))$. 事实上, 我们有如下条件成立:

① φ 为线性映射.

② 由 $1_H\cdot a=a$ 知 φ 为单射.

③ 对任意的 $a,b\in A$, $h\in H$, 知有

$$\varphi(ab)(h)=h\cdot ab=(h_1\cdot a)(h_2\cdot b)=\varphi(a)(h_1)\varphi(b)(h_2)=[\varphi(a)*\varphi(b)](h).$$

④ 对任意的 $k\in H$, 知有 $(\varphi(1_A)*(h\triangleright\varphi(a)))(k)=(k_1\cdot 1_A)(k_2h\cdot a)=k\cdot h\cdot a=\varphi(h\cdot a)(k)$.

故 φ 为代数同态.

(2) 又知对任意的 $a,b\in A$, $h\in H$,

$$\begin{aligned}\varphi(b)*(h\triangleright\varphi(a))&=\varphi(b)*\varphi(1_A)*(h\triangleright\varphi(a))\\&=\varphi(b)*\varphi(h\cdot a)=\varphi(b(h\cdot a)),\end{aligned}$$

故 $\varphi(A)$ 为 B 的右理想.

(3) 显然 B 为 H-模代数. 又易知 B 为 $\mathcal{F}$ 的 $\triangleright$-不变子空间, 并且对任意的 $a,b\in A$, $h,k\in H$, 其满足:

$$(h\triangleright\varphi(a))*(k\triangleright\varphi(b))=h_1\triangleright(\varphi(a)*(S(h_2)k\triangleright\varphi(b)))$$

$$
\begin{aligned}
&= h_1 \triangleright (\varphi(a) * \varphi(1_A) * (S(h_2)k \triangleright \varphi(b))) \\
&= h_1 \triangleright (\varphi(a) * \varphi(S(h_2)k \cdot b)) \\
&= h_1 \triangleright (\varphi(a(S(h_2)k \cdot b))),
\end{aligned}
$$

□

称上述二元组 (B,φ) 为 A 的标准整体化.

命题 9.2　设题设条件同上. 则此时 A 为对称的当且仅当 $\varphi(A)$ 为 B 的理想.

证明　设 H 在 A 上的作用为对称的. 则知对任意的 $h,k\in H$, $a,b\in A$, 有

$$
\begin{aligned}
((h\triangleright \varphi(a)) * \varphi(b))(k) &= (h\triangleright\varphi(a))(k_1)\varphi(b)(k_2) \\
&= \varphi(a)(k_1h)\varphi(b)(k_2) \\
&= (k_1h\cdot a)(k_2\cdot b) \\
&= k\cdot((h\cdot a)b) = \varphi((h\cdot a)b)(k)
\end{aligned}
$$

故 $\varphi(A)$ 为 B 的理想.

反之, 设 $\varphi(A)$ 为 B 的理想, 知 $\varphi(1_A)$ 为 B 的中心元. 于是对任意的 $h,k\in H$, $a\in A$, 我们有

$$
\begin{aligned}
k\cdot(h\cdot a) &= \varphi(h\cdot a)(k) \\
&= (h\cdot\varphi(a))(k) \\
&= (\varphi(1_A) * (h\triangleright\varphi(a)))(k) \\
&= ((h\triangleright\varphi(a)) * \varphi(1_A))(k) \\
&= (h\triangleright\varphi(a))(k_1)\varphi(1_A)(k_2) \\
&= \varphi(a)(k_1h)\varphi(1_A)(k_2) = (k_1h\cdot a)(k_2\cdot 1_A)
\end{aligned}
$$

可知结论成立. □

同一偏 H-模代数的两个整体化之间可定义其同态, 即与各自的整体作用可换的乘性映射. 若其为双射, 则称这两个整体化为等价的.

命题 9.3　在上述条件下, A 的任一整体化均为标准整体化的同态象.

证明　设 (B',θ) 为偏 H-模代数 A 的整体化, 定义映射:

$$
\begin{aligned}
\Phi:\quad & B' && \rightarrow && B \\
& \sum_{i=0}^{n} h_i\triangleright\theta(a) && \mapsto && \sum_{i=0}^{n} h_i\triangleright\varphi(a)
\end{aligned}
$$

下证 Φ 定义合理. 易知若 $\sum\limits_{i=0}^{n} h_i \triangleright \theta(a) = 0$, 则 $\sum\limits_{i=0}^{n} h_i \triangleright \varphi(a) = 0$. 设 $\sum\limits_{i=0}^{n} h_i \triangleright \theta(a) = 0$, 则此时对任意的 $k \in H$, 有

$$\begin{aligned}
0 &= \theta(1_A)\left(k \triangleright \sum_{i=0}^{n} h_i \triangleright \theta(a)\right) \\
&= \theta(1_A)\left(\sum_{i=0}^{n} kh_i \triangleright \theta(a)\right) \\
&= \sum_{i=0}^{n} kh_i \cdot \theta(a) = \theta\left(\sum_{i=0}^{n} kh_i \cdot a\right)
\end{aligned}$$

由 θ 为单射, 知 $\sum\limits_{i=0}^{n} kh_i \cdot a = 0$. 进而对任意的 $k \in H$, 有

$$\begin{aligned}
\left(\sum_{i=0}^{n} h_i \triangleright \varphi(a)\right)(k) &= \sum_{i=0}^{n} \varphi(a)(kh_i) \\
&= \sum_{i=0}^{n} kh_i \cdot a = 0.
\end{aligned}$$

知 Φ 为满射, 并且满足对任意的 $b' \in B'$, $g \in H$, 有 $\Phi(g \triangleright b') = g \triangleright \Phi(b')$.

最后, 对任意的 $h, k \in H$, $a, b \in A$, 知

$$\begin{aligned}
\Phi((h \triangleright \theta(a))(k \triangleright \theta(b))) &= \Phi(1_H \triangleright ((h \triangleright \theta(a))(k \triangleright \theta(b)))) \\
&= \Phi((1_1 \triangleright h \triangleright \theta(a))(1_2 \triangleright k \triangleright \theta(b))) \\
&= \Phi((h_1 \triangleright \theta(a))(h_2 S(h_3)k \triangleright \theta(b))) \\
&= \Phi(h_1 \triangleright (\theta(a)(S(h_2)k \triangleright \theta(b)))) \\
&= h_1 \triangleright (\varphi(a(S(h_2)k \cdot b))) \\
&= h_1 \triangleright (\varphi(a) * (S(h_2)k \triangleright \varphi(b))) \\
&= (1_1 h \triangleright \varphi(a)) * (1_2 k \triangleright \varphi(b)) \\
&= (1_1 \triangleright h \triangleright \varphi(a)) * (1_2 \triangleright k \triangleright \varphi(b)) \\
&= \Phi(h \triangleright \theta(a)) * \Phi(k \triangleright \theta(b)).
\end{aligned}$$

故结论成立. □

定义 9.6　设 (B, θ) 为偏 H-模代数 A 的整体化. 若对 B 的任一 H-子模 M, 设其满足 $\theta(1_A)M = 0$, 则必有 $M = 0$, 此时称 B 为极小的.

命题 9.4 A 的标准整体化 (B,φ) 为极小的.

证明 只须验证 B 的任一循环子模满足极小性即可. 取 B 中的元素 $m = \sum_{i=0}^{n} h_i \triangleright \varphi(a_i)$, 设 $\varphi(1_A) * \langle m \rangle = 0$, 其中 $\langle m \rangle$ 为 B 中由 m 生成的 H-子模, 即 $\langle m \rangle = H \triangleright m$. 则此时对任意的 $k \in H$, 有

$$\begin{aligned}
0 &= \varphi(1_A) * (k \triangleright m)\\
&= \varphi(1_A) * \left(k \triangleright \sum_{i=0}^{n} h_i \triangleright \varphi(a_i)\right)\\
&= \varphi(1_A) * \left(\sum_i k h_i \triangleright \varphi(a_i)\right)\\
&= \left(\sum_i k h_i \cdot \varphi(a_i)\right) = \varphi\left(\sum_i k h_i \cdot a_i\right).
\end{aligned}$$

进而由 φ 为单同态可知 $\sum_i k h_i \cdot a_i = 0$. 又由 $m \in B \subseteq Hom(H, A)$, 可得对任意的 $k \in H$, 有

$$\begin{aligned}
m(k) &= \left(\sum_{i=0}^{n} h_i \triangleright \varphi(a_i)\right)(k)\\
&= \left(\sum_i \varphi(a_i)\right)(k h_i)\\
&= \sum_i k h_i \cdot a_i = 0.
\end{aligned}$$

故 $m = 0$. □

命题 9.5 偏 H-模代数 A 的任意两个极小整体化必等价.

证明 设 (B',θ) 为 A 的极小整体化, (B,φ) 为标准极小整体化, Φ: $B' \to B$ 的定义见命题 9.3. 下证 Φ 为单射.

设 $\Phi(\sum_i h_i \triangleright \theta(a_i)) = 0$. 于是对任意的 $g \in H$, 有 $0 = (\sum_i h_i \triangleright \varphi(a_i))(g) = \sum_i g h_i \cdot a_i$, 进而 $0 = \theta(\sum_i g h_i \cdot a_i) = \sum_i g h_i \cdot \theta(a_i) = \theta(1_A)(\sum_i g h_i \triangleright \theta(a_i)) = \theta(1_A)(g \triangleright \sum_i h_i \triangleright \theta(a_i))$. 若 M 为 B' 中由 $\sum_i h_i \triangleright \theta(a_i)$ 生成的 H- 子模, 知 $\theta(1_A)M = 0$, 故 $M = 0$. 这就验证了 Φ 为单射. □

结合上述结论, 可得如下定理.

定理 9.2 设 A 为偏 H-模代数.

(1) A 有极小整体化.

(2) A 的任意两个极小整体化必等价.

(3) A 的任一整体化均为极小整体化的同态象.

9.4　偏 Smash 积

命题 9.6　设 A 为偏 H-模代数, 则对任意的 $a \in A$, $z \in H_L$, A 为右 H_L-模, 其模作用为 $a \triangleleft z = S_R^{-1}(z) \cdot a = a(S_R^{-1}(z) \cdot 1_A)$.

证明　任取 $a \in A$, $h, g \in H_L$, 知 $1_H \in H_L$, $S_R^{-1}(1_H) = 1_H$, 故 $a \triangleleft 1_H = 1_H \cdot a = a$. 进而知

$$\begin{aligned}(a \triangleleft h) \triangleleft g &= S_R^{-1}(g) \cdot (S_R^{-1}(h) \cdot a)\\ &= (S_R^{-1}(g)_1 \cdot 1_A)(S_R^{-1}(g)_2 S_R^{-1}(h) \cdot a)\\ &= (1_1 \cdot 1_A)(1_2 S_R^{-1}(g) S_R^{-1}(h) \cdot a)\\ &= 1_H \cdot (S_R^{-1}(hg) \cdot a)\\ &= a \triangleleft hg.\end{aligned}$$

又由引理 9.5 可知 $S_R^{-1}(z) \cdot a = a(S_R^{-1}(z) \cdot 1_A)$.　□

引理 9.10　设 A 为偏 H-模代数. 若 $h \in H_R$, 则 $\varepsilon_L(h) \cdot 1_A = h \cdot 1_A$.

证明　由 $h \in H_R$ 可知

$$\begin{aligned}\varepsilon_L(h) \cdot 1_A &= h_1 S(h_2) \cdot 1_A\\ &= 1_1 S(1_2 h) \cdot 1_A\\ &= 1_1 \cdot (S(1_2 h) \cdot 1_A)\\ &= h_1 \cdot (S(h_2) \cdot 1_A)\\ &= (h_1 \cdot 1_A)(h_2 S(h_3) \cdot 1_A)\\ &= (1_1 h \cdot 1_A)(1_2 \cdot 1_A)\\ &= (1_1 \cdot (h \cdot 1_A))(1_2 \cdot 1_A)\\ &= 1_H \cdot (h \cdot 1_A) 1_A = h \cdot 1_A.\end{aligned}$$

□

类似地, 我们还有如下结果.

引理 9.11　若 $z \in H_L$, 则 $a \triangleleft z = a(z \cdot 1_A)$.

证明　由 $z \in H_L$, 可知

$$\begin{aligned} a \triangleleft z &= a(S_R^{-1}(z) \cdot 1_A) \\ &= a(\varepsilon_L(S_R^{-1}(z)) \cdot 1_A) \\ &= a(\varepsilon_L(\varepsilon_R(S_R^{-1}(z))) \cdot 1_A) \quad \text{由 } S_R^{-1}(z) \in H_R \\ &= a(\varepsilon_L(S(S_R^{-1}(z))) \cdot 1_A) \\ &= a(\varepsilon_L(z) \cdot 1_A) \\ &= a(z \cdot 1_A) \qquad \text{由 } z \in H_L. \end{aligned}$$

□

下面考虑偏 H-模代数 A 的 Smash 积. 易知 H 关于乘法为左 H_L-模. 将 $A \otimes_{H_L} H$ 记为 $A\#H$, 其中乘法定义为

$$(a\#h)(b\#g) = a(h_1 \cdot b)\#h_2 g.$$

定理 9.3　上述乘法满足结合性, 且左单位元为 $1_A\#1_H$.

证明　首先验证其定义合理. 为此只须证明映射 $\tilde{\mu}$: $A \times H \times A \times H \to A\#H$, $\tilde{\mu}(a,h,b,g) = a(h_1 \cdot b)\#h_2 g$ 为 $(H_L, \Bbbk, H_L)$-平衡映射即可. 事实上, 对任意的 $a, b \in A$, $h, g \in H$, $z \in H_L$, $r \in \Bbbk$, 我们有

$$\begin{aligned} \tilde{\mu}(a,h,b \triangleleft z, g) &= a(h_1 \cdot (b \triangleleft z))\#h_2 g \\ &= a(h_1 \cdot (S_R^{-1}(z) \cdot b))\#h_2 g \\ &= a(h_1 \cdot 1_A)(h_2 S_R^{-1}(z) \cdot b)\#h_3 g \\ &= a(h_1 \cdot 1_A)(h_2 1_1 S_R^{-1}(z) \cdot b)\#h_3 1_2 g \\ &= a(h_1 \cdot 1_A)(h_2 1_1 \cdot b)\#h_3 1_2 z g \\ &= a(h_1 \cdot 1_A)(h_2 \cdot b)\#h_3 z g \\ &= a(h_1 \cdot 1_A b)\#h_2 z g \\ &= a(h_1 \cdot b)\#h_2 z g = \tilde{\mu}(a,h,b,zg). \end{aligned}$$

于是 $\tilde{\mu}(a,hr,b,g) = \tilde{\mu}(a,h,rb,g)$, 并且

$$\begin{aligned} \tilde{\mu}(a \triangleleft z, h, b, g) &= (a \triangleleft z)(h_1 \cdot b)\#h_2 g \\ &= a(S_R^{-1}(z) \cdot 1_A)(h_1 \cdot b)\#h_2 g \end{aligned}$$

$$
\begin{aligned}
&= a(1_H \cdot (S_R^{-1}(z) \cdot 1_A)(h_1 \cdot b))\# h_2 g \\
&= a(1_1 \cdot S_R^{-1}(z) \cdot 1_A)(1_2 \cdot h_1 \cdot b)\# h_2 g \\
&= a(1_1 \cdot S_R^{-1}(z) \cdot 1_A)(1_2 \cdot 1_A)(1_3 h_1 \cdot b)\# h_2 g \\
&= a(1_1 \cdot S_R^{-1}(z) \cdot 1_A)(1_2 h_1 \cdot b)\# h_2 g \\
&= a(1_1 S_R^{-1}(z) \cdot 1_A)(1_2 h_1 \cdot b)\# h_2 g \\
&= a(1_1 \cdot 1_A)(1_2 z h_1 \cdot b)\# h_2 g \\
&= a(1_1 \cdot 1_A)(1_2 \cdot 1_A)(1_3 z h_1 \cdot b)\# h_2 g \\
&= a(1_1 \cdot 1_A)(1_2 \cdot z h_1 \cdot b)\# h_2 g \\
&= a(1_H \cdot 1_A(z h_1 \cdot b))\# h_2 g \\
&= a(z 1_1 h_1 \cdot b)\# 1_2 h_2 g \\
&= a(z_1 h_1 \cdot b)\# z_2 h_2 g = \tilde{\mu}(a, zh, b, g).
\end{aligned}
$$

进而乘法定义合理. 下证结合性, 由

$$
\begin{aligned}
((a\#h)(b\#g))(c\#k) &= (a(h_1 \cdot b)\# h_2 g)(c\#k) \\
&= a(h_1 \cdot b)(h_2 g_1 \cdot c)\# h_3 g_2 k \\
&= a(h_1 \cdot b)(h_2 \cdot 1_A)(h_3 g_1 \cdot c)\# h_4 g_2 k \\
&= a(h_1 \cdot b)(h_2 \cdot (g_1 \cdot c))\# h_3 g_2 k \\
&= a(h_1 \cdot b(g_1 \cdot c))\# h_2 g_2 k \\
&= (a\#h)(b(g_1 \cdot c)\# g_2 k) \\
&= (a\#h)((b\#g)(c\#k)).
\end{aligned}
$$

可知结合性成立. 又由

$$
\begin{aligned}
(1_A\#1_H)(a\#h) &= 1_A(1_1 \cdot a)\# 1_2 h \\
&= (1_1 \cdot a)\# 1_2 h \\
&= S_R^{-1}(S(1_1) \cdot a)\# 1_2 h \\
&= a \triangleleft S(1_1)\# 1_2 h \\
&= a\# S(1_1) 1_2 h \\
&= a\# \varepsilon_L(1_H) h = a\# h.
\end{aligned}
$$

知左单位性成立. □

此时可知

$$A\underline{\#}H = (A\#H)(1_A\#1_H)$$

为伴有单位元 $1_A\#1_H$ 的代数. 我们称之为 A 关于 H 的偏 Smash 积.

下面给出例子来说明 $1_A\#1_H$ 未必是 $A\#H$ 的单位元.

例 9.1　设 G 为有限群胚 (非群), $G_e = \{g \in G \mid d(g) = e = r(g)\}$ 为 $e \in G_0$ 的迷向群. 则易知 $\Bbbk$ 为偏 $\Bbbk G$-模代数, 偏作用为

$$\begin{array}{rccc} \cdot: & \Bbbk G \otimes \Bbbk & \to & \Bbbk \\ & g \otimes 1_{\Bbbk} & \mapsto & \delta_{g,G_e} \end{array}$$

其中 δ_{g,G_e} 满足: 若 $g \in G_e$, 则 $\delta_{g,G_e} = 1_{\Bbbk}$; 若 $g \overline{\in} G_e$, 则 $\delta_{g,G_e} = 0$. 此时, $1_{\Bbbk}\#1_{\Bbbk G}$ 非 Smash 积 $\Bbbk\#\Bbbk G$ 的右单位元. 事实上, 由 G 非群, 知存在 $x \in G \backslash G_e$, 此时 $x \cdot 1_{\Bbbk} = 0$, 且有 $(1_{\Bbbk}\#x)(1_{\Bbbk}\#1_{\Bbbk G}) = 0$. □

命题 9.7　设 A 为偏 H-模代数, 则 $1_A\#1_H$ 为 $A\#H$ 的单位元当且仅当 A 为 H-模代数.

证明　设 $1_A\#1_H$ 为 $A\#H$ 的单位元. 则 $a\#h = a(h_1 \cdot 1_A)\#h_2$. 再以 ε_L 作用在该等式的第二个元素上, 有

$$a \triangleleft \varepsilon_L(h) = a(h_1 \cdot 1_A) \triangleleft \varepsilon_L(h_2).$$

进而得

$$\begin{aligned} a(\varepsilon_L(h) \cdot 1_A) &= a \triangleleft \varepsilon_L(h) \\ &= a(h_1 \cdot 1_A) \triangleleft \varepsilon_L(h_2) \\ &= a(h_1 \cdot 1_A)(\varepsilon_L(h_2) \cdot 1_A) \\ &= a(h_1 \cdot 1_A)(h_2 S(h_3) \cdot 1_A) \\ &= a(1_1 h \cdot 1_A)(1_2 \cdot 1_A) \\ &= a(h \cdot 1_A)(1_H \cdot 1_A) = a(h \cdot 1_A) \end{aligned}$$

令 $a = 1_A$, 有 $h \cdot 1_A = \varepsilon_L(h) \cdot 1_A$. 故 A 为 H-模代数. 反之显然. □

9.5　弱 Hopf 代数的 Morita 关系

定义 9.7　设 A, B 均为单位代数. A 与 B 间的Morita 关系是指六元组

$(A,B,M,N,(,),[,])$, 其中 M 为 (A,B)-双模, N 为 (B,A)-双模, $(,)\colon M\otimes_B N\to A$ 为 (A,A)-双模同态, $[,]\colon N\otimes_A M\to B$ 为 (B,B)-双模同态, 满足对任意的 $m,m'\in M$, $n,n'\in N$, 有

(1) $(m,n)m'=m[n,m']$

(2) $[n,m]n'=n(m,n')$.

引理 9.12　设 A 为偏 H-模代数, (B,θ) 为 A 的整体化. 则对任意的 $h\in H_L$, 有 $S_R^{-1}(h)\triangleright\theta(a)=S_R^{-1}(h)\cdot\theta(a)$.

证明　知 $S_R^{-1}(h)\cdot\theta(a)=\theta(1_A)(S_R^{-1}(h)\triangleright\theta(a))$. 又由 $S_R^{-1}(h)\in H_R$, 可得 $\theta(1_A)(S_R^{-1}(h)\triangleright\theta(a))=S_R^{-1}(h)\triangleright(\theta(1_A)\theta(a))=S_R^{-1}(h)\triangleright\theta(a)$. □

命题 9.8　设 (B,θ) 为偏 H-模代数 A 的整体化. 则存在从 $A\#H$ 到 $B\#H$ 的保持乘法的单态射 Ψ.

证明　定义映射

$$\begin{aligned}\tilde{\Psi}\colon A\times H&\to B\otimes_{H_L}H\\(a,h)&\mapsto\theta(a)\otimes h.\end{aligned}$$

知对任意的 $a\in A,h\in H$, $z\in H_L$, 有

$$\begin{aligned}\tilde{\Psi}(a,zh)&=\theta(a)\otimes zh\\&=\theta(a)\triangleleft z\otimes h\\&=S_R^{-1}(z)\triangleright\theta(a)\otimes h\\&=S_R^{-1}(z)\cdot\theta(a)\otimes h\\&=\theta(S_R^{-1}(z)\cdot a)\otimes h\\&=\theta(a\triangleleft z)\otimes h=\tilde{\Psi}(a\triangleleft z,h),\end{aligned}$$

故 $\tilde{\Psi}$ 为 H_L-平衡映射. 进而存在从 $A\otimes_{H_L}H$ 到 $B\otimes_{H_L}H$ 的 $\Bbbk$-线性映射 Ψ, 满足 $\Psi(a\otimes h)=\theta(a)\otimes h$.

由 θ 为单射, 同理可证 $\Bbbk$-线性映射 $\Psi'\colon\theta(A)\otimes_{H_L}H\to A\otimes_{H_L}H$, $\Psi'(\theta(a)\otimes h)=a\otimes h$ 定义合理. 故由 $\Psi'\circ\Psi=I_{A\otimes_{H_L}H}$ 可知 Ψ 为单态射.

下证 $\Psi\colon A\#H\to B\#H$ 保持乘法. 对任意的 $a,b\in A$, $h,g\in H$, 知

$$\begin{aligned}\Psi((a\#h)(b\#g))&=\Psi(a(h_1\cdot b)\#h_2g)\\&=\theta(a(h_1\cdot b))\#h_2g\end{aligned}$$

$$
\begin{aligned}
&= \theta(a)\theta(h_1 \cdot b)\#h_2 g \\
&= \theta(a)(h_1 \cdot \theta(b))\#h_2 g \\
&= \theta(a)(h_1 \triangleright \theta(b))\#h_2 g \\
&= (\theta(a)\#h)(\theta(b)\#g) \\
&= \Psi(a\#h)\Psi(b\#g).
\end{aligned}
$$

故结论成立. □

下设 $\theta(A)$ 为 B 的理想, 且 H 的对极 S 可逆. 令 $M = \Psi(A\#H)$, 任取 $a \in A$, $h \in H$, 设 N 为由元素 $(h_1 \triangleright \theta(a))\#h_2$ 生成的空间.

命题 9.9　M 为右 $B\#H$-模, N 为左 $B\#H$-模, 模作用为 $B\#H$ 中的乘法.

证明　一方面, 取 $\theta(a)\#h \in M$, $k \triangleright \theta(b)\#g \in B\#H$, 知

$$
\begin{aligned}
(\theta(a)\#h)(k \triangleright \theta(b)\#g) &= \theta(a)(h_1 k \triangleright \theta(b))\#h_2 g \\
&= \theta(a)(h_1 k \cdot \theta(b))\#h_2 g \\
&= \theta(a(h_1 k \cdot b))\#h_2 g,
\end{aligned}
$$

另一方面, 令 $k \triangleright \theta(a)\#h \in B\#H$, $g_1 \triangleright \theta(b)\#g_2 \in N$. 知

$$
\begin{aligned}
(k \triangleright \theta(a)\#h)(g_1 \triangleright \theta(b)\#g_2) &= (k \triangleright \theta(a))(h_1 g_1 \triangleright \theta(b))\#h_2 g_2 \\
&= h_2 g_2 \triangleright [(S^{-1}(h_1 g_1)k \triangleright \theta(a))\theta(b)]\#h_3 g_3.
\end{aligned}
$$

故由 $\theta(A)$ 为 $B = H \triangleright \theta(A)$ 的理想知结论成立. □

命题 9.10　M 为左 $A\underline{\#}H$-模, N 为右 $A\underline{\#}H$-模, 模作用分别为

$$
\begin{aligned}
\blacktriangleright: \quad A\underline{\#}H \otimes M &\to \quad M \\
a\underline{\#}h \otimes m &\mapsto \Psi(a\underline{\#}h)m
\end{aligned}
$$

及

$$
\begin{aligned}
\blacktriangleleft: \quad N \otimes A\underline{\#}H &\to \quad N \\
n \otimes a\underline{\#}h &\mapsto n\Psi(a\underline{\#}h)
\end{aligned}
$$

其中 Ψ 的定义见命题 9.8. 进一步地, M 与 N 均为双模.

证明　由 $A\underline{\#}H$ 为 $A\#H$ 的子代数及 Ψ 保持乘法知 $\blacktriangleright$ 定义合理. 下证 $\blacktriangleleft$ 定义合理.

设 $h_1 \triangleright \theta(a)\#h_2 \in N$, $a'\underline{\#}g \in A\underline{\#}H$, 知有

$$\begin{aligned}(h_1 \triangleright \theta(a)\#h_2) \blacktriangleleft (a'\underline{\#}g) &= (h_1 \triangleright \theta(a)\#h_2)(\Psi(a'\underline{\#}g))\\ &= (h_1 \triangleright \theta(a)\#h_2)(\theta(a'(g_1 \cdot 1_A))\#g_2)\\ &= (h_1 \triangleright \theta(a)\#h_2)(\theta(a')(g_1 \cdot \theta(1_A)\#g_2))\\ &= (h_1 \triangleright \theta(a)\#h_2)(\theta(a')(g_1 \triangleright \theta(1_A)\#g_2))\\ &= (h_1 \triangleright \theta(a))(h_2 \triangleright \theta(a'))(h_3g_1 \triangleright \theta(1_A))\#h_4g_2\\ &= (h_1 \triangleright \theta(aa'))(h_2g_1 \triangleright \theta(1_A))\#h_3g_2\\ &= h_3g_2 \triangleright [(S^{-1}(h_2g_1)h_1 \triangleright \theta(aa'))\theta(1_A)]\#h_4g_3.\end{aligned}$$

由 $\theta(A)$ 为 B 的理想, 故 $\blacktriangleleft$ 为良定义的. □

考虑映射 $[,]: N \otimes_{A\underline{\#}H} M \to B\#H$ 及 $(,): M \otimes_{B\#H} N \to \Psi(A\underline{\#}H) \simeq A\underline{\#}H$, 由 $M, N \subseteq B\#H$ 知其均定义合理.

定理 9.4 $(A\underline{\#}H, B\#H, M, N, (,), [,])$ 为 Morita 关系. 此时, 映射 $[,]$ 及 $(,)$ 均为满射. 又若 B 有单位元, 则 $A\underline{\#}H$ 与 $B\#H$Morita 等价.

证明 由命题 9.9 及命题 9.10 可直接得到大部分结论.

下证 $(,)$ 与 $[,]$ 均为满射. 只须验证 $MN = \Psi(A\underline{\#}H)$ 且 $NM = B\#H$ 即可. 事实上易知 $\Psi(A\underline{\#}H) \subseteq MN$. 反之, 若给定 $g_1 \triangleright \theta(b)\#g_2 \in N$, $\theta(a)\#h \in M$, 可得

$$\begin{aligned}(\theta(a)\#h)(g_1 \triangleright \theta(b)\#g_2) &= \theta(a)(h_1g_1 \triangleright \theta(b))\#h_2g_2\\ &= \theta(a)(h_1g_1 \cdot \theta(b))\#h_2g_2\\ &= \theta(a(h_1g_1 \cdot b))\#h_2g_2\\ &= \theta(a(h_1g_1 \cdot b1_A))\#h_2g_2\\ &= \theta(a(h_1g_1 \cdot b)(h_2g_2 \cdot 1_A))\#h_3g_3\\ &= \Psi(a(h_1g_1 \cdot b)\underline{\#}h_2g_2).\end{aligned}$$

进而有 $MN = \Psi(A\underline{\#}H)$.

又知 $NM \subseteq B\#H$. 要证 $B\#H \subseteq NM$, 只须验证对任意的 $a, b \in A$, $h, g \in H$, 有如下等式成立即可:

$$(h_1 \triangleright \theta(a)\#h_2)(\theta(1_A)\#S(h_3)g) = h \triangleright \theta(a)\#g.$$

事实上, 由上述定理可知

$$\begin{aligned}(h_1 \triangleright \theta(a)\#h_2)(\theta(1_A)\#S(h_3)g) &= (h_1 \triangleright \theta(a))(h_2 \triangleright \theta(1_A))\#h_3S(h_4)g \\ &= h_1 \triangleright \theta(a)\#h_2S(h_3)g \\ &= 1_1h \triangleright \theta(a)\#1_2g \\ &= 1_1 \triangleright h \triangleright \theta(a)\#1_2g \\ &= (h \triangleright \theta(a)) \triangleleft S(1_1)\#1_2g \\ &= h \triangleright \theta(a)\#S(1_1)1_2g \\ &= h \triangleright \theta(a)\#\varepsilon_R(1_H)g \\ &= h \triangleright \theta(a)\#g.\end{aligned}$$

故 $B\#H = NM$. □

参考文献

[1] Batista E, Vercruysse J. Dual constructions for partial actions of Hopf algebras[J]. Journal of Pure & Applied Algebra, 2016, 220(2): 518-559.

[2] Alves M M S, Batista E, Vercruysse J. Partial representations of Hopf algebras[J]. Journal of Algebra, 2015, 426: 137-187.

[3] Caenepeel S, Militaru G, Ion B, et al. Separable functors for the category of Doi-Hopf modules, applications[J]. Advances in Mathematics, 1999, 145: 239-290.

[4] Alves M M S, Batista E, Dokuchaev M, et al. Twisted partial actions of Hopf algebras[J]. Israel Journal of Mathematics, 2013, 197(1): 263-308.

[5] Böhm G, Nill F, Szláchanyi K. Weak Hopf algebras I. Integral theory and C^*-structure[J]. Journal of Algebra, 1999, 221: 385-438.

[6] Böhm G, Szláchanyi K. Weak Hopf algebras II. Representation theory, dimensions, and the Markov trace[J]. Journal of Algebra, 2000, 233: 156-212.

[7] Caenepeel S, de Groot E. Galois theory for weak Hopf algebras[J]. Revue Roumaine de Mathématique Pures et Appliquées, 2007, 52: 51-76.

[8] Brzeziński T. Frobenius properties and Maschke-type theormes for entwined modules[J]. Proceedings of the American Mathematical Society, 1999, 128(8): 2261-2279.

[9] Wang S H. Morita contexts, π-Galois extensions for Hopf π-coalgebras[J]. Communications in Algebra, 2006, 34: 521-546.

[10] Montgomery S. Hopf algebras and their actions on rings[C]. American Mathematical Socitety Providence, Rhode Island: Conference Board of the Mathematical Sciences, 1993.

[11] Wang S H. Group entwining structures and group coalgebra Galois extensions[J]. Communications in Algebra, 2004, 32: 3417-3436.

[12] Alves M M S, Batista E. Globalization theorems for partial Hopf (co)actions, and some of their applications[J]. Contemporary Mathematics, 2011, 537: 13-30.

[13] Caenepeel S, Janssen K. Partial (co)actions of Hopf algebras and partial Hopf-Galois theory[J]. Communications in Algebra, 2008, 36: 2923-2946.

[14] Guo S J, Wang S X. Enveloping actions and duality theorems for partial twisted smash products[J]. [2019-03-18]. https://arxiv.org/pdf/1412.4552.pdf.

[15] Alves M M S, Batista E. Enveloping actions for partial Hopf actions[J]. Communications

in Algebra, 2010, 38: 2872-2902.

[16] Sweelder M E. Hopf Algebras[M]. New York: Benjamin W A, Inc, 1969.

[17] Lomp C. Duality for partial group actions[J]. Interational Electronic Journal of Algebra, 2008, 4: 53-62.

[18] Vercruysse J. Local units versus local projectivity. Dualisations: Corings with local structure maps[J]. Communications in Algebra, 2006, 34: 2079-2103.

[19] Alves M M S, Batista E. Partial Hopf actions, partial invariants and a Morita context[J]. Algebra and Discrete Mathematics, 2009, 3: 1-19.

[20] Dascalescu S, Nastasescu C, Raianu S. Hopf Algebras[M]. New York: Marcel Dekker Inc, 2001.

[21] Wang C. Enveloping coactions for partial Hopf coactions[C]. 2011 IEEE International Conference on Multimedia Technology (ICMT), 2011: 2096-2098.

[22] Dokuchaev M, Exel R, Piccione P. Partial representations and partial group algebras[J]. Journal of Algebra, 2000, 226: 251-268.

[23] Bagio D, Paques A. Partial groupoid actions: Globalization, Morita theory, and Galois theory[J]. Comm. Algebra, 2012, 40: 3658-3678.

[24] Lundström P. Separable groupoid rings[J]. Communications in Algebra, 2006, 34: 3029-3041.

[25] Flôres D, Paques A. Duality for groupoid (co)actions[J]. Communications in Algebra, 2014, 42: 637-663.